国家职业教育改革发展示范学校项目建设成果
园林绿化专业

园林植物环境

苏加鹏　马晓梅　主编

曹元军　张　艳　施智宝　副主编

科学出版社
北　京

内 容 简 介

本书是国家中等职业教育改革发展示范学校项目建设成果教材之一，全书共分为园林植物生长发育与环境概述、园林植物的气象环境、园林植物的土壤环境、园林植物的生物环境、园林植物环境的调控、城市污染与园林植物、园林植物设施环境、园林植物生态评价 8 个单元，并配有 28 个实验实训项目，内容图文并茂。

本书可作为中等职业学校园林类专业基础课的通用教材，也可供高等职业教育园林类专业师生参考及职业技能培训使用，同时也可供园林爱好者阅读使用。

图书在版编目（CIP）数据

园林植物环境/苏加鹏，马晓梅主编. —北京：科学出版社，2015
（国家中等职业教育改革发展示范学校项目建设成果·园林绿化专业）
ISBN 978-7-03-043939-0

Ⅰ. ①园⋯ Ⅱ. ①苏⋯ ②马⋯ Ⅲ. ①园林植物-环境生态学-中等专业学校-教材 Ⅳ. ①S688

中国版本图书馆 CIP 数据核字（2015）第 056505 号

责任编辑：张振华 / 责任校对：王万红
责任印制：吕春珉 / 封面设计：耕者设计工作室

科学出版社 出版
北京东黄城根北街 16 号
邮政编码：100717
http://www.sciencep.com

三河市骏杰印刷有限公司印刷
科学出版社发行　　各地新华书店经销
＊
2015 年 5 月第 一 版　　开本：787×1092　1/16
2017 年 2 月第二次印刷　　印张：16
字数：370 000

定价：35 元
（如有印装质量问题，我社负责调换〈骏杰〉）

销售部电话 010-62134988　编辑部电话 010-62135120-2005（VT03）

国家职业教育改革发展示范学校项目建设成果
教材编审委员会

顾　问　杨雪峰

主　任　张树根

副主任　王树雄　付世峰　曹元军　杨海浪

学校委员（以姓氏笔画为序）

马小华　马晓梅　马润琴　牛晓霞　朱巧凤

刘汉鹏　刘喜军　苏加鹏　杨树俊　宋艳林

周喜军　常小芳　景仰卫

企业与院校委员（以姓氏笔画为序）

刘国平（榆林市计算机有限公司　总经理）

栾生超（榆林市林业工作站站长　高级工程师）

霍文兰（榆林学院化学与化工学院　教授）

魏同学（陕西国防工业职业技术学院　高级技师）

园林绿化专业教材编写指导小组

组　长　张树根

副组长　马晓梅

成　员　苏加鹏　朱震宇　杨海浪　刘汉鹏

乔荣强（陕西原野园林景观公司　总经理、高级工程师）

任君令（陕西远程绿色工程有限公司　总经理、工程师）

前　言

　　园林类专业是由植物学、生态学、美学、工程学等多种知识和技术构建起来的综合性专业。植物是现代园林要素中的主体，建立生态园林、创造良好的城市人居环境，更离不开园林植物的种植。要进行园林植物的配置种植，必须要了解园林植物生长发育的特性、规律，掌握园林植物生长发育与环境各要素之间的关系。只有掌握了这些原理、规律等知识，才能很好的指导园林生产实践。

　　进入 21 世纪，职业教育走上了"以能力为本位，以就业为导向"的职业教育改革之路，将园林类专业的园林植物学、植物生理学、园林生态学、土壤肥料学、气象学等课程整合为园林植物环境，也出现了一些相关教材，但其内容繁简各具特色，在教学实践中往往要进行必要的增删。

　　编者总结多年的教学与生产实践，对全书体系进行了细致规划设计。本书内容设计思路如下：根据培养园林专业技能型人才的目标，分析园林行业技能型人才的职业岗位要求，对园林植物的形态、结构、生理活动、生长发育等知识要"基本够用"，对光、热、水、肥、气、生物、人为等因素的特性和变化对植物生长发育的深刻影响要"有充分的掌握"，对园林植物种群、群落及生态系统的结构和功能要"有足够的认识"，对园林植物的配植、园林环境的人工调控技术要"必须掌握"，对园林景观生态及评价要"有一定的了解"。本书内容框架如下：从植物的生长发育规律与特性开始，解析植物生长发育与环境的关系；分析各个环境因子的性质、变化对植物的影响作用规律、特性，以及植物在环境因子影响下作出的反应与适应；指导人类对园林环境的调控应用，以及对园林生态系统的认识和对园林景观生态功能的评价。

　　本书包括 8 个单元及 28 个实训，其中标*的部分为选学内容。

　　本书由教学与生产实践经验丰富的一线骨干教师、工程师和副研究员进行编写和审定。由苏加鹏（陕西省榆林林业学校高级讲师）、马晓梅（陕西省榆林林业学校讲师）任主编，曹元军（陕西省榆林林业学校高级工程师）、张艳（陕西省榆林林业学校助理实验师）、施智宝（陕西省治沙研究所副研究员）任副主编。具体编写分工如下：苏加鹏负责课程教学标准、教材体系设计及全书的统稿，并承担单元 2、单元 4、单元 8 的全部及单元 1、单元 3、单元 5、单元 6、单元 7 部分内容的编写；马晓梅负责单元 1、单元 3、单元 6 部分内容的编写；曹元军负责单元 7 部分内容的编写；张艳负责实训的编写；施智宝负责单元 5 主要内容的编写。

　　本书的编写及出版得到了科学出版社的大力支持，在此表示诚挚的感谢。在编写本书过程中，许多图表、原理内容文字引用了参考文献列出的作者文献，在此一并致谢！

　　由于时间所限，书中错误和疏漏之处在所难免，敬请广大读者批评指正。

苏加鹏

2014 年 12 月

于陕西榆林

目　　录

园林植物生长发育与环境概述

单元教学目标

单元导读

园林植物的根、茎、叶、花、种子、果实的生长发育与环境因子密切相关。本单元主要介绍园林植物根、茎、叶、花、种子、果实的生长发育特性和规律，以及园林植物环境及其生态因子的概念、类型和作用规律，从而明确园林植物的生长发育与环境的关系，为学习后面的单元内容奠定基础。

知识目标

1. 了解园林植物生长发育的特性。
2. 掌握园林植物生长发育的规律。
3. 理解植物生长发育与环境的关系。
4. 理解园林植物生态环境的概念、类型及生态因子作用的规律。

技能目标

1. 认识植物的根、茎、叶及花、种子、果实的结构。
2. 了解植物的营养生长和生殖生长的特性和规律。
3. 能理解植物生长发育与环境的关系。
4. 会园林植物环境生态因子分析，能理解生态因子的概念、类型。
5. 掌握生态因子作用的基本规律。

情感目标

1. 培养自主学习能力。
2. 培养观察与分析能力。
3. 锻炼提高动手能力。
4. 锻炼提高语言表达能力。
5. 培养团队协作能力。

1.1

园林植物的生长发育

1.1.1 园林植物生长发育的类型

在植物的一生中，可以分为两种基本的生命现象，即生长和发育。生长是指植物在体积、重量、数量等形态指标方面的增加，是一个不可逆的量变过程。通常可用大小、轻重等对植物的生长进行度量。发育是植物在形态、结构和机能上发生的有序的、质的变化过程。发育一般表现为细胞、组织和器官的分化形成，如叶片分化、花芽分化、气孔发育等。

植物的生长发育有两种类型，即营养生长和生殖生长。

1. 营养生长

植物的营养器官的生长称为营养生长。植物的营养器官有根、茎、叶。

（1）根的生长

植物种子发芽后，胚根首先伸出形成主根，它的后端逐渐产生细密的根毛。从着生根毛的区域开始至先端的一段称根尖。

知识拓展

植物根的基本结构

植物的根从根尖顶端起依次为根冠、分生区、伸长区、成熟区。

1. 根冠：位于根的最尖端，像帽子一样套在分生区的外面，保护其内细嫩的分生组织细胞。由许多的薄壁细胞构成，排列不整齐，无细胞间隙。

2. 分生区：位于根冠内方，全部由顶端分生组织细胞构成，分裂能力强，分裂产生的细胞少部分补充到根冠，大部分补充到根的伸长区，它是产生和分化成根各部分的基础。

3. 伸长区：位于分生区后方，细胞来源于分生区，分裂能力逐渐停止，体积不断增大、伸长，使根显著伸长。

4. 成熟区：位于伸长区的后方，由伸长区细胞分化形成，细胞生长停止，分化出各种成熟组织，表皮通常有根毛形成，也称根毛区。

1) 根的初生生长。由根尖的顶端分生组织经过细胞分裂、生长和分化而形成成熟的根，这个生长过程称为根的初生生长。一年生双子叶植物和大多数单子叶植物的根都由初生生长完成了它们的一生。初生生长产生的各种成熟的组织所组成的结构称初生结构，从外至内有表皮、皮层、维管柱。

① 表皮：根的最外一层细胞，由原表皮发育而成，一层表皮薄壁细胞，呈长方柱形，排列整齐。

② 皮层：表皮细胞下，由基本分生组织分化而来，由多层薄壁细胞组成，体积大，排列疏松，有明显的细胞间隙，有内外皮层之分。

③ 维管柱：位于内皮层下，也称中柱，包括中柱鞘和初生维管组织。中柱鞘由一至几层薄壁细胞组成。初生维管组织包括初生木质部和初生韧皮部，二者之间常有一或几层薄壁细胞，可发育成形成层，也称维管形成层。

2）根的次生生长。大多数双子叶植物和裸子植物的根在完成初生生长后，在初生木质部和初生韧皮部之间的侧生分生组织（即维管形成层，简称形成层）发生并开始切向分裂活动，经分裂、生长、分化而使根的维管组织数量增加，使根加粗，这个生长过程称次生生长。由于根加粗，外表皮撑破，这时木栓形成层发生，形成新的保护组织——周皮，代替表皮起保护作用。维管形成层和木栓形成层活动的结果形成了根的次生结构，其自外向内依次是周皮（木栓层、木栓形成层、栓内层）、初生韧皮部（常常挤毁）、次生韧皮部、形成层、次生木质部。

3）侧根生长。在根毛区的后方，中柱鞘的某些细胞恢复分裂能力，进行切向分裂，使细胞层次增加，后进行各个方向的分裂，形成根的新生长点，继续分裂、生长、分化，形成根原始体，穿透皮层，突破表皮，深入土中形成侧根。侧根起源于中柱鞘，接近主根的输导组织，侧根输导组织分化后很快与主根的输导组织衔接，形成贯通整个植物体的输导系统。

（2）茎的生长

植物种子发芽后，胚芽发育形成茎。它是植物地上部分的枝干，连接根和叶，也是输送水和养分的营养器官。

1）茎的初生生长。茎的初生生长包括顶端生长和居间生长。茎的顶端分生组织细胞不断地进行分裂、伸长生长和分化，使茎的节数增加、节间伸长，同时产生新的叶原基和叶芽原基。这种由顶端分生组织的活动而引起的生长称顶端生长。某些植物随着居间分生组织的细胞分裂生长和分化成熟，节间明显伸长，这种生长方式为居间生长。居间生长不是所有的植物都有，只有部分植物具有。

茎的初生生长形成了茎的初生结构，从外至内包括有表皮、皮层和维管柱。

① 表皮：幼茎的最外一层细胞，来源于初生分生组织的原表皮，表皮细胞呈长方柱形，排列紧密，无细胞间隙，细胞外壁较厚，形成角质层。其表皮有气孔，可进行气体交换。表皮细胞一般不含叶绿素，有的含花青素，茎呈红色、紫色或黄色。

② 皮层：表皮细胞下，由基本分生组织分化而来，以薄壁组织为主，细胞排列疏松，有明显的细胞间隙，靠近表皮的几层细胞分化为厚角组织。细胞内含叶绿素，能进行光合作用。

③ 维管柱：皮层以内的部分，也称中柱，包括维管束、髓、髓射线三部分。维管束由初生木质部和初生韧皮部共同组成的分离的束状结构。多数植物的维管束韧皮部在外侧，

由筛管、伴胞、韧皮薄壁细胞和韧皮纤维组成。木质部位于维管束的内侧，由导管、管胞、木薄壁细胞和初生木纤维组成。形成层在初生木质部和初生韧皮部之间。

2）茎的次生生长。多年生双子叶植物的茎在初生结构形成后，在初生木质部和初生韧皮部之间的维管形成层和木栓形成层，经分裂、生长、分化而使茎增粗，这个生长过程称次生生长。形成的结构为茎的次生结构。自外向内依次是周皮（表皮、木栓形成层）、皮层、次生韧皮部、维管形成层、次生木质部（每年一层，也称年轮）。

3）茎的生长方式。茎的生长与根相反，多是背地性的。其生长方式除主干枝和突发性徒长枝垂直向上生长外，还有因对光和空间的竞争而呈现出的其他生长方式。

① 直立生长：有垂直生长的，如新疆杨、侧柏、千头柏、冲天柏等；也有斜伸生长的，如榆树、合欢、桃等；也有水平生长的，如雪松、杉木等；也有扭旋生长的，如龙桑、龙爪柳。

② 下垂生长：枝条生长有明显的向地性，枝条越长，越向下生长，往往形成大的伞形树冠，如垂柳、龙爪槐、垂榆、垂枝樱等。

③ 攀缘生长：茎长而细柔，不能直立，但能缠绕或有依附他物而向上生长的器官（如卷须、吸盘、吸附气根、钩刺等），如葡萄、地锦、爬山虎等。

④ 匍匐生长：茎蔓细长，不能直立，无攀附器官，只能匍匐在地面生长，如沙地柏。

（3）叶的发生和生长

叶发生于茎尖基部的叶原基。叶原基分生组织首先进行顶端生长，使叶原基伸长成一个锥体，称叶轴（有托叶的植物叶原基基部细胞迅速分裂、生长、分化为托叶，包围着叶轴）。叶轴边缘两侧的边缘分生组织分裂，向两侧生长（边缘生长）；叶原基进行平周分裂，细胞层数增加，这时，叶原基成为具有一定细胞层数的扁平形状，形成幼叶；叶轴基部没有进行边缘生长的部位分化成叶柄。幼叶不断生长，长成成熟叶后，生长停止。

由于各部位边缘分生组织分裂速度不一致，可形成不同程度的分裂叶。有的部位有分生组织，有的部位无，就形成复叶。多数单子叶植物在叶的基部保留着居间分生组织，可以保持长时间的生长，如君子兰、石蒜等。

2. 生殖生长

植物花、果、种子器官的生长称为生殖生长。其主要包括花芽分化、开花、传粉与受精、种子和果实的形成等阶段。

（1）花芽分化

植物花器官的形成又称花芽分化，包括花原基的形成、花芽各部位分化和成熟的过程。

1）花原基的形成。植物茎的顶端分生组织感受光周期的变化（有的植物还需要低温春化），诱导分化形成了花原基。

2）花芽各部位分化。花原基分化后，经过适宜条件的成花诱导，发生成花反应，其标志是茎顶端分生组织在形态上发生变化，从营养生长锥变成了生殖生长锥。花器官的分化从生殖生长锥开始。生长锥的表面细胞分裂快，而中部细胞分裂慢，表面积变大，形成皱褶。花原基逐步分化产生花器官。

3）花芽成熟。生长开始分化花芽后，内部的可溶性糖增加，氨基酸增加，氨基酸种类增多，蛋白质、核酸的合成增加，为花芽分化和花器官的发育提供物质和能量。

知识拓展

花芽分化的类型

根据花芽分化的季节特点，植物的花芽分化可以分为以下 5 种类型：

1. 夏秋分化型：绝大多数早春和春夏间开花的植物，于前一年夏秋（6～8 月）间开始分化花芽，并延迟到 9～10 月完成花器分化的主要部分，到第二年春天才能进一步完成性器官的发育。仁果类、核果类的果树和某些观花的树种、变种，如海棠类、榆叶梅、樱花，以及迎春、连翘、玉兰、紫藤、丁香、牡丹等花木多属此类。

2. 冬春分化型：原产暖地的某些植物，需从 12 月至次年春期间分化花芽，其分化时间较短且连续进行。一些二年生花卉和春季开花的宿根花卉，多在春季温度较低时期进行花芽分化，如金盏菊、雏菊、紫罗兰、三色堇等，只要通过低温春化，又满足长日照要求，即使植物体还很幼小，也能开花。

3. 当年分化型：许多夏秋开花的植物，在当年新梢上形成花芽并开花，不需要经过低温，如木槿、槐、紫薇、珍珠梅、荆条、菊花、萱草等。

4. 多次分化型：在一年中能多次发枝，每发一次枝，就分化一次花芽并开花的植物。茉莉花、月季、枣、葡萄、无花果，以及其他植物中某些多次开花的变异类型，如四季桂、三季梨等即属于此类。这类植物春季第一次开花的花芽有些是前一年形成的，各次分化交错发生，没有明显的停止期，但大体也有一定的节律。

5. 不定期分化型：每年分化一次花芽，但无一定时期，只要达到一定的叶面积就能开花，如凤梨科和芭蕉科的某些种类。

（2）开花

当植物花的器官发育成熟后，在适宜的环境条件下，植物便会开花。大量研究表明，植物的开花与气温密切相关，不同的植物有不同的开花适宜的温度（见 2.3.2 节）。

知识拓展

植物花叶开放的类型

植物按照开花和新叶展开的先后顺序，可分为以下 3 类：

1. 先花后叶型：此类植物在春季萌动前已完成花芽分化，花芽萌动不久即开花，先开花后长叶，常能形成一树繁花的景观，如银芽柳、迎春、连翘、桃、梅、杏、李、紫荆、玉兰、木兰等。

2. 花、叶同放型：此类植物的花芽分化也是在萌芽前完成的，开花和展叶几乎同时，如先花后叶类中的榆叶梅、桃、紫藤中某些开花晚的品种与类型。此外，多数能在短枝上形成混合芽的树种也属此类，如苹果、海棠、核桃等。混合芽虽先抽枝展叶而后开花，但多数短枝抽生时间短，很快见花，此类开花较前类稍晚。

3. 先叶后花型：此类的部分植物，如葡萄、柿、枣等，是由上一年形成的混合芽抽生相当的新梢，于新梢上开花。萌芽开花比前二类均晚。此类植物花芽多数是在当年生长的新梢上形成并完成分化，一般于夏秋开花。此类植物属于开花最迟的一类，如刺槐、木槿、紫薇、苦楝、凌霄、槐树、桂花、珍珠梅等。

（3）传粉与受精

植物花朵开放后，花药裂开，花粉粒散落，并以各种方式传送到雌蕊的柱头上，这一过程称传粉。传粉的方式有自花传粉和异花传粉。自花传粉是花药自落在同一花的雌蕊柱头上的传粉方式；异花传粉是通过风或昆虫等媒介传送到另一朵花的雌蕊柱头上的传粉方式。

当花粉落到成熟雌蕊的柱头上，雌蕊分泌的黏液粘附花粉，并促使花粉粒萌发，从萌发孔产生的花粉管向下生长伸长，穿过柱头，经过花柱，进入子房，再通过珠孔（珠孔受精）或合点（合点受精）进入胚囊，花粉管破裂，将到达花粉管最前端的两个精细胞释放到胚囊中，其中一个精细胞与卵细胞结合，形成受精卵（合子），这一过程就是受精。

（4）种子和果实的形成

被子植物花受精后，胚囊中的受精卵发育成胚；中央细胞受精后形成胚乳，作为胚发育的养料；珠被发育成种皮，包裹在胚和胚乳外，起保护作用；大多数植物的珠心被吸收利用，少部分植物的珠心保留，发育成外胚乳；珠柄发育成种柄。于是，整个胚珠便发育成种子。不同植物的种子大小、形状及内部结构各有差异，但发育过程大致相同。

在胚珠发育形成种子的过程中，子房壁也迅速生长，发育成果皮。种子和包裹种子的果皮共同构成了果实，所以果实的形成过程就是种子和果皮的形成。有些植物的果实全部由子房发育而成，称为真果，如桃、胡桃、豆类等；有些植物的果实由子房、花托、花萼、花冠等共同发育而成，或由整个花序发育而成，这种果实称假果，如梨、苹果、桑葚、菠萝等。

在植物的生活周期中，生长和发育是交织在一起的，而且遵循着一定的规律。生长是发育的基础，没有生长便没有发育。种子的萌发、叶片的增大、茎秆的伸长等为发育准备了物质条件，植物必须经过一定时间的生长后，或生长到一定大小后，才进行相应发育。另外植物某些器官的生长和分化往往要通过一定得发育阶段后才能开始。

1.1.2 园林植物生长发育的周期

植物的生长发育周期有生活周期和生产周期。植物的生活周期就是植物的自然生命周期，从种子萌发开始，经过幼苗、长成植株，一直到开花结实、衰老与死亡（更新）的整个过程。植物的生产周期是指从播种或萌发到产品器官（一般为种子或果实，园林上有时以花为产品）收获的这段时期，短则几个月，长则几年。我们常说的植物生长发育的周期一般指生活周期。

1. 木本植物的生活周期

木本植物的生长发育从种子开始，要经历胚胎期、幼年期、青年期、壮年期、衰老期。

1）胚胎期（种子期）。植物自卵细胞受精形成合子开始，到种子发芽时为止。胚胎期主要是促进种子形成、安全贮藏和在适宜的环境条件下播种并使其顺利发芽。胚胎期的长短因植物而异，有些成熟后有适宜条件就能发芽，有的则经过休眠后才发芽。

2）幼年期。从种子发芽到植株第一次出现花芽前为止。幼年期是植物地上、地下部分进行旺盛的离心生长期，体内逐渐积累大量营养物质，为开花结果做准备。生长迅速的植物幼年期短，生长缓慢的植物幼年期长，如月季当年播种当年开花，银杏、云杉则达 20～40 年。幼年期对环境的适应性最强，遗传性尚未稳定，是定向育种的有利时机。

3）青年期。植物第一次开花，到花朵、果实性状逐渐稳定为止。此时期内植株的离心生长较快，生命力亦很旺盛，但花和果实尚未达到固有的标准性状。植株能每年开花结实，但数量较少。青年期的植株，遗传性已趋于稳定。

4）壮年期。从生长势自然减慢到树冠外缘小枝出现干枯时为止。此时期根系和树冠已扩大到最大限度，花果数量多，性状稳定，是观赏的盛期。

5）衰老期。植株生长势逐年下降，开花枝大量衰老死亡，开花结实量减少，品质低下，出现向心更新现象，树冠内常发生大量徒长枝。

2. 草本植物的生活周期

1）一年生草本植物仅 1 年寿命，一生中经过胚胎期、幼苗期、成熟期（开花期）、衰老期 4 个阶段。幼苗期一般 2～4 个月，自然花期一般 1～2 个月，是观赏盛期。衰老期是从开花量大量减少，种子逐渐成熟开始，直至枯死。

2）二年生草本植物寿命为 2 年，一生中经过胚胎期、幼苗期、成熟期（开花期）、衰老期四个阶段。第一年是胚胎期、幼苗期，要积累养分，为第二年开花做准备。经过一年冬季低温，第二年春季才能进入开花期。自然花期为 1～3 个月，是观赏盛期。衰老期是从开花量大量减少，种子逐渐成熟开始，直至枯死。

3）多年生草本植物一生经过的时期与木本植物相同，但因其寿命仅 10 年左右，各个生长发育阶段与木本植物相比相对短些。

1.1.3　园林植物生长发育的特性

1. 植物的顶端生长特性

（1）茎的顶端生长

茎的顶端生长是由生长锥的生长发育完成的。生长锥是芽顶端中央的分生组织，是高等植物营养器官及生殖器官的发源地。生长锥中形成器官原基时，叶在茎上的排列顺序、花序的形状已经确定，营养体向生殖体的转变也在这里进行，植株地上部分各生长区的分生组织都是由这里衍生出来的。茎的顶端生长在进入穗或花分化之前，一般都可以维持无限生长，它在植株上占绝对优势，随时控制与调节其他生长区（侧芽）的生长。茎的这种顶芽生长占优势而抑制侧芽生长的现象，称顶端优势。

（2）根的顶端生长

根的顶端生长和茎的顶端生长不同，它不形成任何侧生器官，但也具有顶端生长优势，可以控制侧根的形成。如果去掉根尖，可以从生长区分化出更多的侧根，因此，在园林苗木移植时，往往挖断主根，促进侧根的形成，以利于苗木成活。

2. 植物的极性与再生

（1）植物的极性

植物的极性是指植物细胞、细胞群、组织或个体所表现的沿着一个方向的、各部分彼此相对两端具有某些不同的形态特征或者生理特征的现象，如植物体有形态学上端（植物体后长出来的部分）和形态学下端（植物体先长出来的部分）之分。简而言之，植物的极性就是植物体或离体部分的两端具有不同生理特性的现象。

植物体的极性在受精卵中已形成，并延续给植株。当胚长成新植物体时，仍然明显地表现出极性。例如，将柳树枝条悬挂在潮湿的空气中，枝条基部切口附近的一些细胞可能由于受生长素和营养物质的刺激而恢复分生能力，形成愈伤组织，并分化出不定根。这种在伤口再生根的现象与枝条的极性密切相关。无论柳树枝条如何挂，其形态学上端总是长芽，而形态学下端则总是长根，即使上下倒置，这种极性现象也不会改变；根的切段在再生植株上也有极性，通常是在近根尖的一端形成根，而在近茎端形成芽；叶片在再生时也表现出极性。不同器官的极性强弱不同，一般来说，茎的极性最强，根次之，叶最弱。极性产生的原因，可能与生长素的运输有关。植物的极性现象在生产上早就受到人们的注意，因此，在扦插、嫁接及组织培养时，都需将其形态学的下端向下、上端朝上，避免倒置。

（2）植物的再生

在适宜的条件下，植物的离体部分能恢复所失去的部分，重新形成一个新个体，这种现象称为再生。在生产上常采用压条、扦插、组织培养等技术进行繁殖，就是利用了植物的再生能力。

3. 植物生长的周期性

植物的器官或植株的生长速率随昼夜或季节发生有规律的变化，称植物生长的周期性。表现为昼夜周期性、季节周期性和生命大周期性的特点。

（1）昼夜周期性

昼夜周期性是指植物的生长速率随昼夜变化而发生有规律的变化。影响植物昼夜生长的因素有温度、水分和光照。在一天中，由于昼夜的光照、温度条件不同，植物体内的含水量不同，因而使植物的生长表现出昼夜周期性。如茎的伸长、叶的扩大、果实的增大等都有这一特性。至于是白天生长快，还是晚上生长快，要取决于诸因素中最低因素的限制。

（2）季节周期性

季节周期性是指植物的生长随季节更替而周而复始、年复一年地呈现有规律的变化。不论是一、二年生植物还是多年生植物的生长，都表现出明显的季节变化。例如，一年生植物的春种、夏长、秋收、冬枯；多年生植物的春季萌芽、夏季旺盛生长、秋季生长逐渐停止、冬季休眠。这种周期性与温度、光照、水分等因素的季节性变化相适应。

（3）植物的生长大周期

植物无论寿命长短，也无论全株还是器官，在它的生命周期中，生长速率都具有一个共同规律，即开始时生长慢，而后逐渐加快达到最高点，然后又减慢，最后停止生长。这种生长速率上表现"慢 快 慢"的"S"形生长规律，称植物的生长大周期。

了解植物的生长大周期具有重要的实践意义：

1）植物的生长是不可逆的，任何植物都是要经历生长、发育直至死亡，因此一切促进或抑制生长的措施，都必须在生长最快速度到来之前实施，要"不违农时"。

2）营养生长阶段是生殖生长阶段的准备条件，只有前一阶段发展到一定程度，在一定的内外条件作用下才能转化到后一阶段。

3）器官形成具有顺序性，各阶段以某一生长为中心，如发芽期主要是种子的萌发。

4）植物在生长发育中，器官的同伸现象相当普遍，如月季开花时仍存在着茎、叶的抽生。因此在生产上，既要促进开花，又要防止早衰，保持茎叶生长。

4. 植物生长的相关性

植物是由多细胞组成的器官构成的，各器官间在生长上表现出相互依赖和相互制约的相关性。这种相关性是通过植物体内的营养物质和信息物质在各部分之间的相互传递或竞争来实现的。

（1）植物地上部分与地下部分的相关性

植物的地上部分和地下部分有维管束的联络，存在着营养物质与信息物质的大量交换，因而具有相关性。根部的活动和生长有赖于地上部分所提供的光合产物、生长素、维生素等；而地上部分的生长和活动则需要根系提供水分、矿物质元素、氮素，以及根中合成的植物激素、氨基酸等。通常所说的"根深叶茂"、"本固枝荣"就是指地上部分与地下部分的协调关系。一般来说，根系生长良好，其地上部分的枝叶也较茂盛；同样，地上部分生长良好，也会促进根系的生长。

根冠比是常用来衡量地上部分与地下部分的相关性指标。根冠比是指植物地下部分与地上部分干重或鲜重的比值。它能反映植物的生长状况，以及环境条件对地上部分与地下部分生长的不同影响。不同物种有不同的根冠比，同一物种在不同的生育期根冠比也有变化。一般植物在开花结实后，同化物多用于繁殖器官，加上根系逐渐衰老，使根冠比降低。多年生植物的根冠比有明显的季节性变化。

（2）主茎与侧枝的相关性

植物的顶芽长出主茎，侧芽长出侧枝，通常主茎生长很快，而侧枝或侧芽则生长较慢或潜伏不长。这种由于植物的顶芽生长占优势而抑制侧芽生长的现象，称为"顶端优势"。除顶芽外，生长中的幼叶、节间、花序等都能抑制其下面侧芽的生长，根尖能抑制侧根的发育和生长，冠果也能抑制边果的生长。顶端优势现象普遍存在于植物界，但各种植物表现不尽相同。有些植物的顶端优势较为明显，如雪松、桧柏、水杉等越靠近顶端，侧枝生长受抑越强，从而形成宝塔形树冠；有些植物顶端优势不明显，如柳树及灌木型植物等。许多树木在幼龄阶段顶端优势明显，树冠呈圆锥形，成年后顶端优势变弱，树冠变为圆形或平顶。植物的分枝及其株型在很大程度上受到顶端优势的影响。

（3）植物营养生长与生殖生长的相关性

营养生长与生殖生长的关系主要表现为既相互依赖，又相互对立。

1）依赖关系：生殖生长需要以营养生长为基础。花芽必须在一定的营养生长的基础上才分化。生殖器官生长所需的养料，大部分是由营养器官供应的，营养器官生长不好，生殖器官自然也不会好。

2）对立关系：若营养生长与生殖生长之间不协调，则造成对立。对立关系有两种类型。

第一种类型：营养器官生长过旺，会影响到生殖器官的形成和发育。例如，果树若枝叶徒长，往往不能正常开花结实，或者会导致花、果脱落。

第二种类型：生殖生长抑制营养生长。一次开花植物开花后，营养生长基本结束；多次开花植物虽然营养生长和生殖生长并存，但在生殖生长期间，营养生长明显减弱。由于开花结果过多而影响营养生长的现象在生产上经常遇到，如果树的"大小年"现象。

1.1.4 园林植物的繁殖特性

植物的繁殖，即植物衍生后代的现象，是植物的重要特性之一，主要分为有性繁殖和无性繁殖两类。

1. 有性繁殖

有性繁殖是通过两性细胞的结合（受精）而繁殖后代。植物在有性繁殖过程中，须经受粉才能发生受精，才能形成种子，繁衍后代。因此，园林植物的有性繁殖就是通过播种产生新的个体的繁殖方式。

2. 无性繁殖

无性繁殖是利用植物的营养器官繁殖新个体的方式。营养器官有根、茎、叶等。对于高等植物来说，种子的寿命短的植物常具有无性繁殖特性，如杨、柳等。低等植物常通过孢子进行繁殖，也属无性繁殖的范畴，如菌类、藻类等。在园林上常采用以下无性繁殖方法：

1）扦插：将枝条插入土中，使其在适宜的条件下长成植株。

2）嫁接：将一株植物的枝条或芽（接穗）移接到另一株具有根的植株上（称砧木），使二者彼此愈合，生长在一起。嫁接不会改变接穗和砧木各自的遗传特性。

3）分株：分株是把植物的根茎、根蘖、枝条等器官人为地加以分割，使之与母体分离，然后移栽在适当的场所，从而长成新的植株的方法。

4）压条：在早春将靠近地面的枝条下端压入土中，让枝条上端露出地面，待埋入土中的部分生出不定根、上端的叶能正常生长时，便可将枝条与母体分离。

5）组织培养：在离体条件下，把植物的一部分迅速培养成植株的一种方法。用于培养新植株的基质称培养基。培养的材料称外植体，可以是一小段茎、一小块叶，甚至是一个细胞。

1.1.5 园林植物的运动

高等植物不像动物能够自由地整体运动，但植物体的器官可在空间产生位置移动，植物的这种发生位置和空间的改变过程称植物的运动。植物的运动主要表现为向性运动与感性运动。

1. 向性运动

向性运动是指植物器官对环境因素的单方向刺激所引起的定向运动。这种运动的实质是由于反应部位生长速度不等而引起的，故又称生长性运动。它的运动方向取决于外界因素的刺激方向。根据植物对刺激因素的种类，它又可分为向地性、向光性、向水性和向化性等。

（1）向地性

向地性是指植物在地球引力的作用，保持向地生长的特性。向地性有正负向地性之分，生长方向与地球引力方向一致，为正向地性；生长方向与地球引力方向相反，为负向地性。如种子萌发时不论其位置如何，根总是朝下生长，为正向地性；茎总是朝上生长，称负向地性；叶子则多为水平方向生长，称横向地性（或侧向地性）。

（2）向光性

植物生长器官受单方向光照射而引起生长弯曲的现象称为向光性，如向日葵。高等植物的向光性主要指植物地上部分茎叶的正向光性，根具有负向光性。向光性是植物的一种生态反应，如茎叶的向光性能使叶子尽量处于吸收光能的最适位置，以增强光合作用。

（3）向水性

植物因土壤水分分布不均匀，根系趋向土壤较湿的地方生长的特性，称向水性。

（4）向化性

植物因某些化学物质在植物周围分布不均匀而引起的定向生长，这种现象称为向化性。如植物的根系总是趋向土壤肥沃的方向生长。园林生产上常采用灌水、施肥措施来调节植物根的生长。高等植物的花粉管的生长也属向性运动，花粉落到柱头上后，胚珠细胞分泌出某些物质，诱导花粉管进入胚囊。

2. 感性运动

感性运动是植物受无定向的外界刺激而引起的运动。感性运动的方向与刺激源方向无关，而是由细胞膨压变化所导致的，根据刺激源的不同，感性运动主要有以下几种。

（1）感夜性

感夜性是由于夜晚温度或光照强度变化而引起的运动。如花的开放和闭合，因温度和光照强度的变化，花被两面生长不一致，花瓣内侧比外侧生长快，花即开放；反之，则闭合。一般植物的花都是昼开夜闭。合欢等豆科植物的复叶小叶一到夜晚就合拢，叶柄下垂，白天双张开。而有些植物刚好相反，如紫茉莉的花是白天闭合，晚上开放。这种运动可用来鉴别幼苗的壮健与否，因为健壮植株的运动很灵敏。

（2）感震性

感震性是由于机械刺激而引起的植物器官运动。如含羞草的叶片受到触动时小叶成对合拢，当所施加的刺激强烈时，全株小叶都会合拢，复叶叶柄下垂。

（3）感热性

由温度变化引起器官两侧不均匀生长运动称感热性。如郁金香、番红花的花，在白天温度升高时，花瓣内侧生长多，而外侧生长少，花朵开放；夜晚温度低时，花瓣外侧生长，内侧停止生长而使花闭合。

1.2

园林植物环境概述

一切植物都离不开环境，植物必须从环境中获取生长所必需的物质和能量，同时还受着各种各样外界环境因素的影响，一切植物都要适应环境才能生存。

1.2.1 环境的概念及分类

1. 环境的概念

环境是一个相对于主体而言的客体，指某一特定主体周围的一切事物的总和。它与主体相互依存，它的内涵随着主体的不同而不同。现代园林以植物为主体，其建设的一个重要目标就是改善城市环境条件，创造良好的人居环境。而园林植物环境指的是以园林植物为中心，其周围各事物的总和，包括对园林植物有影响的各种自然条件和生物有机体之间的相互作用，也包括人类的影响。

2. 环境的分类

环境的构成因素极其复杂，依据不同的角度有不同的分类方法。

（1）按空间尺度分类

按空间尺度分类，环境可分为宇宙环境、地球环境、区域环境、生境（栖息地）、微环境和体内环境。

1）宇宙环境。宇宙环境指大气层以外的宇宙空间，它是由广阔的宇宙空间和存在其中的各种天体及弥漫物质组成，对地球环境产生深刻的影响，直接影响生物活动。例如，太阳黑子的活动、月球和太阳的引力作用产生的潮汐现象等。

2）地球环境。地球环境主要是以生物圈为中心，包括与之相互作用、紧密联系的大气圈、水圈、岩石圈、土壤圈共五个圈层，又称全球环境。

知识拓展

地 球 环 境

1. 大气圈：大气圈是指地球表面的大气层。大气层的厚度约 1100km，但直接构成植物气体环境的对流层厚度只有约16km。大气中含有植物生活所必需的物质（如二氧化碳、氧气等），对流层还含有水汽、粉尘等，在气温作用下形成风、雨、雪、冰雹、霜、露、雾等，调节地球的水分平衡，影响着植物的生长发育，有时还会给植物带来破坏和损害。

---

2. 水圈：水圈是地球上各种形态水的总称。水是地球上分布最广且最为重要的物质，它既是生命组成和物质能量转化的基本要素，又是生物界赖以生存和发展的自然资源。地球上的水分以大气环流、洋流、地表径流等形式进行水分循环和再分配，通过蒸发、降雨、渗透等形式维持地球水分的平衡，同时调节气候，净化空气。

3. 土壤圈：土壤圈是岩石圈最外面一层很薄的疏松物质，是联系有机界和无机界的中心环节。土壤圈的平均厚度为 5m，它提供了植物生活所必需的矿物质营养、水分、有机质、生物等，是绿色植物生存不可缺少的基质。

4. 岩石圈：岩石圈指地壳部分，是水圈、土壤圈最牢固的基础，也是土壤形成的物质基础。地壳平均厚度约 17km，是植物所需矿物质营养的贮藏库。由于各种岩石组成成分不同，风化后形成不同的土壤类型。

5. 生物圈：生物圈是指地球上所有生物及其生存环境总和。地球上的生物绝大部分定居在陆地上和海洋之下各 100m 的范围内，所以生物圈一般指生物定居的狭窄地带，由岩石圈、土壤圈、水圈、大气圈与太阳辐射共同构成。

生物圈中的植物层统称为植被。植被在维持生物圈的平衡方面，具有不可替代的作用。地球上总的生物生产量中，植被占 99%。除经济效益外，植被还是能量转化和物质循环的参与者和稳定者，在改造、净化、美化环境及稳定氧气库等方面的生态效益和社会效益更是其他生物所不可比拟的，因此植被是维持地球上生物生存环境的最中坚力量。

3）区域环境。在地球的不同区域，由于五大圈层不同的交叉组合所形成的不同环境，即区域环境。如在地球表面，首先形成了海洋和陆地的区别。在陆地范围内，有高山、高原、平原、丘陵、河流、湖泊等之分，各自不同的区域又有不同的植物组合，进而有相应的动物和微生物侵居，从而形成了各具特色的植被类型，如森林、草原、稀树草原、农田、荒漠、沼泽、水生植被等。

4）生境。生境又称栖息地，是生物生活空间和其中全部生态因子的综合体。植物个体、种群或植物群落，在其生长、发育和分布的具体地段上，各种具体环境因子的综合作用形成了植物体的生境。

5）微环境。微环境是指接近生物个体表面或个体表面不同部位的环境，如植物叶片表面的大气环境、植物根系附近的土壤环境等。植物固然受大范围环境的影响，但由于植物体周围的温度、湿度、气压等因素的不同所形成的局部小气候是植物体的直接作用者，所以从某种意义上说，微环境对于植物体的影响更为重要，它不但对植物的生长发育有重要作用，而且对其所处的大环境也有调节作用。从园林绿化的角度，应刻意营造能改善局部环境的微环境，从而促进整个城市生态环境的改善与提高。

6）体内环境。体内环境指生物体内组织或细胞间的环境，如叶片结构中有直接和叶肉细胞接触的气腔、气室、通气系统等。叶肉细胞的生命活动所需要的环境条件都是体内环境通过气孔的控制作用，与外界环境相通，维持整个循环的正常运行。体内环境中的温度、湿度、二氧化碳、氧气等的供应状况，直接影响细胞功能的发挥，对细胞的生命活动起着重要的作用。

（2）按人类的影响程度分类

按人类的影响程度分，环境可为自然环境、人工环境和半自然环境 3 类。

1）自然环境。自然环境是指基本未受人类干扰或干扰甚少的环境。例如，原始森林、极地、大洋深海、高山之巅、人迹罕至的荒漠等，它们通过自然、物理、化学和生物等过程自我维持、自我调节。

2）人工环境。人工环境是指人类创建并受人类强烈干预的环境。例如，温室、大棚及各种无土栽培液、人工照射条件、温控条件、湿控条件等都是人工环境，这些人工环境扩展了植物的生存范围。

3）半自然环境。半自然环境是介于自然环境与人工环境之间的类型，是指自然环境通过人工适当的调控管理，使其能更好满足人们需要的环境。例如，人工林环境、农田环境、人工建立的自然风景区等，大部分园林植物生活的环境属于半自然环境。

1.2.2　生态因子的概念及分类

1. 生态因子的概念

生态因子是指环境中对生物的生长、发育、生殖、行为和分布等有着直接或间接影响的环境要素。如温度、光、风等。在生态因子中生物生存所不可缺少的环境条件称为生存条件（或生活条件）。各种生态因子在其性质、特性和强度的方面各不相同，但各因子之间相互组合，相互制约，构成了丰富多彩的生态环境（简称生境）。

2. 生态因子的分类

根据生态因子的性质，通常将生态因子分为5类：

1）气候因子。气候因子包括光、温度、空气、水分、雷电等。其中，光因子又可分为光照强度、光谱成分、日照时间长短等许多因子。其他气候因子也可分为许多独立的因子。

2）土壤因子。土壤因子包括土壤有机质和矿物质、土壤动植物和微生物、土壤质地、结构和理化性质等。

3）地形因子。地形因子指地面沿水平方向的起伏状况（包括海洋、河流、山脉等和由它们所形成的河谷、山地、丘陵、河岸、溪流、海岸等），以及海拔高度、坡度、坡向、坡位等。地形因子是一种间接作用因子。

4）生物因子。生物因子包括同种或异种生物之间的各种关系，如竞争、捕食、寄生、共生等。

5）人为因子。人为因子指人类对生物和环境的各种作用，包括人类对自然资源的利用和改造、引种驯化和破坏作用，以及环境污染的危害作用等。人为因子对生物和环境的作用往往超过其他所有因子，因为人类的活动通常是有意识、有目的的，并且随着生产力的发展，人类活动对生物和环境的影响越来越大。

上述五类因子也可以概括为非生物因子（气候、土壤、地形）、生物因子和人为因子3类。在环境中，各种生态因子的作用并不是单纯的，而是相互联系的，它们共同对生物起作用。

1.2.3　生态因子对植物作用的基本规律

生态因子对植物的作用表现在植物生长、发育、繁殖、行为和分布等多方面，不同的生态因子的作用又各不相同，因此生态因子对植物的作用是相当复杂的，但却有着普遍的规律。

1. 生态因子的综合作用

任何一种自然环境，都包含许多生态因子，各生态因子不是单独起作用的，而是各个生态因子联合起来共同对植物起作用。一个生态因子无论其对植物多么重要，只有在其他因子配合下才能发挥出作用来。如光照对植物的生长发育十分重要，但只有在水分、温度、养分及空气等因子的配合下，它才能对植物起作用。否则，如果缺少任何一个生活因子，即使光照再适宜，植物也不能正常生长发育。因此在进行生态因子分析时，不能只片面地注意到某一生态因子，而忽略其他因子的共同作用。

各生态因子之间是相互关联、相互促进和相互制约的，环境中的任何一个因子发生变化，必将引起其他因子发生不同程度的变化。例如，改变森林内的光照条件，必然会引起林内温度变化，而空气温度和土壤温度的变化又会引起空气及土壤湿度的变化，并导致土壤物理性质、化学性质和微生物活动发生一系列变化；又如，二氧化碳、水分和温度条件都适宜时，充分的光照对于提高光合作用是有益的，但如果水分不足，光照的增强反而使光合作用下降。可见，一个因子的变化都可改变其他因子的适宜程度或效能。

因此，环境是各生态因子的综合，它们共同对植物的生长发育起综合作用。

2. 生态因子的不可替代性和可补偿性

在生态因子中，光、热、水、氧气、二氧化碳及各种矿质养分，都是植物生活所必需的。它们对植物的作用不同，植物对他们的数量要求也不同。但它们对植物来说同等重要，缺一不可。如果缺少其中任何一个因子，植物就不能正常生长发育，甚至死亡。任何一个生态因子都不能由其他因子代替。当水分缺乏到足以影响到植物的生长时，不能通过调节温度、改变光照条件或矿物质营养等条件来解决，只能通过灌溉去解决。不但光、热、水等大量因子不能被其他因子代替，连植物需要量非常少的微量元素也不能缺少，如植物对锌元素的需要量极少，但当土壤中完全缺乏锌元素时，植物生命活动就会受到严重影响。从根本上说，生态因子具有不可替代性。

但是，生态因子在一定程度上却具有可补偿性，即如果某因子在量上的不足，可以由其他因子来补偿，以获得相似的生态效应。当光强度不足时，光合作用减弱，通过提高光强或增加 CO_2 浓度，都可以达到提高光合作用的效果。如林冠下生长的幼树，能够在光线较弱的情况下正常生长发育，就是因为近地表二氧化碳浓度较大补充了光照不足的结果。显然，生态因子的补偿作用只能在一定范围内作部分补偿，而不能以一个因子来代替另一个因子，且因子之间的补偿作用也不是经常存在的。

3. 生态因子的主导作用

虽然环境中的生态因子对植物来说同等重要，但在不缺乏的情况下，一般有一种或几种生态因子，对植物的生存和生态特性等的形成具有决定性的作用，该因子即为主导因子。例如，光合作用时，光强是主导因子，温度和二氧化碳为次要因子；春化作用时，温度为主导因子，湿度和通气程度是次要因子；水是水生植物、旱生植物生存和生态特性形成的主导因子。

生态因子的主次在一定条件下是可以发生转化的。处于不同生长时期和条件下的生物对生态因子的要求和反应不同，某种特定条件下的主导因子在另一条件下会降为次要因子。主导因子往往是在同一地区或同一条件下大幅度提高植物生产力的最主要原因，准确地找到主导因子，在实践中具有重要的意义。在植物对主导因子的需要得不到满足的环境中，主导因子往往会变成限制因子。

4. 生态因子的限制作用

（1）最小因子定律

1840 年尤斯图斯·冯·李比希在研究各种生态因子对作物生长的作用时发现，作物的产量往往不是受其大量需要的营养物质（如二氧化碳和水）所制约，因为这些营养物质在自然环境的贮存量是很丰富的，而是取决于那些在土壤中较为稀少，而且又是植物所需要的营养物质，如硼、镁、铁等。因此，他得到一个结论，即"植物的生长取决于环境中那些处于最小量状态的营养物质"。他认为每种植物都需要一定种类和一定量的营养物质，如果环境中缺乏其中的一种，植物就会发育不良，甚至死亡。如果这种营养物质处于最少量状态，植物的生长量就最少。后来进一步的研究表明，尤斯图斯·冯·李比希所提出的理论也同样适用于其他生物种类或生态因子。因此，该理论被称为最小因子定律，即任何特定因子的存在量若低于某种生物的最小需要量，则该因子是决定该物种生存或分布的根本因素。

（2）耐受性定律

最小因子定律指出了因子低于最小量时成为影响生物生存的因子，实际上因子过量时，同样也会影响生物生存。针对这种现象，1913 年，美国生态学家谢尔福德提出了耐性定律，其内容如下：任何一个生态因子在数量上或质量上的不足或过多，即当其接近或达到某种生物的耐受限度时，就会影响该种生物的生存和分布。即生物不仅受生态因子最低量的限制，而且也受生态因子最高量的限制。这就是说，生物对每一种生态因子都有其耐受的上限和下限，上下限之间就是生物对这种生态因子的耐受范围，称生态幅。在耐受范围当中包含着一个最适区，在最适区内，该物种具有最佳的生理或繁殖状态；当接近或达到该种生物的耐受性限度时，就会使该生物衰退或不能生存。耐性定律可以形象地用一个钟形耐受曲线来表示（参见图 2-11）。

（3）限制因子

限制因子是近代生态学者们根据最小因子定律和耐性定律的思想，提出的另一个综合的生态学概念。限制因子的定义如下：当环境中的某个（或相近几个）生态因子的数量过少或过多，超出其他因子的补偿作用和植物本身的忍耐限度而阻止其生存、生长、繁殖、扩散或分布，那么该因子就是限制因子。

光、水、温度、养分等都可能成为限制因子，如黄化植物是因为光照不足造成的，这时光是限制因子；因干旱植物生长不良，水是限制因子；极地没有高等植物分布，主要是受温度的限制。在植物的生长发育过程中限制因子不是固定不变的，例如，在植物幼苗时期，杂草竞争可能成为限制因子；在生长旺期，水肥状况可能成为限制因子。

较差环境中植物的长势不好或不能生存，很大程度上是由于限制因子的限制作用，找到了限制因子，消除植物生长的限制条件，能很容易使植物成活或较好发育。因此限制因子的发现在实践中具有重要的意义。如果植物对某一生态因子具有较强的适应能力，或者说在较宽的范围内，该生态因子对植物没有影响或影响不大，且在环境中该生态因子的数量适中也比较稳定，那么这个生态因子一般不会对生物起限制作用；相反，如果植物对某一生态因子的适应能力较弱，或者在该生态因子的较窄范围内能够生存，且该生态因子在环境中变动较大，那么这个生态因子往往是限制因子。例如，氧气在陆地上是丰富而稳定的，因此一般不会对植物起到限制作用；但氧气在水体内的含量有限且波动较大，因此常常成为水生植物分布的限制因子，这也是水生生物学家经常携带测氧仪的缘故。在城市的中心区土壤常常是限制植物成活或长势差的主要原因，通过人工土壤改良，便可提高植物成活，促进植物生长。

5. 生态因子作用的阶段性

由于植物生长发育不同阶段对生态因子的要求不同，因此，生态因子的作用也具有阶段性。最常见的例子就是温度，通常植物的生长温度不能太低，如果太低往往会对植物造成伤害，但在植物的春化阶段低温又是必需的。同样，在植物的生长时期，光照长短对植物影响不大，但在有些植物的开花、休眠期间光照长短则至关重要，如果在冬季低温来临之前仍维持较长的光照时间，植物就不能及时休眠而容易造成低温伤害。

6. 生态因子的直接作用和间接作用

生态因子对植物的作用可分为直接作用和间接作用。地形因子属于间接因子，其中坡度、坡向、坡位、海拔高度等对植物的作用不是直接的，而是通过影响光照、温度、水分、养分等因子，进而影响植物的生长发育和分布；而光、温度、水分、养分等因子能直接影响植物的生长、发育、分布，属于直接因子。因为各因子之间是相互作用、相互影响的，因此直接因子对植物也具有间接作用，如光照条件直接影响光合作用，同时还通过改变温度而影响其他生理活动。因此直接因子和间接因子的划分是相对的，但区分生态因子的直接作用和间接作用对植物生长、发育、繁殖及分布很重要。

1.3 园林植物生长发育与环境

植物与环境之间的关系是密不可分的。植物从种子萌发、根茎叶营养器官的生长发育、开花、种子和果实的形成与发育都离不开环境，必然受环境生态因子的影响。本节简要介绍园林植物生长发育与环境的关系，详细内容将在以后的单元中介绍。

1.3.1 园林植物的营养生长与环境

1. 种子萌发

（1）种子萌发的概念

种子是由受精胚珠发育而成的，是可脱离母体的延存器官。生产上以种子萌发作为植物个体发育的开始。种子萌发是指具有生活力的种子吸水后，胚生长突破种皮并形成幼苗的过程。

（2）种子萌发的过程

发育正常的种子，在适宜的条件下，就开始萌发。种子萌发的过程可分为吸胀、萌动、发芽3个阶段。

1）吸胀：成活的种子吸水膨胀后，含水量增加，种子内部的物质由凝胶状态转变为溶胶状态，存贮的物质开始进行转化，胚细胞激活，吸收营养，开始分裂。

2）萌动：胚细胞吸收营养，不断分裂、生长、分化，胚生长到一定程度，胚根突破种皮。

3）发芽：种子萌动后，胚继续生长，当胚根的长度与种子长度相等、胚芽的长度达到种子长度的一半时，达到发芽的标准，视为发芽。

种子发芽后，胚根深入土壤中发育形成主根，胚芽向上生长形成茎、叶，胚转变成能够独立生长的幼苗。

（3）影响种子萌发的条件

种子的萌发的决定性条件是种子的寿命、种子生活力和种子发芽率等内部条件，同时还受光、温度、水分、氧气等环境条件的影响。

1）内部条件。

① 种子寿命：种子从完全成熟到丧失生活能力所经历的时间，即种子保持发芽力的年限，称种子寿命。不同植物的种子寿命不同，有的植物种子寿命很长，如豆类作物的种子寿命达1～2年以上、睡莲种子的寿命达10年以上；有的植物种子寿命很短，如杨、柳的种子寿命只有12～15d。

② 种子生活力：种子发芽的潜在能力或胚所具有的生命力。

③ 种子发芽率：种子发芽初期正常发芽的种子占供试种子的百分率。

2）外部条件。

具有生活力的种子，必须有适宜的水分、温度、氧气、光等外部环境条件，才能萌发。

① 水分是种子萌发的首要条件。种子只有从外界吸收充足的水分，才能保证吸胀，保证各种生理活动顺利进行，如原生质从凝胶状态转为溶胶状态、提高生理活性，种子胚的呼吸增强，酶的活化，营养物质转化、运输，胚细胞分裂，细胞原生质构成等，如此，种子才能萌发。

② 温度是种子萌发另一重要条件。适宜的温度条件，能增强酶的活性，促进物质和能量转化，利于种子吸水和气体交换，保证种子萌发。

③ 氧气是种子萌发必需的物质条件。因为种子萌发是一个非常活跃的生理过程，具有强烈的呼吸作用，这一生理活动必须有氧气参与才能正常进行。如缺乏氧气，呼吸作用受

限，就会影响种子萌发。大多数植物的种子在土壤空气含氧量 10%以上时，就能正常萌发，当土壤空气含氧量低于 5%，就不能萌发。

光只对少部分植物种子的萌发有影响。有的植物种子萌发需要光，有的植物种子萌发受光的限制。

2. 营养生长与环境

园林植物的营养生长时期从种子萌发开始，经过幼苗期、营养生长旺盛期、营养生长休眠期。其生长特点是迅速增加同化面积和发展根系，从外界获得物质用于根、茎、叶等营养器官的生长和营养物质的积累。

影响植物营养生长的因素有温度、光照、水分和土壤养分。

（1）温度

植物只有在一定的温度范围内才能生长。一般情况下，植物在 0℃ 以下不能生长；在 0℃ 以上时才开始生理活动；在生物学零度以上时才开始生长；在 20～30℃ 时生长最快；温度超过 35℃ 后，生长减缓；40℃ 以上时，生长停止。

（2）光照

光是植物光合作用的必需条件，植物必须在它需要的光照条件下进行光合作用，合成有机物质，为自身的生长提供必需的物质。植物的物质合成、转化，以及形态结构的建成等与光的性质、强度有关。

（3）水分

植物在正常生长过程中，细胞的分裂、伸长需要充足的水分来完成。水分不仅是植物光合作用的原料，而且是植物体物质的合成、吸收、运输、转化及其他生理活动的必需条件。

（4）土壤养分

养分是植物形成光合产物和生长发育的原料，又是提高光合生产力的必要条件。种子萌发时，因种子内存储有丰富的养料，不从外界吸收养分。但种子萌发后，幼苗开始独立生长后，就必须从土壤中吸收矿质养分。随着幼苗的生长，其对养分的需要量加大，从土壤中吸收的养分量也会加大；当植物进入开花结实期，对养分的需要时增多，从土壤中吸收的养分也达到顶峰，以后，随着生长减弱，吸收量也减少。

综上所述，环境对植物的营养生长有着重要的影响作用。园林植物育苗时要让苗木生长健壮，必须在幼苗生长前期加强水肥管理，使其形成大量枝叶，这样才能为后期提高生长量、培育优质苗木打下良好基础。如果在生长后期才注意加强水肥管理，效果会很差，而且培育出的苗木枝条细嫩，抗性弱，易受冻害。

1.3.2　园林植物的生殖生长与环境

植物生长到一定阶段就会开花、结实。开花是植物由营养生长转为生殖生长最明显的标志。在自然条件下，每种植物都是在固定的时间开花，因此，环境条件对植物的生殖生长有深刻的影响。其影响因素主要有温度、光照、水分和养分。

1. 温度

温度是植物开花的重要条件，植物的开花都要有一定的温度条件。低温是有些植物开花的重要条件，在春季刺激作用下，这些植物才能进行花芽分化，才能开花，这种现象称春化作用。不同的植物，其春化阶段需要的低温和持续的时间是不一样的。

温度还能影响到植物的果实及种子的品质，若在果实成熟期有足够的温度，则果实含糖量高、味甜、着色好，温度不足则相反。

2. 水分

植物生长最旺盛的时期，往往是植物的生殖器官形成时期，如开花期是需要水分的关键时期，对缺水相当敏感。这一时期水分充足，可促进生殖器官的分化形成和生长发育。

3. 光照

植物开花受日照长度的影响。有些植物开花要有较长的日照长度，有些植物的开花要有较短的日照长度。因此，在一年四季中，由于生长季节各个时期的日照长度不同，植物的开花时间也不同。植物的开花对日照长度的不同反应称光周期现象。当然，也有些植物的开花与日照长短无关，不受日照长度的限制。

4. 养分

植物对养分的需求随着植株的生长而逐渐增多。植物进入生殖生长期后，便逐渐开始生殖器官的分化，需要的养分最多，是植物营养的敏感期。植物需要的养分几乎都是从土壤中吸收，这一时期施肥的营养效果最好。有利于植物生殖器官的分化、生长和发育形成。

园林植物的气象环境

单元教学目标

单元导读

环境气象因子（光、温度、水分、大气）对园林植物的生长发育影响深刻，决定着植物的生长发育与分布。本单元着重介绍了气象各因素的性质、变化规律及其对植物的生态影响作用。通过学习这些知识，使人们掌握环境气象因子与植物的关系，以便于进行适当的调整，促进植物的良好生长。

知识目标

1. 了解气候与气象各要素及其变化规律。
2. 认识并掌握各气象因素对园林植物的生态作用。
3. 理解植物对各气候因素变化的适应类型及特点。
4. 了解气象灾害并掌握灾害的防御方法。
5. 了解我国气候及地区气候的特点，明确引种的影响因素。

技能目标

1. 掌握各气象要素对园林植物的生态作用。
2. 会对各气象要素进行观测及计算。
3. 认识并判断植物的适应类型及适应特性。

情感目标

1. 培养自主学习能力。
2. 培养观察与分析能力。
3. 锻炼提高动手能力。
4. 锻炼提高语言表达能力。
5. 培养团队协作能力。

2.1

天气与气候

我国地域辽阔，地形地势复杂，山系众多，地形起伏大。从东到西跨越约 5200km，从南到北跨越约 5500 km，海拔高度从海平面至世界屋脊——珠穆朗玛峰的 8844.43m。因此，气候现象表现为多样化，风、雨、雷电、光照、温度、湿度、降水等气象因素各地变化较大，造成南北气候的差异，因而，物种的分布也各不相同。

2.1.1 天气概述

1. 气象

气象是大气中的冷、热、干、湿、风、云、雨、雪、霜、雾、雷电等各种物理现象和物理过程的总称。通俗来讲，它是指发生在天空中的风、云、雨、雪、霜、露、虹、晕、闪电、打雷等一切大气的物理现象。

气象的要素：光照、温度、湿度、风、云、雨、雪、霜、露、虹、晕、雷电、降水等。

气象的观测项目有：气温、湿度、地温、风向、风速、降水、日照、气压、天气现象等。

知识拓展

世界气象日

世界气象日（World Meteorological Day）又称国际气象日，时间在每年的 3 月 23 日，是世界气象组织为了纪念世界气象组织的成立和《国际气象组织公约》生效日（1950 年 3 月 23 日）而设立的。每年的世界气象日都会确定一个主题，要求各成员国在这一天举行庆祝活动，并广泛宣传气象工作的重要作用。

---

2. 天气

天气是指一定地区短时间内各种气象要素（光照、温度、湿度、风、云、雨、雪、霜、露、虹、晕、雷电等）和天气现象（冷暖、干湿、阴晴、雨雪等）的综合表现。

天气的变化表现为周期性变化和非周期性变化。周期性变化比较有规律，如季节的冷暖交替；非周期性变化规律很难掌握，如暴雨、冰雹、寒潮、台风等。

2.1.2 气候概述

1. 气候

气候是一个地区多年综合的天气状况，它既包括多年经常出现的天气状况，也包括某些特殊年份出现的极端天气特征，如干旱、洪涝、炎热、寒冷等。

一个地区的气候特征通常用气象要素的多年平均值、变率、频率、强度、持续时间、极值，以及湿润度或干燥度等两个气象要素组合的综合指标来说明。

一般统计气象要素需要 30 年或 35 年的观测记录，其统计值才具有代表性。

知识拓展

气候与天气的区别

气候与天气既有联系又有区别。天气是气候的基础，气候是天气的综合。天气是短时间内的气象要素和天气现象综合表现的大气物理状况，具有瞬息万变的特性；而气候是长期的天气状况，在时间尺度上是一年以上的比较长的大气过程，具有一定的稳定性。

---

2. 气候的成因

气候是在太阳辐射、大气环流和地理等因素长期相互作用下形成的，具有稳定性。因此，气候的形成取决于太阳辐射、大气环流和地理等因素。

（1）太阳辐射

太阳辐射是气候系统的能源，又是大气中一切物理过程和物理现象形成的动力，所以它是气候形成的基本因素。

一个地区一年或一天中获得的太阳辐射量取决于该地的太阳高度角的变化和白昼的长短，而太阳高度角和白昼长短又是随纬度而变化的。因此，太阳辐射年总量随纬度的增高而逐渐减少，其最大值出现在赤道，最小值出现在极地（只有赤道的 41%左右）。

北半球的夏半年，太阳高度角在赤道至北回归线间最大，向南或向北均变小，但白昼长度却随纬度的增高而变长，故太阳辐射总量最大值出现在北纬 30°附近，由此向北或向赤道均逐渐减小。因此，南北之间的温差较小，如 7 月平均气温广州只比北京高 2.3℃。

北半球的冬半年，太阳高度角和白昼长度都随纬度的增高而变小变短，故太阳辐射总量最大值出现在赤道，随纬度增高而迅速减小，至极地辐射总量为零。因此，南北之间的温差较大，如 1 月平均气温广州比北京高 18.1℃。

这种太阳辐射年总量的纬向梯度变化是造成年平均温度由南向北递减的主要原因，也是各种气候带呈东西走向的根本原因。

（2）大气环流

地球表面的太阳辐射能分布不均匀，导致高低纬度或海陆之间温度有差异，引起气压差。空气从高压区流向低压区，形成大规模空气运动，便是大气环流，它是形成气候的第二个重要因素。

大气环流的作用在于使高低纬度和海陆之间的热量和水分得到了交换和调节，从而减弱了太阳辐射因素的影响。世界上许多地区，虽然纬度相同，但由于大气环流不同，常有完全不同的气候。例如，我国的长江流域地区和非洲的撒哈拉大沙漠，都处于副热带纬度，也同样临近海洋，但是长江流域由于夏季海洋季风带来大量的水汽，所以水量充沛，成为良田沃野、鱼米之乡；而北非的撒哈拉则在副高压的控制下，干燥少雨，形成广阔的沙漠。

大气环流形势趋于其长期平均状态时，在大气环流作用下的天气状况也是正常的；当环流形势在某个季节内出现异常时，便会直接导致某一时期天气反常。

知识拓展

大 气 环 流

大气环流是大气大范围运动的状态，是指某一大范围的地区（如欧亚地区、半球、全球）、某一大气层次（如对流层、平流层、中层、整个大气圈）在一个长时期（如月、季、年、多年）的大气运动的平均状态或某一个时段的大气运动的变化过程。

大气环流构成了全球大气运动的基本形势，是全球气候特征和大范围天气形势的主导因子，也是各种尺度天气系统活动的背景。大气环流是完成地球-大气系统角动量、热量和水分的输送和平衡，以及各种能量间的相互转换的重要机制，同时又是这些物理量输送、平衡和转换的重要结果。

大气环流通常包含平均纬向环流、平均水平环流和平均径圈环流 3 部分。

（3）地理因素

地理因素包括地理纬度、海陆分布、洋流和地形，主要影响太阳辐射过程和气团的物理性质，从而影响气候。地理因素对气候形成的影响归根到底还是可以归结到太阳辐射因素上。

1）地理纬度。地理纬度不同，所接受到的热量不同，引起不同的气候。赤道地区降水多，两极附近降水少。南北回归线附近，大陆东岸降水多，西岸降水少。

2）海陆分布。海陆分布对气候的影响有两个方面：

① 由于海洋和大陆具有不同的热力学特性（容积、热容量、导热率等），因而海洋和大陆在气候上差异很大，形成两种不同的气候，即海洋性气候和大陆性气候。温度的年较差是区分海洋性气候和大陆性气候的重要指标。比较而言，大陆上的日较差和年较差比海洋的大。

② 由于夏季大陆是热源，冬季海洋是热源，热源有利于低压系统的形成和加强，而冷源有利于高压系统的形成和加强，海陆往往形成不同属性的气团或大气活动中心，它们的活动，形成季风环流，这样使海陆之间形成季风气候。

3）洋流。洋流是指海水在水平方向上的大规模的定向运动。洋流按其特性分为两种：由低纬度地区流向高纬度地区的称为暖流，由高纬度地区流向低纬度地区的称为寒流。洋流使高低纬度地区的海水的热量得到交换，并影响邻近地区的气候。

4）地形。影响气候的地形因子主要有海拔高度、地面形态与地形方位等，对局部气候的形成有重要作用：①海拔高度影响气温、湿度、气压等，高度差异越大，气候差异也越大，气候类型也随之改变。②地面形态影响气流的运动，产生阻挡、抬升作用，从而影响气候。一般平原、盆地对气候的影响较小，而山地、高原对气候的影响十分明显。③地形方位不同，气候显著不同，山地地形中的阳坡和阴坡、迎风坡和背风坡在短距离内产生很大的差异，形成了阳坡效应和阴坡效应，以及迎风坡和背风坡效应。

除自然因素外，人类的活动也影响气候，既会使气候恶化，又会调节改良气候。

3. 季节

季节是每年循环出现的地理景观相差比较大的几个时间段。不同的地区，其季节的划分也是不同的。对温带中国的气候而言，一年分为四季，即春季、夏季、秋季、冬季。

四季的形成是因为地球绕太阳公转的结果。地球一直不断自西向东自转（每转 1 周为 1 昼夜，约 23 小时 56 分 4 秒），与此同时又绕太阳公转（地球公转 1 圈为 1 年，365 天 5 小时 48 分 46 秒）。而地球公转的轨道又是一个椭圆的形状，太阳始终位于一个焦点上。地球在不断公转的过程中，地轴与公转轨道始终会保持 66°33′ 的夹角，即地球始终是斜着身子绕太阳公转。因为地球公转的原因，致使太阳直射点在地球表面发生变化，使同一地区在不同时期获得的太阳辐射能量不同，使温度不同，从而形成四季。

我国古代依据太阳位于黄经的位置，划分出二十四节气。太阳从黄经零度起，沿黄经每运行 15° 所经历的时段称为"一个节气"。每年运行 360°，共经历 24 个时段，并根据当时的天文、气候特征和物候反映来命名，称为二十四节气（表 2-1 和图 2-1）。

表 2-1　我国的二十四节气与四季划分

春季	立春（2 月 3～5 日）（太阳位于黄经 315°）	雨水（2 月 18～20 日）（太阳位于黄经 330°）	惊蛰（3 月 5～7 日）（太阳位于黄经 345°）
	春分（3 月 20～22 日）（太阳位于黄经 0°）	清明（4 月 4～6 日）（太阳位于黄经 15°）	谷雨（4 月 19～21 日）（太阳位于黄经 30°）
夏季	立夏（5 月 5～7 日）（太阳位于黄经 45°）	小满（5 月 20～27 日）（太阳位于黄经 60°）	芒种（6 月 5～7 日）（太阳位于黄经 75°）
	夏至（6 月 21～22 日）（太阳位于黄经 90°）	小暑（7 月 6～8 日）（太阳位于黄经 105°）	大暑（7 月 22～24 日）（太阳位于黄经 120°）
秋季	立秋（8 月 7～9 日）（太阳位于黄经 135°）	处暑（8 月 22～24 日）（太阳位于黄经 150°）	白露（9 月 7～9 日）（太阳位于黄经 165°）
	秋分（9 月 22～24 日）（太阳位于黄经 180°）	寒露（10 月 8～9 日）（太阳位于黄经 195°）	霜降（10 月 23～24 日）（太阳位于黄经 210°）
冬季	立冬（11 月 7～8 日）（太阳位于黄经 225°）	小雪（11 月 22～23 日）（太阳位于黄经 240°）	大雪（12 月 6～8 日）（太阳位于黄经 255°）
	冬至（12 月 21～23 日）（太阳位于黄经 270°）	小寒（1 月 5～7 日）（太阳位于黄经 285°）	大寒（1 月 20～21 日）（太阳位于黄经 300°）
二十四节气	春雨惊春清谷天，夏满芒夏暑相连；秋处露秋寒霜降，冬雪雪冬小大寒；每月两节日期定，最多相差一两天；上半年来六廿一，下半年是八廿三		

我国古代以立春、立夏、立秋、立冬为四季的开始（初日），而天文上则以春分、夏至、秋分、冬至为四季的开始（初日）。

四季的变化规律是周而复始、年复一年，寒来暑往地进行着四季更替。

春分日，太阳直射在赤道上，全球昼夜平分，各 12 小时，南北半球热量相等。春分过后，太阳直射点北移，在北半球，太阳高度角增大，白昼增长，黑夜缩短。

夏至日，太阳直射在北回归线上，在北半球，太阳高度角最高，白昼最长，黑夜最短。北极圈内出现极昼现象。夏至过后，太阳直射点南移，北半球白昼变短，黑夜变长。

秋分日，太阳又直射在赤道上，全球各地又昼夜平分，南北半球热量相等。秋分以后，太阳直射点南移，在北半球，白昼继续缩短，黑夜增长。

冬至日，太阳直射在南回归线上，在北半球，太阳高度角最低，白昼最短，黑夜最长。北极圈内出现极夜现象。冬至过后，太阳直射点又开始北移，北半球白昼变长，黑夜变短。

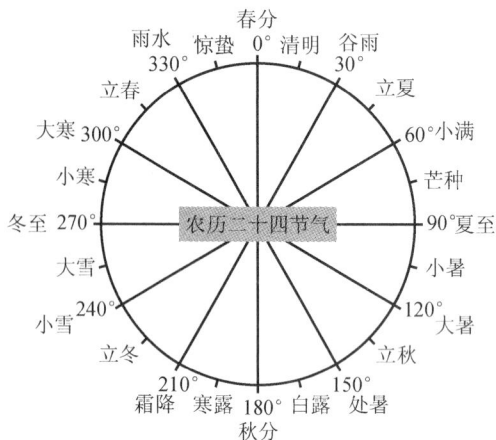

图 2-1　中国的二十四节气图

知识拓展

我国的二十四节气与七十二候详解

立春：一候东风解冻；二候蛰虫始振；三候鱼陟负冰。说的是东风送暖，大地开始解冻。立春五日后，蛰居的虫类慢慢在洞中苏醒，再过五日，河里的冰开始融化，鱼开始到水面上游动，此时水面上还有没完全融化的碎冰片，如同被鱼负着一般浮在水面。

雨水：一候獭祭鱼；二候鸿雁来；三候草木萌动。此节气，水獭开始捕鱼了，将鱼摆在岸边如同先祭后食的样子；五天过后，大雁开始从南方飞回北方；再过五天，在"润物细无声"的春雨中，草木随地中阳气的上腾而开始抽出嫩芽。从此，大地渐渐开始呈现出一派欣欣向荣的景象。

惊蛰：一候桃始华；二候仓庚（黄鹂）鸣；三候鹰化为鸠。描述的是桃花红、梨花白，黄莺鸣叫、燕飞来的时节，大部分地区都已进入了春耕。惊醒了蛰伏在泥土中冬眠的各种昆虫的时候，过冬的虫卵也要开始卵化，由此可见惊蛰是反映自然物候现象的一个节气。

春分：一候元鸟至；二候雷乃发声；三候始电。是说春分日后，燕子便从南方飞来了，下雨时天空便要打雷并闪电。

清明节：一候桐始华；二候田鼠化为鹌；三候虹始见。意思是在这个时节先是白桐花开放，接着喜阴的田鼠不见了，全回到了地下的洞中，然后是雨后的天空可以见到彩虹了。

谷雨：一候萍始生；二候鸣鸠拂其羽；三候为戴胜降于桑。是说谷雨后降雨量增多，浮萍开始生长，接着布谷鸟便开始提醒人们播种了，然后是桑树上开始见到戴胜鸟。

立夏：一候蝼蝈鸣；二候蚯蚓出；三候王瓜生。即说这一节气中首先可听到蝲蝲蛄（即蝼蛄）在田间的鸣叫声（一说是蛙声），接着大地上便可看到蚯蚓掘土，然后王瓜的蔓藤开始快速攀爬生长。

小满：一候苦菜秀；二候靡草死；三候麦秋至。是说小满节气中，苦菜已经枝叶繁茂；而喜阴的一些枝条细软的草类在强烈的阳光下开始枯死；此时麦子开始成熟。

芒种：一候螳螂生；二候鹏始鸣；三候反舌无声。在这一节气中，螳螂在上年深秋产的卵因感受到阴气初生而破壳生出小螳螂；喜阴的伯劳鸟开始在枝头出现，并且感阴而鸣；与此相反，能够学习其他鸟鸣叫的反舌鸟，却因感应到了阴气的出现而停止了鸣叫。

夏至：一候鹿角解；二候蜩始鸣；三候半夏生。麋与鹿虽属同科，但古人认为，二者一属阴一属阳。鹿的角朝前生，所以属阳。夏至日阴气生而阳气始衰，所以阳性的鹿角便开始脱落，而麋因属阴，所以在冬至日角才脱落；雄性的知了在夏至后因感阴气之生便鼓翼而鸣；半夏是一种喜阴的药草，因在仲夏的沼泽地或水田中出生所以得名。由此可见，在炎热的仲夏，一些喜阴的生物开始出现，而阳性的生物却开始衰退了。

小暑：一候温风至；二候蟋蟀居宇；三候鹰始鸷。小暑时节大地上便不再有一丝凉风，而是所有的风中都带着热浪；由于炎热，蟋蟀离开了田野，到庭院的墙角下以避暑热；而老鹰因地面气温太高而在清凉的高空中活动。

大暑：一候腐草为萤；二候土润溽暑；三候大雨时行。世上萤火虫约有二千多种，分水生与陆生两种，陆生的萤火虫产卵于枯草上，大暑时，萤火虫卵化而出，所以古人认为萤火虫是腐草变成的；第二候是说天气开始变得闷热，土地也很潮湿；第三候是说时常有大的雷雨会出现，这大雨使暑湿减弱，天气开始向立秋过渡。

立秋：一候凉风至；二候白露生；三候寒蝉鸣。是说立秋过后，刮风时人们会感觉到凉爽，此时的风已不同于暑天中的热风；接着，大地上早晨会有雾气产生；并且秋天感阴而鸣的寒蝉也开始鸣叫。

处暑：一候鹰乃祭鸟；二候天地始肃；三候禾乃登。此节气中老鹰开始大量捕猎鸟类；天地间万物开始凋零；"禾乃登"的"禾"指的是黍、稷、稻、粱类农作物的总称，"登"即成熟的意思。

白露：一候鸿雁来；二候元鸟归；三候群鸟养羞。是说此节气正是鸿雁与燕子等候鸟南飞避寒，百鸟开始贮存干果粮食以备过冬。可见白露实际上是天气转凉的象征。

秋分：一候雷始收声；二候蛰虫坯户；三候水始涸。古人认为雷是因为阳气盛而发声，秋分后阴气开始旺盛，所以不再打雷了。第二候中的"坯"是指细土，众多小虫都已经穴藏起来了，还用细土封实孔洞以避免寒气侵入。第三候是说，由于天气干燥，水汽蒸发快，所以河流与湖泊中的水量变少，一些沼泽积水洼处便处于干涸之中。

寒露：一候鸿雁来宾；二候雀入大水为蛤；三候菊有黄华。此节气中鸿雁排成一字或人字形的队列大举南迁；深秋天寒，雀鸟都不见了，古人看到海边突然出现很多蛤蜊，并且贝壳的条纹及颜色与雀鸟很相似，所以便以为是雀鸟变成的；第三候的"菊始黄华"是说在此时菊花已普遍开放。

霜降：一候豺乃祭兽；二候草木黄落；三候蛰虫咸俯。此节气中豺狼将捕获的猎物先陈列后再食用；大地上的树叶枯黄掉落；蛰虫也全在洞中不动不食，垂下头来进入冬眠状态。

立冬：一候水始冰；二候地始冻；三候雉入大水为蜃。此节气水已经能结成冰；土地也开始冻结；三候"雉入大水为蜃"中的雉即指野鸡一类的大鸟，蜃为大蛤，立冬后，野鸡一类的大鸟便不多见了，而海边却可以看到外壳与野鸡的线条及颜色相似的大蛤。所以古人认为雉到立冬后便变成大蛤了。

小雪：一候虹藏不见；二候天气上升地气下降；三候闭塞而成冬。由于天空中的阳气上升，地中的阴气下降，导致天地不通，阴阳不交，所以万物失去生机，天地闭塞而转入严寒的冬天。

大雪：一候鹖鴠不鸣；二候虎始交；三候荔挺出。这是说此时因天气寒冷，寒号鸟也不再鸣叫了；由于此时是阴气最盛时期，正所谓盛极而衰，阳气已有所萌动，所以老虎开始有求偶行为；"荔挺"为兰草的一种，也感到阳气的萌动而抽出新芽。

冬至：一候蚯蚓结；二候麋角解；三候水泉动。传说蚯蚓是阴曲阳伸的生物，此时阳气虽已生长，但阴气仍然十分强盛，土中的蚯蚓仍然蜷缩着身体；麋与鹿同科，却阴阳不同，古人认为麋的角朝后生，所以为阴，而冬至一阳生，麋感阴气渐退而解角；由于阳气初生，所以此时山中的泉水可以流动并且温热。

小寒：一候雁北乡，二候鹊始巢，三候雉始鸲。古人认为候鸟中大雁是顺阴阳而迁移，此时阳气已动，所以大雁开始向北迁移；此时北方到处可见到喜鹊，并且感觉到阳气而开始筑巢；第三候"雉鸲"的"鸲"为鸣叫的意思，雉在接近四九时会感阳气的生长而鸣叫。

大寒：一候鸡始乳；二候征鸟厉疾；三候水泽腹坚。就是说到大寒节气便可以孵小鸡了；而鹰隼之类的征鸟，却正处于捕食能力极强的状态中，盘旋于空中到处寻找食物，以补充身体的能量抵御严寒；在一年的最后五天内，水域中的冰一直冻到水中央，且最结实、最厚。

2.1.3 我国气候的多样性

1. 我国气候的划分

我国气候区划工作由著名科学家竺可桢（1929）开创，后来经涂长望（1936）、卢鋈（1946）、陶诗言（1949）、张宝堃（1959）、陈咸吉（1982）、中国科学院、中央气象局等的不断改进，编制了我国的气候区划。

我国的气候区划采用"气候带—气候大区—气候区"三级区划。目前，以热量指标划分气候带，用≥10℃天数、≥10℃积温、1月平均气温来划分气候带（表2-2），青藏高原作为一个独立的气候单元，另行划分（表2-3）。以水分指标划分气候大区，用干燥度（年蒸发量与降水量的比值）划分气候大区（表2-4）。再以夏季温度指标划分气候区。下面主要介绍我国的气候带和气候大区的划分（图2-2和图2-3）。

表 2-2　我国气候带的划分

气候带	≥10℃天数	≥10℃积温/℃	1月平均气温/℃	地理位置
寒温带	<100	<1600	<−30	大兴安岭北部根河地区
中温带	100～171	1600～3400	−30～−6	东北地区向西，渭河以北，黄河中上游地区，至新疆北部
暖温带	171～218	3200～4800	−12～0	黄淮海地区，渭河、汾河流域，新疆南疆地区
北亚热带	218～239	4500～5300 3500～4000	0～4 3～6	长江中下游，汉水流域，贵州中部，云南北部
中亚热带	239～285	5100～6500 4000～5000	4～10 5～10	长江中下游南部，四川盆地，云南中部
南亚热带	285～365	6400～8000 5000～7500	10～15 9～15	台湾中部以北，福建，广东，广西，云南南部
边缘热带	365	8000～9000 7500～8000	15～20 >13	台湾南部，东沙群岛，雷州半岛，海南岛，云南南部河谷区
中热带	365	9000～10 000	20～26	台湾南端恒春至海南岛南端崖县一线以南的南海北部海域
赤道热带	365	>10 000	>26	南海南部海域的南沙群岛至曾母暗沙

表 2-3　青藏高原气候带划分

气候带	≥10℃天数	最热月平均气温 / ℃	地理位置
高原寒带	0	<6	北羌塘区
高原亚寒带	<50	6～11	青海东南、祁连山、北羌塘、那曲区
高原温带	50～180	12～17	川西、藏东、藏南、阿里、西宁地区
高原亚热带山地	180～350	18～24	达旺—察隅地区
高原热带北缘山地	>350	>24	西藏东南地区

表 2-4　中国气候大区划分

气候大区	年干燥度	地理区划	植被景观
湿润	<1.0	秦岭以南的长江流域及以南地区、胶东半岛、长白山区域、黑龙江流域及大兴安岭地区	森林植被景观
半湿润	1.0～1.6	秦岭一线以北至辽西、燕山、汾河流域、陕北南部、陇东、川西、西藏东南一线以北的广大区域	森林草原植被
半干旱	1.6～3.5	阴山以南、贺兰山以东南、青海大部、青藏高原大部、天山山区、阿尔泰山区、准噶尔盆地	草原植被
干旱	3.5～16.0	阴山以北、贺兰山以西至柴达木盆地、青藏高原羌塘区以北的广大区域	半荒漠植被
极干旱	>16.0	新疆东部、塔里木盆地东部至甘肃西端	荒漠植被

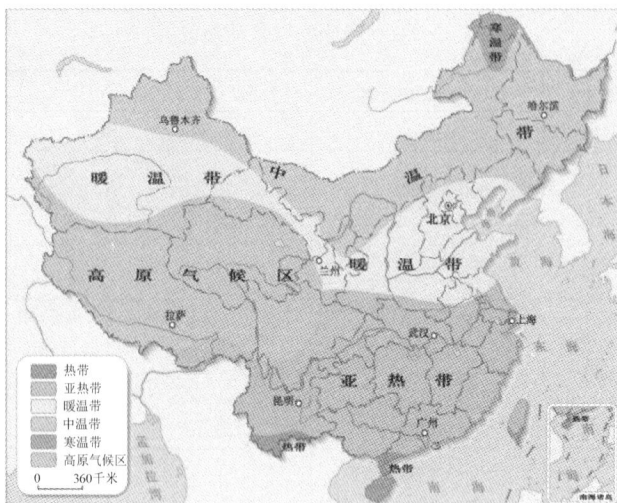

图 2-2　中国气候带的划分

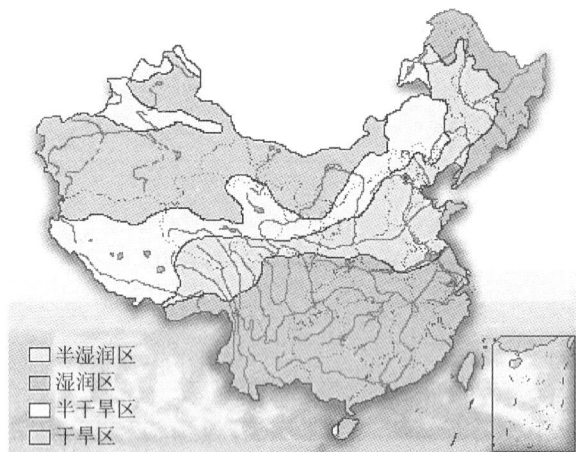

图 2-3　中国气候大区区划

2. 我国各地区的气候特点

我国由于幅员辽阔，纬度跨度大，地形、地势极为复杂，又由于距海远近不同，受海陆分布及季风环流的影响，使我国具有从赤道气候到冷温带气候之间的多种气候，季风气候明显，大陆性气候强，气候类型复杂多样。

（1）东北地区

东北地区为寒温带、温带湿润和半湿润气候区，其中寒温带只包括大兴安岭北部地区，是我国纬度最高、气候最寒冷的地区，也是我国最靠东的地区，位置显著地向海洋突出。夏季受东南季风影响，降雨量大，降水季节长；冬季气温较低，蒸发微弱，虽然降水量不大，但空气湿度仍较高，在气候上具有冷湿的特点。

东北地区主要的气候特征是具有寒冷而漫长的冬季，温暖、湿润而短促的夏季，冬季长达 6～7 个月，嫩江以北无夏天。年降水量为 400～700mm，东部降水集中在 5～9 月，西部则集中有 6～8 月。气温年较差大，冬季盛行西北风，夏季盛行东南风，春季风速最大。对植物危害最大的主要是冷、寒害等低温灾害和干旱，特别是春旱尤为严重。

（2）华北地区

华北地区属于暖温带半湿润气候区。本区处于中纬度地带，环流的季节性明显，表现出温带大陆性季风气候的特征。冬季寒冷干燥，夏季炎热多雨，具夏季湿润、冬春干旱的特征。夏季气温较高，温暖期较长，雨热同季，利于喜温树种的生长；冬季较长，大约 5 个月，气温较低，喜凉植物可以越冬。气温的日较差、年较差都很大。年降水量 400～600mm，降水分配高度集中在 7～9 月且多暴雨，降水强度和降水变率大，春季降水量只占年降水量的 10%～15%，以春旱较为突出。春季干旱和夏季洪涝是影响植物正常生长的重要因素。

（3）华中地区

华中地区属于湿润的亚热带季风气候区。冬温夏热，四季分明，降水丰沛，季节分配均匀是其主要的气候特点。冬季长 1～4 个月，夏季长 4 个月以上，平均年降水量为 800～1600mm。降水以夏雨为最多，春雨次之，冬雨最少，是全国春雨最为丰沛的地区；梅雨也是华中地区降水的重要组成部分，它的降水量大约为 6、7 两月降水总量的 70%。因此梅雨的长短、降水量的大小对本地区旱涝影响极大。东部秋季多台风，受台风影响较重。

（4）华南地区

华南地区为南亚热带、热带季风气候区，主要的气候特征是热量丰富，夏长冬暖，冬季低温多阴雨，夏季晴朗少雨，多台风。四季交替不明显，冬季长 2～3 个月，夏季长 5 个月，福安到韶关以南地区没有冬季。年降水量 1400mm 以上，雨量丰沛，降水强度大，大部分地区 70%～80% 的降水量集中在 5～10 月。台风频繁，受台风影响的时间最长，常导致华南水灾，对植物生长及人们的生活威胁很大。但也有有利的一面，台风季节正值华南仲夏，植物生长旺盛，台风带来丰沛的降雨，给植物提供了充足的水分。

（5）西南地区

西南属于亚热带高原盆地气候区，由于地形复杂，气候差别较大。低洼盆地冬温夏热，年较差大；而高原区域则冬暖夏凉，年较差小。总的来说，春秋季气温低，表现出一定的大陆性气候，大部分地区年平均降水量 1000 mm，分布规律是东部多于西部，年降水量分配不均，多数地区雨季集中在 5～10 月，占全年降水量的 80% 以上，天气温凉、潮湿，具有夏雨、冬干、秋湿、春旱的特点。本区的春旱、春秋季的低温对植物生长产生不良影响。

（6）西北地区

西北地区为典型的温带荒漠气候区，光照长，热量资源丰富，气温变化大，干燥少雨，多风沙天气是本区主要的气候特点，与我国同纬度其他地区相比，气温偏高，降水稀少，相对湿度小，是我国最干旱的区域，在夏季高温、多风的情况下，常出现干热风，春季风力较大，所形成的风沙及沙暴天气危害着植物的生长。但由于光照资源丰富，对植物生长发育有促进作用。

（7）内蒙古地区

内蒙古地区属于温带干旱、半干旱气候区，其气候特征表现为冬季寒冷而漫长，夏季温暖而短促，春、秋季升、降温急骤，降水少且变率大，分配不均匀，日照充足，多风沙。此地区水热资源相互制约，严重的干旱及冬夏季节的风沙限制了植物的生长，另外冬春季节的雪灾影响树木及草地植被返青。

（8）青藏高原地区

青藏高原地区由于处于地势高耸的特殊自然环境条件下，气候带多样，从寒带经温带、暖温带、亚热带过渡到热带，气候差异较大。其特点是光照充足，辐射量大，气温年变化小、日变化大；干湿季节分明，降水分布悬殊。干季多大风是本区的主要气候特征，干旱和大风限制本区植物的生长。

（9）陕北地区的气候特点

陕北地区属于温带半干旱、半湿润气候区。南部地区是半湿润气候，北部地区是半干旱气候。其气候特征表现为冬季寒冷而漫长，夏季温暖而短促，春、秋季升、降温急骤，常出现寒流、霜冻、风沙危害；年平均气温 8.6～9.6℃，极端温度为 39.9℃和－28.1℃；降水量 380～450mm，降水变率大，分配不均匀，集中在 7～9 月；年均日照时数 2739～2914h，日照率 65%，日照充足，年辐射总量为 135.6～144.3kCal/cm^2，≥10℃有效积温 2300～2600℃，无霜期 151～179d。

此地区由于水热资源的相互制约，严重的春季干旱、寒流、霜冻和风沙危害，限制了园林植物的生长，因此在园林植物栽培养护管理上要注重干旱、寒流、霜冻和风沙危害的防御。

我国气候的多种多样，使各地区植物类群的分布也具有复杂多样性。此在园林植物栽培引种上要注意植物分布区和引种区的气候特点，根据各地气候特点选择适生的植物品种，尽量避开不利的气候条件，最大限度地发挥气候资源的优势。

2.2 园林植物生长发育的光环境

常言道，"万物生长靠太阳"，地球上一切生物的生命活动都是离不开太阳。太阳以辐射的形式将太阳能传递到地球表面，给地球带来光和热，产生四季与昼夜。因此，太阳是地球上一切生命活动的能量来源。它通过光谱性质、光照强度和光照时间长度的变化决定着园林植物的生长和发育，是园林植物所必需的生存条件之一。

2.2.1 光的性质及其变化

1. 光的性质

太阳光是一种电磁辐射波，也称电磁辐射。按其波长顺序而成的波谱称为太阳辐射光谱，一般为 0.15～4.0μm，分为紫外线、可见光、红外线三个波段，其中可见光对植物的生理作用最大，在可见光中 0.4～0.7μm 波段的光生理活性最强，能被叶绿素吸收利用，称生理辐射波段（图 2-4）。

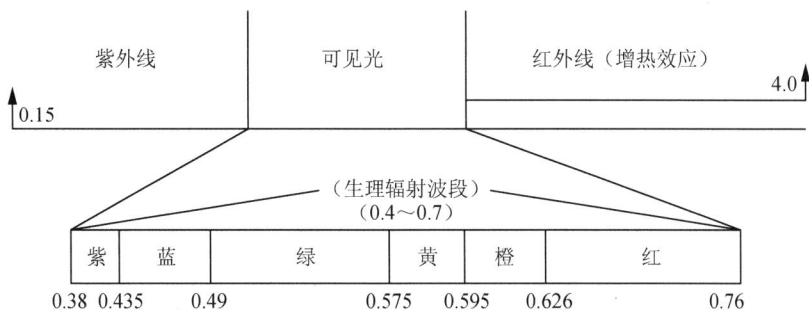

图 2-4 太阳辐射光谱成分图（单位：μm）

2. 光的变化

（1）光在大气层中的变化

太阳光经过大气层时由于受大气层中水汽、云层、尘埃的吸收、反射、散射作用，传递到地球表面时，发生了很大的变化，表现为强度明显减弱。如果把大气层上表的太阳辐射强度记为 100%，那么，到达地面的太阳辐射强度只有 47%，又有 4% 反射回太空（图 2-5）。

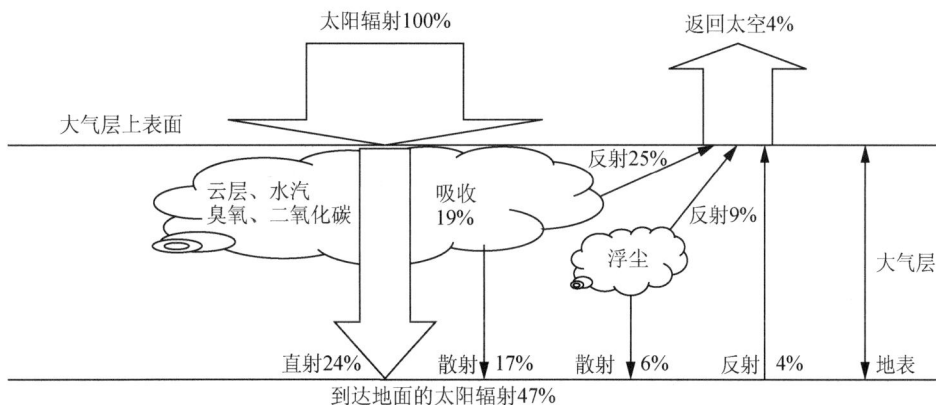

图 2-5 太阳辐射能量到达地面的分配示意图（图示为北半球平均值）

（2）光的空间变化

到达地球表面的太阳辐射，由于地面形态的差异，地表接受的太阳辐射也有很大差异。

1）纬度：太阳辐射强度随纬度而变化。高纬度地区由于太阳高度角小，穿过大气层的距离长，太阳光强度小，直射光的比例小，散射光、漫射的比例大，长波光较多；低纬度地区与之相反，太阳高度角大，穿过大气层的距离短，太阳光强度大，直射光的比例大，散射光、漫射的比例小，短波光较多。如低纬度的非洲中南部热带沙漠地区，年辐射量为 200kCal/cm^2 以上，而高纬度的北极地区，年辐射量不足 70kCal/cm^2。我国东部地区的太阳年总辐射量大致为 80～130kCal/cm^2，西部地区要高于此值。

太阳光照长度也随纬度而变化。赤道附近，终年昼夜平分；随着纬度增大，昼夜长短变化增大，纬度大的地区，夏半年（春分到秋分）昼长夜短，在北极，会出现极昼现象；冬半年（秋分到春分）昼短夜长，在北极，会出现极夜现象。

2）海陆位置：太阳辐射因海陆位置而不同。一般来说，距离海洋远的内陆，太阳辐射强度大；而海面上和海岸地区，由于大气中水汽、云层多，损失大，太阳辐射强度小。

3）海拔：太阳辐射强度随海拔而变化。一般来说，海拔升高，太阳辐射强度增大。原因是海拔升高，太阳辐射穿过大气层的距离缩短，大气密度减小，大气中的水汽、云层、尘埃减少，因而吸收、反射、散射损失的太阳辐射少，强度反而大。

4）地形地势：太阳辐射强度因地形地势不同而不同。一般来说，山地、高原地区的太阳辐射强度大，平原、盆地地区的太阳辐射强度小；在山地地形中，阳坡的太阳辐射强度大于阴坡的，山顶的太阳辐射强度大于山麓或山谷的。

（3）光的时间变化

太阳辐射随时间而发生着变化。首先，太阳辐射在一天中，强度最大的时间出现在中午12~14时，且短波光较多，而早晨和黄昏强度小，长波光较多，夜间没有光照；太阳辐射在一年中，强度最大的时间在夏季（7月），且短波光较多，最小的时间在冬季（1月），长波光较多。其次，太阳光照长度也随时间而变化，北半球的夏半年昼长夜短，冬半年昼短夜长（表2-5和表2-6）。因此，在我国的北方地区，虽然夏季短，植物的生长期短，但日照时间长，日照强度大，对植物的生长极为有利。

表2-5　日照时数简表（各月15日值）

月份 \ 可照时数/h \ 纬度	0°	北纬10°	北纬20°	北纬30°	北纬40°	北纬50°	北纬60°	北纬65°	北纬70°
1	12.08	11.36	11.04	10.25	9.36	8.33	6.42	5.01	0
2	12.07	11.40	11.30	11.09	10.41	10.06	9.10	8.28	7.22
3	12.07	12.04	12.00	11.58	11.53	11.49	11.42	11.41	11.34
4	12.06	12.22	12.36	12.55	13.15	13.45	14.31	15.11	16.08
5	12.07	12.35	13.05	13.41	14.23	15.23	17.06	18.44	23.00
6	12.07	12.43	13.20	14.04	15.00	16.20	18.49	21.42	24.00
7	12.08	12.40	13.14	13.54	14.45	15.58	18.06	20.23	24.00
8	12.07	12.27	12.49	13.14	13.37	14.32	15.43	16.45	18.20
9	12.06	12.11	12.14	12.14	12.30	12.40	12.57	13.12	13.30
10	12.07	11.55	11.41	11.27	11.12	10.49	10.15	9.50	9.12
11	12.07	11.41	11.12	10.38	10.00	9.05	7.36	6.19	3.58
12	12.07	11.33	10.57	10.15	9.22	8.08	5.56	3.50	0

资料来源：关继东. 2006. 园林植物环境. 重庆：重庆大学出版社.

注：本表所列时间值为不计天气状况的可照射时间。

表2-6　我国不同纬度地区的日照长度

地点	纬度	夏至日长/h	冬至日长/h	年变幅/h
齐齐哈尔	北纬47.20°	15.98	8.27	7.71
长春	北纬43.53°	15.68	8.94	6.74
沈阳	北纬41.46°	15.12	9.08	6.04
北京	北纬39.57°	15.01	9.20	5.81

地点	纬度	夏至日长/h	冬至日长/h	年变幅/h
南京	北纬 32.04°	14.55	10.03	4.53
昆明	北纬 25.02°	13.82	10.75	3.07
广州	北纬 23.00°	13.73	10.43	3.30
海口	北纬 20.00°	13.231	10.45	2.76
赤道	0°	12.10	12	0.10

资料来源：陈易飞. 2001. 园林植物环境. 北京：中国农业出版社.

知识拓展

太阳辐射的基本知识

太阳是一个炽热的气体球，表面温度约 6000℃，越向内部温度越高，中心约 1500×10^4℃，光球表面不停地以电磁波的形式向四周发射能量，称太阳辐射。99%能量的电磁波长为 $0.15 \sim 4.0 \mu m$。

太阳与地球间的距离很远，平均为 $1.5 \times 10^8 km$，因此，太阳投射到地球的光束可以看作平行光线。那么，单位时间内，投射到单位截面积上的太阳辐射能量，称为太阳辐照度，单位是 W/m^2。

在大气上界，日地处于平均距离时，单位时间内，太阳射线方向上单位截面积获得的太阳辐射能，称为太阳常数。

2.2.2　光对园林植物的生态作用

1. 园林植物的光合作用

绿色植物吸收太阳能，同化二氧化碳和水，制造有机物并释放氧气的过程，称为光合作用。光合作用合成的有机物主要是碳水化合物，并将光能转化为化学能，贮存在有机物中。光合作用的方程式可表示为：

$$CO_2 + H_2O \xrightarrow[\text{同化}CO_2\text{酶}]{\text{光能}} (CH_2O) + O_2$$

光合作用是地球上一切生命存在、繁荣和发展的基础，对整个生物界和人类的生存与发展，以及保护自然界的生态平衡具有重要意义，具体有如下几个方面。

1）把无机物变成有机物。地球上几乎所有的有机物质都直接或间接地来源于光合作用。这些有机物不仅可以满足植物本身生长发育所需，同时也为人类和动物提供了食物来源，也是某些工业生产的原料。据估计，地球上每年光合作用固定的碳约 $1.55 \times 10^{14} kg$，合成的有机物质为 $5 \times 10^{14} kg$。

2）把光能转化为化学能。植物同化无机物的同时，把太阳能转化为化学能，贮藏在合成的有机物质中，除了供自身和全部异养生物之用外，更重要的是为人类提供了活动的能量来源。目前，人类工农业生产和日常生活所需的主要能源，如煤炭、天然气、木材等，也都是绿色植物长期通过光合作用贮存的能量。据估算，地球上的绿色植物每年所蓄积的太阳能约为 $7.1 \times 10^{13} kJ$，是全人类所需能量的 10 倍。

3）维持大气中的氧气和二氧化碳平衡。地球上一切生物的呼吸作用及各种燃烧过程都要消耗氧气，释放出二氧化碳。据测算，地球上生物的呼吸和各种燃烧每秒钟要消耗的氧气为 $10 \times 10^{14} kg$。而绿色植物不断地进行光合作用，吸收氧气并放出二氧化碳，使得大气中的氧气和二氧化碳基本操持稳定。

2. 光谱质量对园林植物的生态作用

太阳辐射按其光谱成分的不同分为紫外线、可见光、红外线 3 个光谱区。每个光谱区的各个不同波长的光具有不同的性质，对园林植物的生长发育具有不同的生理生态作用（表 2-7），这种作用表现为热效应和光效应。热效应是光被植物细胞组织中的水吸收，起到增温作用。光效应是光被植物细胞原生质和色素（主要是叶绿素）吸收，进行光合作用和成形作用（植物形态结构的形成）。

表 2-7　太阳辐射的不同波段对植物的生理生态效应

光的波段/nm	光色	吸收特性	生理生态作用
<280	紫外线	被原生质吸收	强度大时能立即杀死植物
280~315	紫光	被原生质吸收	强烈影响植物的形态建成，刺激某些生物合成，影响生理过程，对大多数植物有害
315~400	绿蓝光	被叶绿素和原生质吸收	起成形作用，如使植物变矮，叶片变厚
400~510	蓝光	被叶绿素和胡萝卜素强烈吸收	强烈影响光合作用，促进蛋白质的合成，促进色素的合成，促进细胞分化和组织器官分化，抑制胚轴伸长，促进直径生长
510~610	黄橙光	被叶绿素吸收	影响光合作用，促进碳水化合物和叶绿素合成，对植物的形态建成的影响稍有下降
610~720	红光	被叶绿素强烈吸收	最强影响光合作用，控制碳水化合物和叶绿素的合成，强烈影响光周期，控制开花
720~1000	远红	植物稍有吸收	对光周期和种子形成有重要作用，能控制植物开花与果实颜色，能促进种子萌发，刺激植物延伸
>1000	红外线	组织中的水吸收	表现为热效应，光能转化为热能，促进植物体内水分循环和蒸腾作用，不参与生化作用

了解光质的不同生态效应，有助于在生产实践中加以应用。在大棚和塑料薄膜栽培中，选用不同滤光性的薄膜可获得不同的光质生态环境，以形成特定作物品质或特定生长阶段对光质的要求。

3. 光照强度对园林植物的生态作用

光照强度也称光照度，是指太阳辐射中可见光照明的强度，国际单位用 lx（勒克斯）表示，国内单位用千米烛光表示。光照强度对园林植物生长有着重要作用，主要体现在几个方面：

（1）光照强度决定了光合作用的强度

植物生长发育的前提是获得足够的净生产量，有充足的有机物质积累，这由植物的光合作用强度决定，而条件是植物必须要获得足够的光照。因此，植物的光合作用与光照强度密切相关。光照强度增大，光合作用强度也随之增大，但这种关系有一定的限度，用光补偿点和光饱和点 2 个指标表示。光强度增大，光合作用强度也随之增大，当光合作用生产的有机物质和呼吸作用消耗的有机物质相等时的光照强度称光补偿点。光强度增大，光合作用强度也随之增大，当光照强度增大到光合作用强度不再随之增大时的光照强度称光饱和点。不同植物的光补偿点和光饱和点往往不同（表2-8）。

表 2-8 不同植物的光补偿点和光饱和点

植物类型			光补偿点/千米烛光	光饱和点/千米烛光
陆生植物	草本植物	C4 植物	1～3	>80
		农业 C3 植物	1～2	30～80
		阳性植物	1～2	50～80
		阴性植物	0.2～0.5	5～10
	木本植物	落叶乔木、灌木阳生叶	1～1.5	25～50
		落叶乔木、灌木阴生叶	0.3～0.6	10～15
		常绿阔叶乔木阳生叶	0.5～1.5	20～50
		常绿阔叶乔木阴生叶	0.1～0.3	5～10
	林下蕨类		0.1～0.5	2～10
	苔藓、地衣		0.4～2	10～20
水生植物	浮游藻类			15～20
	潮间带海藻		1～2	10～20
	深水藻类			1～2
	显花植物		<1～2	10～3

（2）影响生长和形态结构

光照强度也影响着植物的生长和形态结构，表现在以下几个方面。

1）光照强度影响光合作用的强度，从而决定有机物质的积累，影响植物的体积和重量的增加。

2）光照强度能促使植物组织分化，影响细胞的增大与分化、分裂与伸长，制约各器官的生长速度和发育比例。强光制约植物胚轴的延伸，促进组织分化和木质部的发育，使苗木幼茎粗壮低矮，节间缩短，同时促进苗木根系的生长，形成较大的根茎比。利用强光的这一作用可培育出矮化的更具观赏价值的园林植物个体。

3）光照强弱能引起植物叶片形态上出现分化，如阳生叶、阴生叶的分化（表2-9）。

4）光照强弱影响园林树木的形态。园林树木由于各方向所受的光照强度不同，会使树冠向强光方向生长茂盛，向弱光方向生长不良，形成明显的偏冠现象。

表 2-9 园林植物阳生叶、阴生叶的分化

项目	阳生叶	阴生叶
叶片	厚而小	薄而大
叶面积/体积	小	大
角质层	较厚	大，较薄

项目	阳生叶	阴生叶
叶脉	密	疏
气孔分布	较密，但开放时间短	较稀疏，但经常开放
叶绿素	较少	较多
叶肉组织	栅状组织较厚或多层	海绵组织较丰富
分化生理	蒸腾、呼吸、光补偿点、光饱和点均较高	蒸腾、呼吸、光补偿点、光饱和点均较低

（3）光照强度影响植物开花和结实

1）光照强弱影响花芽的形成和发育。光照强度不足时，光合作用生产量少，物质积累少，必然制约花芽的发育，已形成的花芽，也会因养分不足而死亡，只有保证充足的光照条件，才能保证植物顺利开花。

2）光照强弱影响植物开花的颜色和时间。强光有利于植物花青素的形成，使植物花色艳丽；光照强弱对植物花蕾的开放时间有很大的影响，如半支莲、酢浆草在中午强光下开花，月见草、紫茉莉、晚香玉在傍晚开花，昙花在21时后的夜晚开花，牵牛花在早晨开花。

3）光照强弱影响果实发育。光照强度大，同化量大，物质积累多，果实着色好，品质高。

4. 光照时间对园林植物的生态作用

（1）光周期与植物开花

植物的开花不仅受光照强度的影响，更受到光照长度的控制。虽然多数植物并不显示对光照长度的敏感性，但有些植物只有在适当的光照长度条件下才能开花。植物的这种对光照昼夜长短（光周期）的反应就是光周期现象。例如，翠菊、九月菊在昼长夜短的夏季只进行枝条的生长，当进入秋季出现昼短夜长时才能长出花蕾。

光周期现象是指植物适应光的季节长短变化而形成在一年中特定时间开花的现象。光周期现象经过大量的实验证明，对植物开花起决定作用的是暗期的长短。短日照植物必须超过某一临界暗期才能形成花芽，长日照植物必须短于某一临界暗期才能开花（图2-6）。根据研究分析，光期只能促进花芽发育，它决定了养分的供应状况，而暗期决定了是否诱导形成花原始体或花原基，从而决定开花。

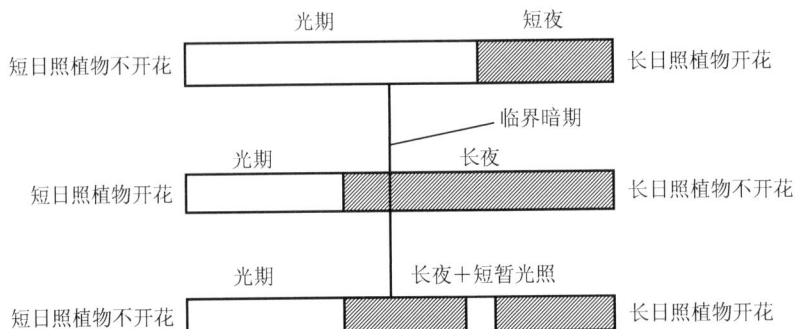

图2-6 光周期实验分析

经过进一步研究证明，植物的光周期现象与太阳辐射波长有关，波长为 640～660nm 的红光对中断黑夜所起的诱导作用最有效，用它进行光间断处理，明显抑制短日照植物的花芽形成，而促进长日照植物的花芽形成。因此，在园林植物栽培上可以利用这一原理进行光周期诱导，控制植物开花时间，满足观赏要求。

（2）光周期与植物休眠

光周期对植物的休眠起控制作用。一般来说，长日照可促进植物的营养生长，而短日照则减缓植物的生长，促进休眠。光周期很大程度上控制了许多木本植物的休眠，特别是分布区偏北的树种，这些树种已在遗传性上适应了这一种光周期，当温度或水分等特定环境因子到达临界点前就进入休眠。在我国北方地区，植物经过一个夏季长日照下的生长期，当日照长度缩短时，温度也会随之降低，这时，植物接收到这一信息，会做出生理反应，为休眠做好准备。对于北方气候下或高山地区的树木来说，秋季早霜和冬季严寒是生死攸关的，光周期的控制休眠进程机制就显得特别重要。

2.2.3　园林植物对光的生态适应

1. 园林植物对光照长度的适应

根据植物对日照长度的反应可把植物分为长日照植物、短日照植物和日中性植物 3 类。

1）长日照植物是指日照时间大于一定数值（临界点一般为 12～14h）才能进行生殖诱导开花的植物。这类植物在短日照下只能进行营养生长，不能进行生殖生长。常见的长日照植物有牛蒡、紫苑、凤仙花等。

2）短日照植物是指日照时间小于一定数值（临界点一般为 12～14h）才能开花的植物。这类植物在长日照下只进行营养生长，短日照植物通常在早春或深秋开花。常见的短日照植物有牵牛花、苍耳、九月菊等。

3）日中性植物是指只要其他条件合适，在任意日长条件下都能开花的植物。这类植物的开花与日照长度无关，常见的有蒲公英等。

2. 园林植物对光照强度的适应

根据园林植物对光照强度的需要和适应，可分为阳性植物、阴性植物和耐阴植物。

1）阳性植物也称喜光植物，是指在较强的光照或全光照条件下才能正常生长发育的植物。这类植物一般生长在全光照环境下的高山、高原、旷野、沙漠地区，大多数的乔木树种都是喜光植物。常见的阳性植物有松、柏、栎、杨、柳、桦、槐、榆叶梅、桃、李、蔷薇、仙人掌、芍药、牡丹、万寿菊、牵牛花等。北方地区的园林植物绝大多数是阳性植物，因此，在园林植物栽培时不宜过密。

2）阴性植物是指在弱的光照条件下或在遮阴条件下才能正常生长发育的植物。这类植物生长在潮湿背阴的地方或茂密的森林下，对光照强度的要求低，常见的阴性植物有红豆杉、粗榧、香榧、铁杉、常春藤、地锦、三七、茶、人参、蕨类、秋海棠、紫果云杉等。在北方地区的园林植物中，阴性植物较少见。

3）耐阴植物是指在全光照条件下能正常生长发育，在一定的遮阴条件下也能正常生长发育的植物。这类植物对光照强度的适应宽度大，适应性很强，常见的有罗汉松、山楂、栾树、云杉、侧柏、圆柏、杜松、珍珠梅、醉鱼草、榆树等。耐阴植物由于对光的适应性强，树冠往往较大，叶片也会出现分化，树冠上部和向光面的叶片趋向于阳生叶，而树冠内部和背光面的叶片趋向于阴生叶。

阳性植物和阴性植物在生长发育、生理特性，以及茎、叶等形态结构上有明显的区别（表 2-10），而耐阴植物则看其所处的环境，在全光照环境下，趋向于阳性植物，在一定遮阴下，趋向于阴性植物的特点。

表 2-10　阳性植物与阴性植物的生理生态特征对比

项目	阳性植物	阴性植物
叶片形态	以阳生叶为主	多阴生叶，少阳生叶
叶色	色淡为绿色或淡绿色	色浓为绿色或暗绿色
茎	较粗壮，节间较短	较细，节间较长
单位面积叶绿素含量	少	多
分枝	较多	较少
茎内细胞	体积小，细胞壁厚，含水量小	体积大，细胞壁薄，含水量大
木质部和机械组织	发达	不发达
根系	发达	不发达
耐阴能力	弱	强
土壤条件	对土壤条件适应性广	要求比较湿润、肥沃的土壤
耐干旱能力	较耐干旱	不耐干旱
生长速度	较快	较慢
生长发育	成熟早，结实量大，寿命短	成熟晚，结实量小，寿命长
光补偿点	高	低
光饱和点	高	低

2.3

园林植物的温度环境

▌2.3.1　温度的变化规律

温度是表示物体冷热程度的物理量，气象上常用摄氏温标（℃）。地球表面热量来源于太阳辐射，由于太阳照射，地面吸收热量，使地面温度改变，于是地面上部的空气温度和其下部的土壤温度也随之发生变化。太阳辐射有周期性的日变化和年变化，温度也有这种变化，我们常用最高值、最低值出现的时间及二者的差值（较差）来描述这种周期性变化的特征。

1. 地球表面的热量动态

地球表面的热量来源于太阳辐射，地面吸热，同时又向外辐射热量，其热量动态如图 2-7 所示。

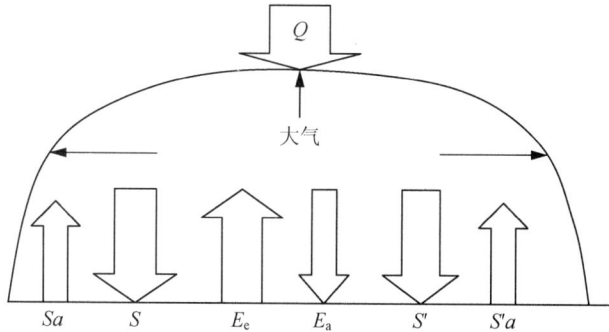

图 2-7 地球表面热量动态

S—太阳直辐射；S'—散辐射；E_a—大气逆辐射；E_e—地面辐射；

a—地面反射率；r—地面有效辐射，等于 E_e-E_a

根据上述动态变化图，地面热量平衡公式为：

$$R=(S+S'+E_a)-[(S+S')a+E_e]$$
$$R=(S+S')(1-a)-r$$

式中：R——地面辐射差。

可以看出，在白天早晨，有阳光照射，S 和 S' 逐渐增大，R 也开始增大。当地表接受的辐射能大于地表有效辐射时，R 为正值，温度开始上升；到 13 时左右，温度到达最高值，此后，地面有效辐射超过地表获得的太阳辐射，R 值开始下降，至 0 时，停止增温；日落后，S 和 S' 为 0，R 为负值，地面继续进行有效辐射，将失去热量，加速降温，至日出前后，达最低。

2. 温度的时间变化规律

温度包括空气温度和土壤温度。空气温度是大气的冷热程度，简称气温，它随时间、地点和高度而变化。一般情况下，我们所说的气温，是指百叶箱内离地面 1.5m 高度处的大气温度。土壤温度是指土壤的冷热程度，简称土温，它随气温的变化而变化的，土温的变化往往落后于气温的变化，如气温达到最高时，土壤温度还未达到最高。

温度随着太阳辐射周期性的日变化和年变化，也呈现出稳定的日周期和年周期变化。

（1）温度的日变化

一天中，温度有一个最高值和一个最低值，二者的差值称为日较差。通常最高温度夏季出现在 14～15 时，冬季出现在 13～14 时；最低温度出现在日出前后。最高和最低温度出现的时间都比地面温度落后，因为热量传导需要经历一定的过程。

温度的日较差受纬度、季节、地形、下垫面性质、天气状况和海拔高度等影响。一般，温度的日较差随纬度的增大而减小，随海拔的增高而减小。温度的日较差夏季大于冬季，凹地大于平地，平地大于凸地，晴天大于阴天，陆地大于海洋。我国的温度日较差由东南向西北逐渐增大，东南沿海在5℃左右，西北地区在15℃左右，甘肃敦煌地区甚至达到40℃。

（2）温度的年变化

一年中，平均温度最高的月份为7月，平均温度最低的月份为1月，二者的差值称年较差。年较差受纬度、距海远近、天气状况和海拔高度等影响。一般来说，年较差随纬度的增大而增大，随海拔的增高而减小。在纬度相同或相近的情况下，距海越远，年较差越大。云雨多的地区年较差较小。

（3）温度的非周期性变化

温度的变化除了周期性的日变化和年变化之外，还有由于大规模的空气水平运动引起的非周期性变化。例如，北方地区春夏之交和秋冬之交，由于冷空气的南侵出现的寒潮、倒春寒、秋老虎天气，使温度的年变化曲线出现不规则的跳跃式变化。

知识拓展

土壤的冻结与解冻

1. 土壤冻结。当土壤温度降低至0℃以下时，土壤中的水分开始结冰，冻固了土粒，使土壤变得非常坚硬，这就是土壤冻结。冻结后的土壤称为冻土。由于土壤水分中含有不同浓度的盐分，其冰点温度比纯净水低，所以土温在0℃时并不冻结，只有在0℃以下时才会发生冻结。

土壤冻结往往由几次强冷空气自北向南侵袭引起剧烈降温而造成。因此，在地理分布上，土壤冻结开始的时间也是由北向南推进，冻土深度从北向南逐渐减小。

2. 土壤解冻。春季，气温回升至0℃时，土壤表层开始解冻，并逐渐向深层进展。在土壤解冻初期，由于冻土还未完全融化，上层土化冻后的水分不能下渗而造成地面泥泞，称为返浆。返浆有利于缓解当地的春旱。

---

3. 温度的空间变化规律

温度也随纬度、海陆位置、海拔高度、坡向、地形等因素而发生着变化。

（1）纬度

纬度决定着一个地区太阳高度角的大小及昼夜长短，因而决定了太阳辐射量的多少。低纬度地区太阳高度角大，因而太阳辐射量大，获得的热量多，温度高；而随着随纬度的增加，太阳辐射量减少，温度也随之降低。研究表明,纬度每增加1°（水平距离约为111km），年平均气温下降0.5℃。

我国地域辽阔，最南端为N3°59′，最北端为N53°32′，南北相差49°33′。因此，南北热量相差悬殊，气候差异大，形成了不同的气候带（参见表2-1）。

（2）海陆位置

我国位于欧亚大陆东南部，东临太平洋，西南距印度洋不远，而西和西北面为广阔的大陆，属季风性气候，夏季盛行由东南向西北推进的海洋性气团影响，东南部地区多温暖湿润，冬季盛行由西北向东南推进的大陆气团，寒冷干燥。因此，与纬度相同的其他地区相比较，我国大陆性气候较强，夏季酷热，冬季严寒，温度年较差大。

（3）海拔高度

温度也随着海拔高度的增加而变化。据研究，海拔高度每增加100m，温度降低0.55℃。由于温度的这种变化，在高大的山体上从山麓到顶峰，随海拔升高，温度降低，植被也呈现出不同的气候带类型。这种变化与纬度气候带的变化规律极为相似。

（4）地形

地形对温度的影响很大，在不同的地形条件下，温度变化差异很大。一般谷地、盆地白天受热强烈，地形封闭，气流交换弱，白天的温度远远高于周围山地。在夜晚，因地面辐射冷却，地面上形成一层冷空气，密度大，顺山坡下沉集中于谷底，而将热空气抬升至山坡一定高度，往往形成逆温现象（图2-8）。

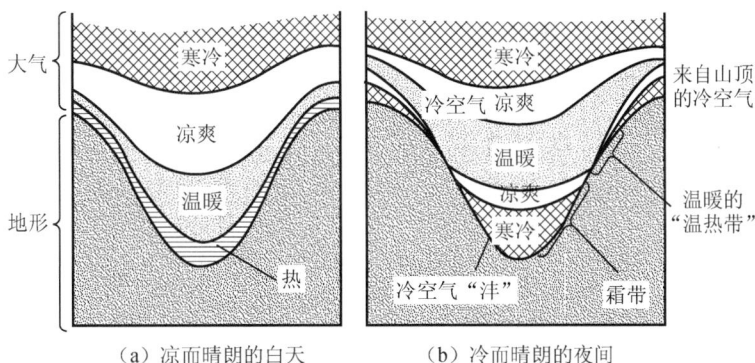

（a）凉而晴朗的白天　　　（b）冷而晴朗的夜间

图2-8　逆温现象

逆温层的存在，使山区气温垂直分布发生变化，气温最高值并不出现在山谷底部，而是出现在山地中部的某一高度上，称为暖带。暖带是喜温植物的栽植安全带。

大气温度的空间变化遵循这样的规律，而土壤温度除受上述因素影响外，还随土壤深度而发生变化。随土壤深度的增加，土壤温度减小，到一定深度后，土壤温度变化消失，会出现一个日温恒定层。

4. 城市的温度条件

城市的温度与空旷地相比，具有以下特征：

1）城市的温度高于空旷地。城市大量的高楼大厦，工业，水泥、沥青、沙石铺设的广场街道，以及各种其他设施，引起城市水分径流损失大、速度快，导致城市土壤水分减少，地下水位下降，土壤蒸发减小，由土壤水分蒸发而散失的热量减少；同时，城市建筑设施导致下垫面吸热率高、导热性好，温度变化大，增加了向空气辐射的热量，使城市处在热空气的覆盖之下，相对增大了城市空气温度。

2）温度分布不均匀。城市的温度梯度是从城市中心向郊区，温度逐渐减小。城市的中心温度高，越向郊区，温度越低（图2-9）。

3）城市温度变化大。在城市中街道、建筑物等硬材料（水泥、沥青、沙石）集中的地段，白天温度高，夜晚温度低，日较差大；有园林植物（公园、草坪、广场绿地）栽植或一定量人工水面的地段白天温度低，夜晚温度偏高，日较差小。

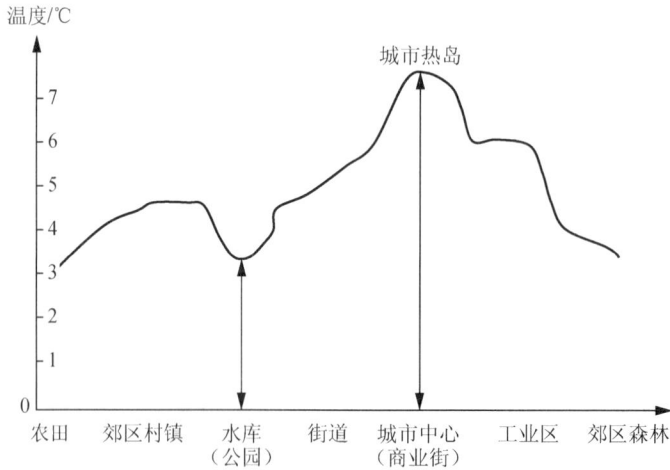

图 2-9 城市温度分布（某市 2 月平均温度）

4）城市"热岛"效应明显。从图 2-9 中可看出，在城市的中心由于建筑物密集、人口集中的区域温度要高于郊区，处于最高区域；农田、水库、郊区森林的温度相近，均偏低，郊区村镇、街道、工业区温度呈现增高梯度。这是由于城市中心建筑物密集，吸收的太阳辐射热量多，人口多，释放的二氧化碳多，而且空气对流以垂直对流为主，热量向上扩散时又受到上空二氧化碳气体高热逆温层的阻挡，导致温度增高。

知识拓展

城市热岛效应的形成原因

城市热岛效应是指城市气温明显高于郊区的气温现象。城市热岛的形成有以下几个原因：

1. 城市下垫面性质特殊，比郊区获得较多的太阳辐射。城市使用的砖石、沥青、混凝土、硅酸盐建筑材料，深色的屋顶等热容量、导热率高，吸收较多的太阳辐射，但其反射率低。狭窄的街道、墙壁之间的多次反射和吸收，导致太阳辐射能增多。

2. 城市大气的大量污染物覆盖层，吸收和反射长波辐射，减少了热量的散失。

3. 城市中有较多的人为热量来源，特别是在冬季，高纬度地区燃烧大量化石燃料采暖。

4. 城市建筑密集，通风不良，不利热量的扩散。

5. 城市特殊的地面，园林植物的占地面积相对较少，不透水面较大。

2.3.2 温度的生态意义

植物的生活受一定温度范围的影响，温度影响植物的生理活动和生长发育的速度和效率。任何植物的生理活动、生化反应、生长发育和分布都必须在一定的温度范围内进行（图 2-10）。我们把影响植物各种生理活动及生长发育的温度称生物学温度，用最低温度（T_d）、最适温度（T_0）、最高温度（T_b）3 个指标来表示。

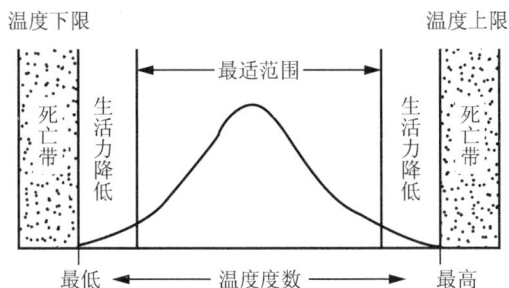

图 2-10　园林植物适应温度的范围

最低温度：植物生理活动的下限温度，高于或低于这一温度时植物开始或停止生长，又称生物学零度。

最适温度：植物生理活动最旺盛、最适宜的温度，在这个温度下植物生长最良好。

最高温度：植物在生理活动过程中能忍耐的最高温度。

植物的不同生长发育时期，适应的温度范围不同。植物的生长、发育在 0℃开始活动，随温度的增加而加强，在 20～35℃时达到最适宜的范围，此后随之降低，达到 42～45℃时停滞；种子萌发的 $T_d=0～5℃$，$T_o=25～30℃$，$T_b=35～40℃$；植物开花一般是在 0～10℃时期进行花芽分化，后随温度增加，花芽发育，开花。

植物的不同生理活动，适应的温度范围也不同。园林植物光合作用的 $T_d=5～7℃$（热带）、$T_d=-2～0℃$（温带），$T_o=25～35℃$，$T_b=38～40℃$；园林植物呼吸作用从 0℃开始，$T_d=0℃$，$T_o=35℃$，$T_b=42～45℃$；园林植物的蒸腾作用从 0℃开始，随温度的增加蒸腾强度增大。

植物的产地不同，适应的温度范围也不同。对于生物学零度来说，原产于温带的植物，一般为 5～6℃；原产于亚热带的植物，一般为 10℃左右；原产于热带的植物，为 15～18℃。

2.3.3　节律变温的生态作用

温度随昼夜和季节而发生的有规律的变化，称节律性变温。节律变温对植物的生长发育有很大的影响。植物长期生长在变温的环境条件下，慢慢形成适应变温的一些特性，这些特性会在遗传学上固定下来，并传给后代。植物适应环境温度变化所形成的特性，称植物的感温性。植物的开花、生长发育往往在有一定温度变化的环境下，更为有利。例如，在温带地区，大部分植物在生物学零度（5～6℃）以下不会有明显的生长，在最适温度范围内生长显著。

1. 昼夜变温与温周期现象

植物对温度昼夜节律变化反应，称温周期现象。植物适应温度在昼夜之间的变化，只有在变温下才能正常生长发育，表现在种子萌发、生长、产品质量等方面。

1）昼夜变温有利于种子发芽。对于发芽困难的种子，给以温差较大的变温处理，可大大提高发芽率。如射干的种子，在恒温下发芽率极低，只有 10%左右，但在 16～24℃的变温处理下，发芽率可达到 70%。

2）昼夜变温对植物的生长有明显的促进作用，促进植物苗壮生长。如火炬松幼苗在温差 12～20℃的条件下，生长良好，而在恒温下生长较差。这是因为白天高温时，有利于光合作用合成有机物质，夜晚低温时，抑制呼吸作用，消耗的有机物质少，使植物体内的物质净积累增多，有利于生长。

3）昼夜变温有利于植物开花结实。在植物适应的温度范围内，温差越大，植物光合作用净积累的有机物质就越多，对花芽的形成也就越有利，开花越多；同样，对果实的物质积累也就越多，有利于果实的发育和品质的提高。如我国的苹果两大主产区，陕西的苹果的品质要比山东的好；新疆吐鲁番地区在葡萄成熟季节昼夜温差达到 10℃以上，葡萄含糖量达 22%以上，而山东烟台的葡萄含糖量只有 18%。

2. 季节变温与物候现象

温度在春夏秋冬四季间呈现出有规律的变化，形成了温周期，植物适应一年中温度的节律变化形成了与之相适应的生长发育节律，称物候。植物在一年四季中随温度变化进入不同的生长发育期，也称物候期。影响植物物候的温度因素主要是日平均温度，当日平均温度达到特定的值时，植物会进入相应的生长发育期。如小兴安岭的红松，日平均气温达到 4.5℃时树液开始流动，到 10.7℃时树芽开始膨胀，到 14～17℃时迅速生长，到 14.8℃时花芽显露，到 18℃时开始授粉，秋季温度下降到 14.4℃时球果开始成熟。

季节变温对植物物候的影响作用是十分明显的，可以说，它控制着植物的生长发育。特别是春季的低温阶段，即日平均气温在物理学零度（0℃）至生物学零度之间要经历的阶段，是对光周期的重要补充，控制大多数植物的休眠打破和开花，这种作用就是春化作用。春化作用使植物的萌发时期和开花时期不同。因为植物必须有足够的低温刺激才能打破休眠，一般为 260～1000h。例如，桃为 260h 就会萌发，而草莓、枣树要达到 800h，才能打破休眠，进入生长发育期。有些植物即使有了花芽，也不一定能开花，必须要有足够时间的低温刺激才能开花，一般为 300～600h，如桃为 280h，李、杏为 300～350h，苹果为 400h。

物候期在地球上是十分明显的，由于温度随纬度、海拔而变化，植物的开花时期有显著的不同。如杏树在我国南北均有分布，南端贵阳 3 月 3 日开始开花，北端东北的公主岭，4 月 20 日开花，时间相差 48d。

2.3.4 非节律性变温的影响

温度在节律变化之外，还经常发生非节律性变温，如温度的突然降低和突然升高。这种突然出现的变温，如生长季节的超低温、休眠季节的高温、生长季节的超高温，对植物会产生非常大的影响，当温度变化超过了植物忍耐的限度（如小于 0℃或大于高限），持续的时间超过了临界时间（使植物受害的最短时间）时，就会对植物产生危害，称低温或高温伤害。如 2013 年 4 月 7～9 日，陕西省榆阳区发生的−9～−6℃的低温，致使榆阳区的大扁杏颗粒无收，这次低温还使榆林市经济林产业受到重创，直接经济损失达 2.7 亿元。

1. 低温伤害

低温伤害一般由非季节性低温（冬季）产生，发生在生长季节，如寒流、强烈的冷辐射、冰雹等，在季节性低温中出现的高温，也会产生危害。低温伤害具体有以下几个方面：

1）冷害：又称寒害，是温度下降幅度过大，虽然在 0℃ 以上，但在生物学零度以下，引起植物体内生理活动机能降低，生理平衡状态的破坏，如植物酶系统的功能紊乱。冷害主要危害喜温植物，是喜温植物向北引种栽培的障碍及稳产高产的限制因子。

2）冻害：温度下降至冰点温度以下，造成植物体内水分结冰，细胞原生质膜破裂蛋白质失去活性与变性。霜冻是冻害的最常见表现。

3）冰雹：生长季节的固体降水。除了造成严重的机械损伤外，强度过大，冰雹消融时会引起局部地段的低温，造成植物生理活动机能降低，生理平衡破坏，生长停止。

4）生理干旱：是由低温引起的水分亏缺危害。它主要发生在春季解冻前，由于白天温度持续增高，植物的地上部分萌动，开始水分蒸腾，但地下根系依然休眠，不能吸水，导致植物缺水，引起枯梢（枝干），甚至死亡。

2. 高温伤害

高温伤害主要发生在生长季节，特别是夏季。高温伤害主要表现为以下两点：

1）高温生理伤害：夏季温度过高，接近甚至超过了植物忍耐的温度高限，出现受害现象。高温破坏了植物光合作用与呼吸作用的平衡，使光合作用停止，呼吸作用增强，植物没有物质积累，出现饥饿现象；高温使植物的蒸腾作用加强，水分平衡被破坏，发生水分亏缺；高温加速了叶片老化，引起夏季落叶；高温破坏植物蛋白质的活性，产生有毒物质并积累。

2）灼伤：高温能灼伤树皮，烧干根茎，导致植物倒伏死亡。

2.3.5　温度对园林植物分布的影响

温度影响着植物的分布。对于地球上的任何一种植物来说，它只能在自己适应的温度变幅范围内生活，需要一定的温度总量才能完成正常的生活周期，才能繁衍后代，延续物种。影响植物分布的温度指标有极端温度、积温和平均温度。

1）极端温度是影响植物分布的最重要的因素，它决定了植物分布的范围，并成为其水平分布的南北界限，即北面的低温界限和南面的高温界限。在高纬度或高海拔地区，冬季的极端低温是限制植物分布的主要因素，直接决定物种水平和垂直分布的上限，如橡胶、椰子、荔枝、菠萝蜜等热带植物不能在亚热带栽植就是受低温的限制；在低纬度或低海拔地区，夏季的极端高温是限制植物分布的主要因素。如白桦、云杉不能在华北平原栽植，是受高温的限制。

2）积温是影响植物分布的又一重要因素，植物必须要有足够的积温总量，才能完成生活周期。如华北紫丁香开花需有 202℃ 的有效积温，刺槐则需要 374℃，椰子要至少 5000℃ 以上。再如，观赏果类花卉的四季橘，引种到北方，通常不能在自然条件下正常开花结实，只有在温室内才能栽培结果。

3）平均温度也是影响植物分布的重要因素，包含日平均温度、年平均温度和最冷、最热月平均温度。它们共同构成了某一地段的平均温度组合和温度变化范围，决定了植物进入各个不同的发育时期。

积　温

积温是指植物完成其生活周期所需要的一定温度的总量。通常把植物整个生长期或某一发育阶段一定温度的日平均温度总和称为某植物生长期或某发育阶段的积温。

积温分为活动积温和有效积温两种。当上述"一定温度"指的是物理学零度（0℃）时，则某一时期内 0℃以上的日平均温度总和，即为活动积温。当一定温度是指生物学零度时，则某一阶段内日平均温度超出生物学零度的温度值总和，即为有效积温。

生物学零度是指植物开始生长活动的温度。由于植物地理起源不同、种类不同生物学零度有差异，温带地区一般为 5～6℃，亚热带地区通常为 10℃，热带地区多为18℃。

活动积温或有效积温均可用下列公式计算：

$$K=(X-X_0)Y$$

式中：K——活动积温或有效积温；

X——某一阶段的日平均温度；

X_0——物理学零度或生物学零度；

Y——某一阶段的天数。

不同植物在整个生长期内，要求不同的积温，如柑橘需要有效积温（生物学零度为 10℃）为 4000～5000℃。

▌2.3.6　园林植物对温度的适应

1. 园林植物对温度的适应类型

植物对温度条件的要求，是植物在系统发育过程中，对温度条件长期适应的结果。

（1）植物按其照对温度的要求程度分类

1）耐寒植物。有较强的耐寒性，对热量不苛求，这类植物原产于温带、寒温带，如牡丹、芍药、梅花、蜡梅、月季、桂花、山茶花、杜鹃花、落叶松、红松、白桦、山杨等。

2）喜温植物。要求生长季有较多的热量，耐寒性较差，如柑橘、热带兰科植物，榕树、樟树等许多热带、南亚热带起源的植物。又如一品红、仙客来和附生兰，要求白天温度20～22℃，晚上温度不低于 10℃。

3）中温植物。对热量要求和耐寒性介于前两者之间，可在比较大的温度范围内生长，如松、桑、杨、杜鹃、米兰、荷包花等。

（2）植物按其照对温度的适应分类

1）广温植物。能在较宽的温度范围内生活，如松、桦、栎等分布的温度范围在－5～55℃。大多数的中温植物一般是广温植物。

2）窄温植物。只能生活在较窄的温度范围内，其中只能在低温范围内生活严格受高温限制的窄温植物，称低温窄温植物；只能在高温范围内生活严格受低温限制的窄温植物，称高温窄温植物。

2. 园林植物适应温度的方式

（1）植物适应低温的方式

1）植物长期适应环境，形成特定的适应低温的形态特点。生活在低温中的植物有芽和叶片具油脂类物质，芽的外部包被有鳞片，体表有蜡粉和密集的绒毛；树干有厚的木栓组织（树皮）；极地和高山植物植株矮小并常呈匍匐状或者莲座状；一些植物的叶片在冬季变为红色有利于吸收更多的热量等都是植物适应低温的方式。

2）植物通过必要的生理变化适应低温。低温来临时，植物减少细胞中的水分和增加细胞中的糖类、脂肪和色素等物质来降低冰点，增加抗寒能力；极地和高山植物在可见光谱中的吸收带较宽，能吸收更多的红外线。

3）休眠是对低温环境最有效的适应方式。秋季日照缩短，温度降低，植物的呼吸减弱，形成较多的脱落酸，运送到生长点（芽），使顶端分生组织的有丝分裂减弱，抑制茎的生长，并形成休眠芽，叶片脱落，植株进入休眠。这是植物最有利的适应低温的方式。

4）草本植物采取不同的越冬形式来适应低温。一年生植物以干燥种子形式越冬；大多数多年生草本植物越冬时地上部分死亡，以埋藏于土壤中的鳞茎、块茎、块根、根状茎等形式越冬。

（2）植物适应高温的方式

1）植物长期适应环境，形成特定的适应高温的形态特点。芽的外面有密集绒毛和鳞片，防止强光直射；植物体呈白色或银白色、叶革质发亮，反射光照；叶片垂直排列使叶缘向光或高温下叶片折叠，减少热量吸收；树干和根茎具有木栓层阻隔光照等降低太阳辐射的特性，从而减少热量输入，降低温度。

2）植物通过必要的生理调整变化来适应高温。植物通过降低细胞含水量，增加原生质可溶性糖或盐的浓度，减缓代谢速率，增加原生质的抗凝结力；通过强烈的蒸腾作用降温；有些植物具反射红外线的能力，减少热源。

2.4

园林植物生长的水环境

2.4.1　水的分布及其变化规律

1. 地球水的分布及形态

地球表面和大气层中水的总量约 $1.5 \times 10^9 \text{km}^3$，其中海水占总量的 97%，其余 3% 中，3/4 为固态冰和雪，多分布在南北两极和高山地区。气态水、地表水和地下水仅占 1/4。所以，地球表面陆地上的水资源是十分珍贵的。

园林植物生长和发育所需要的水分，无论是自然降水或是灌溉用水，均需由地球表面有限的水资源供给。如何充分有效地利用好这部分水，在我国乃至全世界，尤其在城市普遍缺水的状况下，就显得尤为重要。

2. 水分循环及其意义

水分循环（图 2-11）有大小循环之分。水分大循环是指水分从海洋表面蒸发到海洋上空大气中，通过大气环流到达陆地上空，形成降水降到地表，在地表形成地上地下径流，汇集到江河，再流回海洋的全过程。水分小循环是指水分通过水面蒸发、土壤蒸发、植物蒸腾等进入大气中，通过大气降水又降到地表的过程。水分小循环又分为海洋水分小循环和陆地水分小循环。

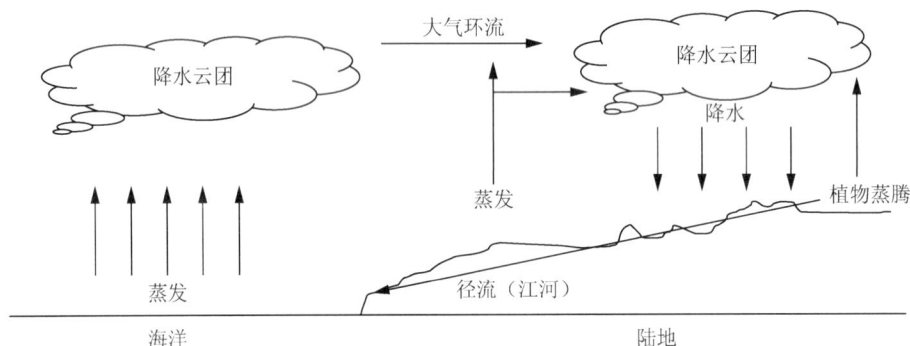

图 2-11　地球的水分循环示意

对于人类来说，水分循环意义重大。水分大循环使水分从海洋到达了陆地，改善了陆地上的水分状况，为陆地上的生命存在提供了条件，也为生命从海洋进化到陆地，创造了条件。陆地水分小循环的存在，使水分在陆地上滞留的时间延长，增大了水分大循环的周期，为陆地上生命的进化发展创造基础。

3. 陆地上水的来源与变化

陆地上的水分来源于海洋，在大气环流的作用下，海洋上的水汽到达陆地上空，形成降水，降到地表。陆地上的水分一部分在高山上以积雪、冰川等固态水的形式存在，一部分以土壤水分、地下河湖等地下水的形式存在，一部分以江河湖泊等地表水的形式存在，还有一部分以水汽的形式存在于大气中。高山积雪、冰川的水分不断地消融补充地表水，地水表补充地下水，地下水又补充地表水，地下水、地表水蒸发补充大气中的水汽，大气中的水汽又通过降雪、降雨补充到高山、江河、湖泊和土壤中，陆地的水分通过江河汇入大海，流回海洋中。

2.4.2　水对植物的生态作用

1. 水的重要生态意义

水对于植物来说，是非常重要的物质基础和生存条件。

1）水是植物的重要组成部分，植物体内含有大量的水分，水占植物总重量 60%～80%，局部部位的含水量更高，如花瓣的含水量达 90%，花丝的含水量高达 99%。

2）水是植物代谢活动的媒介和条件，植物进行光合作用所需的矿物质养分，多数要由根系运输到叶片，水是最好的运输媒介，植物进行物质的合成、分解、转化等生理生化活动只有在水分条件下才能进行。

3）水能维持植物细胞的紧张度和膨胀状态，从而维持植物的形状和直立状态，以保证植物生命活动的正常进行。

4）水是光合作用的重要原料之一，能维持原生质的活性，从而维持细胞和组织的活性。

5）水的热容量大，能缓和变温，防止极端温度的伤害。

2. 不同形态降水的生态意义

（1）气态降水

气态水是指空气中肉眼看不见的水汽。表示空气水汽含量的物理量是空气湿度（空气潮湿程度），常用影响绝对湿度、相对湿度表示。

绝对湿度是指单位体积中实际水汽的含量，单位用 g/m^3 表示。值越大，空气中水汽越多。

相对湿度是指空气中实际水汽含量与同温度条件下饱和水汽含量的百分比，用"%"表示。相对湿度越大，则空气越潮湿，反之，则空气干燥。不饱和空气的相对湿度小于100%，饱和空气的相对湿度等于100%，过饱和空气的相对湿度大于100%。

空气中的气态水影响地表水分蒸发和植物蒸腾，相对湿度越大，水分蒸发和植物蒸腾越慢，反之，相对湿度越小，水分蒸发和植物蒸腾越快。

（2）液态降水

自然界中的液态降水常有雾、露、云、雨等形式，其中雾和露往往形成地面水平降水，降水量一般较小，云和雨形成高空垂直降水，是降水的主要形式。

当空气中的水汽含量较多，夜间冷却辐射剧烈，饱和水汽压下降低于实际水汽压，水分直接在地面或地物上凝结成小水滴，形成露；水分凝结成小水滴，悬浮在低空，形成雾，雾是局部地区降水的重要形式之一，如我国南岭山区和四川盆地的河谷地区，雾的降水量达全年降水总量的40%；当空气的水汽含量过大，水分凝结成小水滴、过冷却水滴和冰晶，悬浮在高空，形成云，空气的上升运动是云的形成和发展主要原因。云是形成降雨的先决条件，有云才会有雨，当云中的水滴不断增大到浮力小于重力时，雨滴会从高空降落，形成雨。

液态降水的生态意义在于：它是土壤水分的主要来源；能缓和干旱，消除旱灾；影响蒸发蒸腾，影响光合作用；能消灭森林火灾；气态降水量和强度太大时易造成洪涝灾害。

（3）固态降水

常见的固态降水有霜、雪、雹、凇等形式。霜和凇形成地面水平降水，雪和雹形成垂直降水。当空气中的水汽含量较大，夜间冷却辐射剧烈，温度下降至冰点温度以下，空气中的水汽直接凝结成冰晶，附着在地面或地物上，形成霜，如果空气水分过饱和，夜间冷却形成的冰晶在树木、地物上大量附着，形成凇，常有雨凇、雾凇出现。冰雹在春夏季节出现，雪是冬季主要的降水形式。

云的分类及形态特征如表 2-11 所示。

表 2-11　云的分类及形态特征

云簇	高度	云属	构成	颜色	形状	特征
高云	5km 以上	卷云	冰晶	白色	纤维状、絮状、钩状、丝缕状、羽毛状	地面物体有影，常有柔丝光泽，久晴出现，预兆天气变化
		卷层云	冰晶	白色、乳白	薄如绢丝般的云幕，有纤维结构，隐约可见	日月轮廓分明，常有晕，预兆天气有风雨
		卷积云	冰晶	白色	鳞片状、薄球状，排列成群，成行、成波状	一般无影，常有丝缕组织，久晴转征兆
中云	2.5～5km	高积云	过冷却水滴	白、灰	扁球状、薄球状，排列成群，成行、成波状	影可有可无，个体边缘薄而半透明，常焕发虹彩，变浓可有阵雨
		高层云	冰晶、水滴	灰白色	条纹或纤维结构的云幕，云底无显著起伏	光辉昏暗，可下阵雨、雪
低云	2.5km 以下	层积云	水滴、冰晶、雪花	灰、部分暗黑	薄片、团块或滚轴状云条组成的云层或散片，个体相当大，常成群、成行、成波状	云块柔和，或灰白色、部分阴暗。个体间常露青天，转浓并合，常有雨
		层云	水滴、冰晶	浅灰、深灰	低而均匀的云层，呈雾幕状	可降毛毛细雨或冰粒，无雨幡雪幡
		雨层云	水滴、冰晶	深灰	低而暗，布满天空的降水云层，云低混乱，有时很均匀	云底有黑色碎雨云，常伴有雨幡，降连续性雨雪
		碎雨云	水滴、冰晶	灰色、灰白	出现在高层云、雨层云、积雨云下的破碎的松散云块	低而移动快，形状多变
		积云	水滴	顶白底灰	云体向上发展，孤立分散，底平色暗边界分明，顶凸成弧形或重叠像菜花	罕见降水
		积雨云	冰晶、水滴	顶灰白底暗黑	浓厚像山、塔、花椰菜形，向上发展旺盛，上部有纤维结构，常扩散成砧状	强烈的阵性降雨或雪，常有雷暴，间有雹，云底有雨幡雪幡

固态降水常对园林植物造成低温伤的害（如春秋季节的霜冻）；强度大时，能引起机械损伤（雹、凇）；雪是最有利的固态降水，可以保护植物顺利越冬，补充土壤氮素，改善早春土壤水分状况。

3. 植物对水的需要

植物对水分的需要是指植物在正常生活过程中所需要吸收和消耗的水量。在正常情况下，植物根系吸收的水分，主要用于植物的蒸腾作用；只有不超过总吸水量 1%左右的少量水分用于植物光合作用合成有机质。

植物的需水量，可以用蒸腾量和蒸腾系数来表示。

蒸腾量：以每克叶片每天蒸腾的水分总量（g）来表示；

蒸腾系数：以植物每生产 1g 干物质所消耗水分的总量（g）来表示。

不同植物对水分的需求不同。植物因个体大小、种类、年龄的不同，耗水量也各不相同。乔灌木耗水量远大于草本植物；同样的植物，个体大、叶片较多、枝叶茂密的植物耗水较多。植物的不同生长发育时期，对水分的需要量也不相同，植物在开花盛期、坐果期、果实膨大期需水量会增大。各种植物的蒸腾系数如表 2-12 所示。

表 2-12　各种植物的蒸腾系数

种类	植物名称	蒸腾系数	种类	植物名称	蒸腾系数
禾本科（作物与牧草）	稷	293	阔叶植物（作物与牧草）	糖萝卜	397
	高粱	322		马铃薯	636
	玉米	368		甘蓝	539
	小麦	543		油菜	743
	燕麦	593		西瓜	600
	水稻	710		黄瓜	713
	雀麦	1016		菜豆	682
杂草	马齿苋	292		豌豆	778
	苍耳	432		红三叶草	797
	白藜	801		紫花苜蓿	831
	美洲草	948		向日葵	705

注：引自 L. J. Briggs 和 H. L. Shantz（1911）。

4. 不同水分条件对植物的影响

各种形态的降水，都要补充给土壤，通过改善土壤的水分状况，从而对植物产生影响。因此，土壤水分条件是决定植物生长发育状况的重要条件。

土壤水分状况常用土壤含水量表示，而土壤含水量有两种表示方法，一是土壤实际含水量占烘干土壤质量的百分比（质量分数），一是土壤实际含水量占土壤田间持水量的百分比（相对含水量）。实践中常用土壤相对含水量来表示土壤的水分条件。一般来说，对于大多数植物，土壤含水量在 60%～80% 时最为有利，当土壤含水量小于 45% 或大于 90% 时植物会出现水分亏缺现象（旱害）或水淹现象（涝害）。

（1）适宜水分条件的有利作用

适宜的水分条件一般指土壤含水量在 60%～80% 时，这时土壤含水量中等偏多，既能满足植物需要，又不会使土壤水气矛盾加剧。

适宜的水分条件是植物进行正常生长发育的条件，是种子萌发的有利保证，是植物进行正常生理活动的保证，是植物正常生长发育的保证，有利提高植物的产量和质量。任何植物都必须有足够的水分，才能完成正常的生长发育。特别是在需水关键期，如开花期、坐果期、灌浆期离不开水分，否则，会出现水分亏缺，造成旱害。

（2）水分过少造成的旱害

当土壤含水量小于 45%～60%，耐旱植物小于 30%～45% 时，会引起植物正常的生长及生理活动受限，发生干旱危害。从而引起植物的生理变化：导致光合作用与呼吸作用争水矛盾加剧，破坏光合与呼吸的平衡，导致合成酶的活性减弱，光合作用减弱，呼吸作用增强；引起水分平衡破坏，促使水分再分配，渗透压高的叶片向渗透压低的叶片夺水，加速叶片老化，引起夏季落叶；加剧了生殖生长与营养生长之间的争水矛盾，降低产量和质量。

（3）水分过多造成的涝害

当土壤含水量大于 90% 以上时，植物由于水分过多造成水淹现象，发生涝害。土壤水分过多导致土壤水气矛盾加剧，植物根系严重缺氧，引起根系呼吸受阻，光合作用减弱，生长停止；水分过多，导致土壤中二氧化碳积累，有机物质分解不彻底，产生的有毒物质积累，毒害根系，引起腐烂、沤根；易引起土壤板结，影响理化性状，导致有效养分发生淋失。

2.4.3 植物对水分的适应

1. 植物对水的适应类型

植物对水的适应类型主要根据植物生存的环境中水分条件进行划分（图 2-12）。

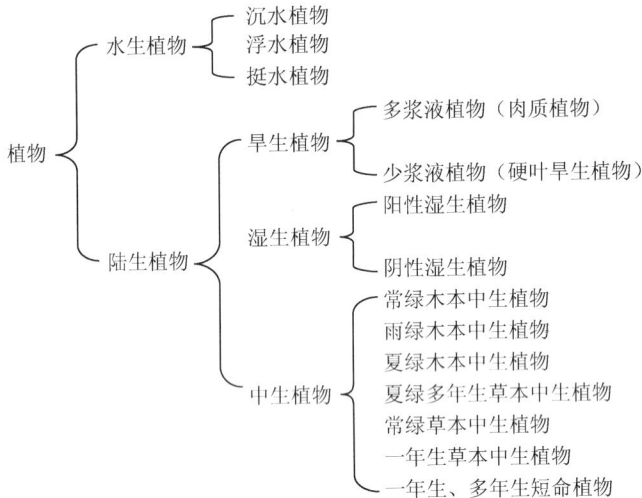

图 2-12　植物适应水分环境的类型

2. 植物对水分条件的适应特点

（1）植物对干旱的适应特点

植物对干旱的适应主要表现在形态和生理两个方面。

1）形态上，通过叶片缩小或退化，叶表面有加厚的角质层，具极发达的根系，数量多且分布密集气孔来适应干旱环境，以减少蒸腾面积、加大根系吸水范围。

2）在生理上，建立了极其敏感的气孔开关控制系统；缩小细胞体积、防止失水变形；增加细胞原生质中的亲水性物质，提高保水力；有很大的细胞渗透压，一般为 40~60 标准大气压，最高可达 100 标准大气压，提高保水力和吸水力；细胞具有保持合成酶的活性、抑制分解酶活性的生理功能；或具有（有些旱生植物）特殊的代谢功能（气孔白天关闭，夜晚打开）。

（2）植物对水涝的适应的特点

植物发生水淹时，在生理机能上会做出调整，以适应淹水环境。具体表现为根系木质化程度提高，抗腐能力增强；原来退化的通气系统恢复；叶片上角质层减少，机械组织退化，海绵组织增强；必要时产生气生根、板状根等，从水面上吸收氧气。

2.5

园林植物与大气环境

2.5.1　大气组成及其生态意义

1. 大气的组成

自然界的大气是由多种气体混合组成的，除此之外，还有水滴、冰晶、花粉、尘埃等杂质。除去杂质的大气，称洁净大气，其主要成分如下：氮气，占78%，氧气及臭氧占20.85%，二氧化碳占0.032%，惰性气体等占1%。

2. 大气中 N_2 的生态意义

氮是生命组成中很重要的营养元素，在自然界中，氮元素有硝态氮和氨态氮两种化合形态，硝态氮极易淋溶损失，氨态氮易挥发，土壤中能被植物吸收的氮素易发生缺失，因此，作物栽培施肥时主要施氮肥。

大气层是氮素最大的存贮库。它通过光电固氮和生物固氮两种方式，不断向土壤补充氮素。

光电固氮过程：大气中的氮气和氧气在雷电和紫外线的作用下裂变为氮原子和氧原子，二者结合形成一氧化氮，一氧化氮与水和氧气化合形成亚硝酸、硝酸，通过降水到达地表土壤中。

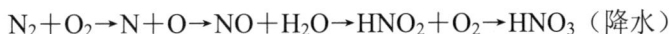

$$N_2+O_2 \rightarrow N+O \rightarrow NO+H_2O \rightarrow HNO_2+O_2 \rightarrow HNO_3（降水）$$

生物固氮过程：由自然界中的固氮微生物的固氮作用完成。能固氮的微生物有根瘤菌、放线菌、固氮细菌、梭状芽孢杆菌等。常见到的是豆科植物的根系常常形成根瘤。

3. 大气中氧气的生态意义

氧气是生命活动的必需的物质，人和动物呼吸离不开氧气。植物呼吸氧气，进行代谢活动，释放能量，维持生命活动；氧在植物环境中还与矿物质养分结合，形成化合物，提高养分的有效性，通过植物根系的吸收以保证对养分的需要。

大气中的氧气也是由植物光合作用生产制造的，绿色植物每吸收44g二氧化碳，就能生产出32g的氧气，地球上生命呼吸作用消耗的氧气只占光合作用生产的氧气的1/20。

4. 大气中二氧化碳的生态意义

大气中的二氧化碳来源于人、动物、植物的呼吸作用释放，煤、石油、天然气等化石燃料及森林燃烧，以及生物体的腐败分解。大气中二氧化碳的生态意义最大，它是植物光合作用的主要原料，是构建生命有机体的重要成分，地球上的生物有机体物质直接或间接来源于光合作用。

大气中二氧化碳能显著促进植物的光合作用。在其他环境因子不变的情况下，当二氧化碳浓度增大，植物的光合强度增强，但这种作用是有一定限度，常用二氧化碳补偿点和饱和点表示。

二氧化碳补偿点：其他环境因子不变时，二氧化碳浓度增大，植物的光合强度增强，当植物光合吸收的二氧化碳量和呼吸放出二氧化碳相等时的二氧化碳浓度，称二氧化碳补偿点，大多数植物一般为 40～60ppm，最低有 5ppm。

二氧化碳饱和点：当二氧化碳浓度达到一定时，光合作用不再随之增强时的二氧化碳浓度，称二氧化碳饱和点，一般为 3000～6000ppm。

5. 大气中的臭氧及其生态意义

大气中的臭氧集中在大气层距地面 15～40km 的高空，形成了臭氧层。臭氧对紫外线有强烈的吸收作用，通过大气层的太阳辐射，95%以上的紫外线被臭氧层吸收，因此，它是地球的保护罩，保护地球上的生命。紫外线能杀死植物细胞，抑制植物生长，诱发人的皮肤癌变。

▌2.5.2　风

1. 风的概念

空气是不断运动的，空气在水平方向上的运动称为风，用风速和风向来描述。风速是风在单位时间内的行程，单位为 m/s 或 km/h；风向是指风的来向，通常用 8 个或 16 个方位来表示；气象上有时也可用风力的大小表示风力的强弱，通常分成 13 个等级。

2. 风的类型

（1）季风

季风是指是以一年为周期，盛行风向随着季节而改变的风。季风的形成原因是海陆之间的热力差异。由于陆地的增热和冷却均比海洋快而剧烈，所以，大陆增温强于海洋，大陆形成低压，海洋形成高压，风由海洋吹向大陆，称海洋风；冬季，大陆比海洋温度低，大陆形成高压，海洋形成低压，风由大陆吹向海洋，称陆地风、大陆风或冬季风。

我国背靠欧亚大陆，东临太平洋，南濒印度洋，海陆之间的热力差异极大，季风现象十分明显。

（2）地方性风

地方性风有海陆风（包括水陆风）、山谷风、城市风等。

1）海陆风。海陆风是以一天为周期，风向随着昼夜的交替而发生显著变化。白天，陆地增热强气压比海洋上低，形成从海面吹向陆地的海风；夜间，陆地冷却强烈，气压比海洋上形成从陆地吹向海面的陆风。海风伸入陆地可达 50～100km，陆风伸入海面仅 8～30km。同样，在陆地上大的水体附近如湖泊、水库、江河等的周边存在着相应的空气环流，即水陆风。

2）山谷风。在山区经常出现一种风向随着昼夜交替而发生变化的风，称作山谷风。由于同样的热力作用，白天风从山谷沿山坡吹向山顶，称作谷风；夜间风从山上沿山坡吹入山谷，称作山风。

3）城市风。由于城市的热岛效应，城市内的热气上升，形成一个低压区，郊区冷空气随之侵入市区构成的空气环流。城市风的大小和形成与盛行风和城乡间的温差有关。另外，城市街道的走向、宽窄及绿化状况，建筑物的高矮及布局形式，对城市的风产生明显的影响。如当风进入街道时，常可使风向发生急剧的偏转，风速也明显减弱。总之，城市风的风速小，风向不定，非常复杂。所以，在城市规划布局和园林植物种植规划时，应考虑到上述各种风的因素。

3. 风对园林植物的有利作用

风对园林植物的有利生态作用表现在两个方面：一是直接作用，风能传播花粉，传播种子，有利于园林植物的繁殖更新；二是间接作用，强度小的风（微风）能加强空气气流交换，从而能促进园林植物的光合作用和蒸腾作用，从而促进生长。

4. 风对园林植物的有害作用

风对园林植物的有害生态作用主要是较强的风（风速大于 4m/s 以上）造成的影响，这种影响随风速增大而增强。具体表现如下：强风增强植物的蒸腾作用，破坏植物体内水分平衡，引起水分亏缺；强风显著减弱光合，降低生长量，抑制生长；强风能造成发育不良，出现畸形、矮化现象；强风造成了强烈的机械损伤。

5. 城市风的特点

由于城市热岛和建筑物的阻隔作用，从而构成了城市地区特有的空气运动员的特点。具体表现如下：郊区的空气向市中心会聚，气流的会聚在市中区由于大气的强烈升温作用而减弱，形成了城市中心区域的空气垂直运动，这样在城市中心区域由于气流的上升运动和地面侧方空气的补充，形成了一个环形的包围城市的空气循环。除此之外，由于建筑物的阻隔作用，从郊区进入城市的气流，遇到建筑物时发生分散、抬升、增压作用，往往在街道交叉口、建筑物间的走廊，产生涡旋气流，形成旋风。街道行道树、小区绿化大树、街道边的小园林等都会削弱这种气流。

2.6

园林植物引种与气候

2.6.1　引种的意义

把园林植物引入其自然分布区以外的地区种植，在新的生态环境条件下进行正常的生长繁育，称为引种。

引种是丰富本地园林绿化植物种类最经济有效的一种方法，与在本地重新开始创造新物种相比，具有时间短、见效快、病虫害危害轻、培育方法简单、不降低原有的观赏价值和经济价值等优点。园林植物如刺槐、唐菖蒲、仙客来、茉莉花、落羽杉、雪松、万寿菊、桉树、落叶松等都是由国外引进的物种。我们应积极开展园林植物的引种驯化工作，为我国园林绿化和城市美化做贡献。

2.6.2　影响引种成败的气象要素

在园林植物引种中应考虑到各地的气象条件，把植物引种到气候条件与原产地相似的地区或条件下栽培，这样才容易成功。影响引种成败的主要因素是气象因子，包括温度、光照、降水及湿度等。

1. 温度

温度是保证植物正常生长发育的重要因子，引种时主要考虑平均温度、极限温度（包括最高最低温度）及持续时间、季节交替等。

（1）平均温度

在园林植物引种时，首先应考虑原产地与引种地的年平均温度，若年平均温度相差大，引种就很难成功。温度因子与经度的变化不明显，因此如纬度相同，海拔相近，从东向西或从西向东引种较易获得成功。

（2）极限温度及持续时间

有的植物引种从两地的平均温度上来看是可能成功的，但极限温度（最高、最低温度）却成了限制因子。如出现多年不见的极端气温，特别是低温，往往使从南向北或从东向西引种的喜温植物出现大量冻害而死亡。

（3）季节交替

季节交替时的气候特点也是影响引种成败的因素之一。特别是从高纬度地区引入的树种，在中纬度地区季节交替时（如春季）温度反复变化的情况下，经常会引起冬眠的中断而开始萌动，一旦寒潮袭来就会造成冻害。

2. 光照

园林植物引种时，还要注意引入的植物品种对光照的要求是否与当地生长期的光照相适应。北半球高纬度的北方属于长日照地区，此地区的植物属于长日照植物，低纬度的南方属于短日照地区，此地区的植物属于短日照植物。南方的品种北引时，由于生长季内日照时间变长，将使植物的生育期延长，影响开花结实。若引种的植物在秋季来临时，还处于生长期，易被冻死。反之，北方品种南引时，由于日照时间变短，生育期内温度高，会加速植物的发育，缩短植物的生育期。如很多树种提早封顶，生长期缩短，影响树木的正常生长。有的还会进行二次生长，延长生育期。但二次生长木质化程度低，易受冻害的威胁。

3. 降水和湿度

水分是保证植物生长发育的必要条件。我国降水分布很不均匀，由东南向西北年降水量逐渐减少，由沿海地区向内陆地区逐渐减少。降水量过少往往是引种的限制因子。如南方的树种北引后，不是在最冷的冬季被冻死，就是因春季的干旱使其脱水而死亡。

引种与大气湿度的关系也极为密切，园林植物从湿度大的地区引种到湿度小的地区，往往因湿度不足而生长不良。如我国东南地区的杉木引种到华北地区就会生长不良。

2.7

气象灾害及其防御

2.7.1   寒潮及其防御

1. 寒潮的概念

冬半年，北方冷空气大规模向南爆发，使大范围地区出现了急剧降温、大风和雨雪等天气现象称为寒潮或寒流。

进入秋冬季节，北方地区经常会出现冷空气的活动，它与寒潮有什么区别？中央气象台制定了寒潮的标准：凡一次冷空气入侵使长江中下游及其以北地区，在48小时内最低气温下降10℃或以上，长江中下游最低气温达4℃或以下，陆上有相当于3个大行政区出现5～7级大风，沿海有3个海区出现7级以上大风称为寒潮。由于生产需要和地区的差异，气象上可根据实际情况制定不同的寒潮标准。

另外，我国每年大约会出现4次强寒潮，日平均气温下降大于10℃，且影响范围较大。这4次寒潮出现的时间如下：第一次在10月下旬至11月初（立冬）；第二次在11月中下旬至12月初（大雪）；第三次在12月底至1月初（小寒）；第四次出现在1月中下旬（大寒），有时出现在2月中下旬。

2. 寒潮的源地

北冰洋地区是寒潮冷空气的源地。那里秋季太阳斜射，冬季终日不见阳光，空气气温一般都在−50～−40℃，有时达到−70℃。当冷空气堆积到一定时，便爆发南下，像潮水一样涌来，形成寒潮。

入侵我国的寒潮冷空气有3个源地。新地岛以西的北冰洋面冷空气，占南下冷空气次数的比例约49%，影响我国次数最多，达到寒潮强度的次数也最多；新地岛以东的北冰洋面冷空气，占南下冷空气次数的比例约18%，影响我国次数较少，但由于气温低，达到寒潮强度的比例最大；冰岛以南的洋面的冷空气，占南下冷空气次数的比例约33%，但因为气温比其他两处高，能够达到寒潮强度的比例较小。

3. 寒潮入侵我国的路径

上述寒潮冷空气形成后，95%的寒潮先进入一个关键区，即N43°～N65°，E70°～E90°，这一区域就是俄罗斯中东部、我国新疆以北的哈萨克斯坦地区（常称西西伯利亚），然后分东、中、西3路入侵我国。东路是经蒙古到达我国的内蒙古及东北地区。这条路径的寒潮次数较少，强度弱，多发生在春季。中路是经蒙古由我国河套地区南下，到达长江中下游及江南和南海地区。这条路径的寒潮影响范围大，强度大，常出现在冬季。西路是经新疆、青海、西藏高原东侧南下。这条路径的寒潮因路途长，强度弱，影响小。

4. 寒潮天气特征及危害

寒潮天气以剧烈降温和偏北大风为常见天气特征，降温程度和风力等级各地不同。强寒潮使东北、西北、内蒙古等地的气温降至−40℃左右，华北气温降至−20℃左右，长江流域降至−10℃左右。偏北大风的风力一般为6~8级，有时或达10~12级。寒潮到达西北、华北时一般为干冷天气，到达江南时会出现雨雪天气。强寒潮在新疆、内蒙古等地区常引起尘暴、沙暴、雪暴天气。

寒潮天气往往给农林牧业生产带来危害。每年春末、秋初的寒潮往往引起霜冻，造成农作物、经济林、从南方引种的园林植物遭受冻害和受到损失。强寒潮在新疆、西北、内蒙古地区引起的尘暴、沙暴、雪暴，对农牧业生产造成威胁和灾害，也会使交通、通讯、电力等行业遭受损失。

5. 寒潮的防御

为防止寒潮对植物造成的灾害，必须在寒潮来临前，根据不同的情况采取相应的防御措施。苗圃地的园林苗木幼苗，可增加覆盖物，设置风障、搭建搭棚等措施保护苗木；园林树种选择抗寒能力强的优良品种；在园林养护上加强入冬管理，增施磷钾肥，冬灌，根部覆土，树干捆绑等措施，提高抗冻能力。

2.7.2 霜冻及其防御

1. 霜冻的危害

霜冻是在平均温度在0℃以上的温暖季节里，由于土壤表面和植株表面的温度短时间内降到0℃或0℃以下，使植物细胞之间的水形成冰晶，同时又不断地从邻近细胞中夺取水分并冻结，冰晶逐渐增大，从而使细胞受到机械压缩、原生质胶体物质凝固，致使植物遭受低温冻害或死亡。

我国大部分地区处于温带和副热带地区，地形复杂，春秋季节天气多晴朗少云，气温日较差大，冷空气活动又较频繁，因此极易发生霜冻。出现霜冻时，如果空气中水汽饱和，植物表面有霜，如果空气中水汽未达饱和，不出现霜，但温度已降到0℃以下，植物仍受伤害，这种霜冻称为"黑霜冻"。霜冻是出现在春、秋季节的短暂降温现象。春季植物发芽期或秋季苗木或新梢尚未全部木质化时出现霜冻危害严重。

每年秋季第一次出现的霜冻称初（早）霜冻，春季最后一次出现的霜冻称终（晚）霜冻。春季终霜冻至秋季初霜冻之间的持续期为无霜冻期。

不同植物及其所处的生长发育阶段不同，它们对低温的抗御能力也不同。一般来说，植物幼苗期的抗寒力比较弱，而植物营养器官的抗寒能力则比繁殖器官强。植物遭受霜冻后，植物不一定都会被冻死，当霜冻不严重时，温度回升后，可通过缓慢的解冻而恢复生命力。但如霜冻后太阳辐射强烈，气温急剧上升，会使细胞间的冰晶迅速融化成水，而这些水分在还未被细胞逐渐吸收前就被大量蒸发，这样就会造成植物枯萎，甚至引起死亡。因此，霜冻强度越大，降温后天气晴朗气温回升越急剧，则对植物危害越大，容易造成植株死亡。

2. 霜冻的防御

（1）防御霜冻的生产技术

1）合理安排播种期和移栽期，对不同品种的苗木合理布局。如采取霜前播种，霜后出苗等技术措施，尽量避开霜冻的危害。

2）选择合适的地段，适地适树。例如，三面环山、开口朝南的地形，在山坡中部和靠近水边的地方，霜害较轻，可种植抗寒能力较弱的苗木，从南方引种到北方的苗木，尽量栽植在山坡中段，避开霜冻危害，以提高引种的成功率；南坡或北面有挡风的障碍物等地形，可以种植抗寒能力弱的树种。

3）混合施肥，特别是入冬前增施磷钾肥，以提高园林植物的抗寒能力。

4）培育抗寒性能强的植物品种，这是最根本的提高植物抗霜冻能力的方法。

（2）物理抗霜技术措施

1）熏烟法。在霜冻即将出现时，当温度下降到植物受害的临界温度以上 1～2℃时开始点燃烟堆，形成烟雾，达到防霜冻的目的。它的增温效应在于燃烧烟堆时形成烟雾，可以阻挡地面辐射，增加大气逆辐射，使地面有效辐射减弱，地面温度不致降得很低；同时形成烟雾时会因燃烧而产生大量热量，增加了近地面的空气温度；烟雾里有许多吸湿性烟粒，可以充当凝结核，吸收空气中的水汽，促进水汽凝结，并放出大量潜热，也能提高近地面空气温度。据试验，一般熏烟能提高 1～2℃。熏烟法只适用于无风或微风的天气情况，风太大时熏烟效果很差。

2）灌溉法。在霜冻来临前的 1～2d 灌水，使土壤湿度增加，增大了土壤的热容量和导热性，因而缓和了夜间上层土壤温度的下降；并且灌水后近地面空气变得潮湿，减小了地面有效辐射；夜间温度降低时，水汽易于凝结，放出潜热，增加了周围空气的湿度。通常灌水后可使温度提高 2～3℃，持续时间可保持 2～3 d。

3）覆盖法。利用芦苇、塑料薄膜、秸秆、草木灰、稻草、土杂肥等覆盖物覆盖在植物表面，以减少地面辐射，同时被保护植物与外界隔离，温度降低较少，即可达到防御霜冻的目的。对于经济价值高的树木可利用稻草包裹树干，根部堆草或培土 10～15cm 也可防御霜冻。

4）直接加热法。用加热器直接加热空气以升高温度，多用于苗圃、露天大棚、日光土温室的防霜冻。燃料通常采用煤油、天然气等，也有用红外线加热器来加热提高温度，达到防御霜冻的目的。

▌2.7.3　风害及其防御

1. 风害的概念

人们通常把风力大到足以危害人类的生产活动和经济建设的风称为大风，所造成的危害称作风害。

2. 风害的类型

风害的类型很多，既有由风力直接造成的危害，如大风、龙卷风、骤风、热带风暴等，也有由风引起的间接危害，如干热风、焚风、沙尘暴等。这里主要介绍北方常见的大风和沙尘暴。

（1）大风

我国气象台以平均风力达到 8 级或其以上，作为发布大风的标准。实际上，5 级大风就能对植物造成灾害。大风可直接造成人员伤亡和财产很失，能摧折花木，摧毁温室等建筑物及大树，也能把播下的种子一起吹走，带来的灰沙掩埋幼苗，吹落果实等。

（2）沙尘暴

在一定气象条件下，地面上的表土被风扬起来以后，水平能见度如在 1～10km 的范围内，称为扬沙天气；如果能见度小于 1km，称为沙尘暴；能见度如果小于 500m，称为强沙尘暴。沙尘暴加剧了土壤的沙漠化，使植物失去赖以生存的土壤条件，吹走种子、土壤养分或沙埋植物幼苗，对农林业生产造成危害，同时还会对交通、通信、电力等行业和人民生活造成严重的危害。

对我国而言，风沙自古就有，但最近越来越频繁了。研究认为，自然因素是灾害的主要"元凶"，但人类不合理活动加剧了沙尘暴的发生。近几年来，我国部分地区多次出现大范围浮尘天气的原因是天气干燥，降水少，气温偏高，地表松散，土质疏松。由于植被覆盖率低，地表土壤裸露，一旦产生强气流，地面尘土就会被卷悬浮于空中，并随气流漂移输送至其他地区，形成沙尘天气。长期以来，西部风沙源地区造林质量不高，成活率低，过垦、过樵、过度放牧、乱挖药材等，加重了沙漠化程度，也是造成沙尘暴天气的重要原因。

3. 风害的防御

对大风危害的防御首先要掌握大风发生的规律，在园林区外营造防风林，在易发生大风的季节里密切收听收看天气预报，做好各种物质准备。树冠进行合理的修剪，对名贵树木和刚栽植的树木进行支撑加固，对园林设施进行检修和加固。大风过后，及时扶正吹倒吹歪的树木，及时修剪残枝，加强养护管理等。

对沙尘暴的防御有专家指出，加大防护林建设和西北风沙源地区的森林覆盖率是当前防治沙尘暴的最佳选择，要进一步做好植树造林、种草工作，提高植被覆盖率。在实施西部大开发战略中，加强生态环境建设和保护，实行退耕还林还草，是治理沙尘暴的最佳方法。

2.7.4 冰雹及其防御

1. 冰雹的概念

冰雹是指降落到地面的直径大于 0.5cm 的冰球或冰块，俗称雹子或冷蛋子。冰雹直径一般为 0.5～5cm，形状多为球形、椭球形，由胚胎（雹心）和冰雹外层组成。胚胎由冻结的水滴、冷却水滴、冰晶、雪花、沙尘颗粒、昆虫残体等形成的不透明的小雪球组成。冰雹外层由透明和不透明的冰层相间排列组成，一般 4～5 层，最多可达 28～30 层。

2. 冰雹的形成条件

1）要有强烈的不均匀上升气流，上升气流速度大于 20m/s。
2）要有形成冰雹的云层，又称冰雹云①，冰雹云中水汽含量大于 10g/m³。
3）要有适量的冰雹胚胎（雹心），数量不宜过多，否则会发生争夺水分现象，不利于形成体积较大的冰雹。
4）要有外力的抬升作用，即不规则上升气流的抬升作用。

3. 冰雹的形成与发生规律

当胚胎（雹心）在冰雹云中形成后，如果上升气流减小，则下沉降落，由于碰撞和粘连作用的影响，降落的胚胎在冰雹云中会不断增长变大，如果又遇强大气流抬升，就会上升，上升到 0℃ 等温层以上时，就会冻结成一层透明的冰层，再向上运动，与过冷却云滴碰撞形成一层不透明的冰层，如此反复，冰雹就会不断增大。当上升气流减小托不住冰雹时或冰雹的重力作用大于上升气流的抬升作用时，就会从云底降落到地面，形成冰雹。

冰雹一般发生在温暖季节，多在春夏交替之际，这时，暖湿气流逐渐增强，带来大量水汽，冷空气活动仍然频繁，为冰雹的形成提供有利条件。冰雹多发生在山区，山地地形的强迫抬升作用，加强了气流的上升运动。冰雹发生的时间多在午后到夜间。冰雹发生的范围小，一般不超 20km，时间短，具有阵性，一般 10～15min。移动速度快，50～60km/h，最快可达 100km/h，因此，危害的区域常常是一狭长地带，所以有"雹打一条线"的说法。

4. 冰雹的危害

冰雹往往对园林植物造成强烈的机械损伤，打落花果、枝叶，造成花草树木形状受损，影响园林观赏效果；造成光合面积减小，影响后期生长；强度大的冰雹，易在地面形成冰雹聚集，特别是在庭院、小区园林中，能引起低温，造成生理伤害；冰雹还对农作物、经济林造成极大的损害，对车辆、建筑物的玻璃、交通通讯电力设施等造成机械损伤。

5. 冰雹的防御

对冰雹的防御，目前只能通过人工防雹技术来进行，人工防雹的办法有以下 3 种。

（1）熏烟法

在地势较高的地段（一般为山顶），点燃堆积起的柴草堆，一方面通过柴草的燃烧，释放热量，促使热气流抬升，加强气流上升作用，不让冰雹下沉降落；另一方面，通过释放烟雾颗粒，增加冰晶胚胎，产生"分食效应"，竞争水分，不让冰雹"长大"，从而达到防雹的目的。在冰雹云中，当冰晶胚胎增加 100 倍，冰雹减小 4.5 倍，当冰晶胚胎增加 100 倍后，直径 1cm 大小的冰雹，就会变成直径 0.22cm 的冰雹。

---

① 冰雹云是强烈发展的积雨云，厚度一般大于 8000m，由水滴、过冷却水滴、雪花和冰晶组成。云底高度在 2000m 左右，上层高度在 10 000m 以上。冰雹云前部为上升气流区，后中部为下沉气流区，冰雹由下沉气流区降落。

（2）催化法

人工向冰雹云中播撒过量的催化剂，催化剂多为碘化银，1g 的碘化银可产生 $10^{12}\sim10^{13}$ 个冰晶胚胎，发生冰晶胚胎的"分食效应"，竞争水分，让冰雹缩小或消失。催化剂是通过气球、火箭、高射炮等送入云中播撒。

（3）爆炸法

用土炮、空炸炮、火箭炮、高炮等轰击冰雹云，通过爆炸产生的冲击波震动，使冰雹发生碰撞破碎变小；通过爆炸引起冰雹云层的内外混合，破坏和减弱空气的上升运动，影响冰雹的形成；通过爆炸产生的冲击波和绝热膨胀，使云中的过冷却云滴碰撞冻结成大量的冰晶胚胎，产生水分竞争和分食效应，使冰雹不能长大。

过去，农业生产中常用的防雹土办法就是熏烟法。现在，各地成立了"人工影响天气"的专门机构，由于催化剂的成本太高，经常采用爆炸法来统筹安排防雹工作。

2.7.5 干旱及其防御

1. 干旱的危害

因降水异常偏少，造成空气过分干燥，土壤水分亏缺，地表和地下水大幅度减少，植物因体内水分平衡受到破坏，影响正常生长发育，使植物枯萎死亡的现象称为干旱。它在我国大部分地区都有发生，特别是在西北干旱地区，更是频繁发生。

干旱导致园林植物生长受阻，植物矮小，影响开花结果，引起植物枝叶卷曲，引发夏季落叶，严重影响园林植物的观赏价值。同时还会造成土地沙化、退化。

2. 干旱的防御

（1）加强农田水利建设

搞好农田水利工程的基本建设，修建各类型水库和沟渠，加强排灌系统的建设，为蓄水灌溉提供必要的保证，以减轻干旱的危害。

（2）合理灌溉

灌溉是防止干旱的最根本的途径。在灌溉时要合理灌溉，提高水资源的作用效率，要实行节水灌溉，不要大水漫灌；要采取滴灌、喷灌等节水灌溉措施，以提高灌溉的效率，达到合理灌溉的目的。

（3）选择培育抗旱品种

在常年干旱的地区，要选择培育抗旱品种，扩大耐旱植物的栽培面积，以减少对水资源的消耗。

（4）合理耕作，蓄水保墒

我国北方干旱地区，常采用一些耕作措施来防御干旱，如修水平沟、鱼鳞坑整地、中耕松土、早春顶凌整地、镇压等措施，起到很好的蓄水保墒的作用，还可采取雨季造林的方式防御干旱的危害。

（5）抑制蒸发的措施

采用物理或化学的措施抑制土壤蒸发，保持土壤水分，减轻干旱的危害。如采用地膜、作物秸秆、枯枝落叶、沙土等材料覆盖，或喷洒抑制蒸发剂、化学覆盖剂、保水剂等，均可起到蓄水保墒的作用。

（6）人工降水

在一定条件下，通过人工局部影响天气和控制天气，使云层形成降雨或增大降雨量。这是消除干旱的一种有效途径。具体做法是向暖云层中播撒吸湿性强的食盐、氯化钙、尿素、硝酸铵等物质，使云层中的云滴很快增长变大形成雨滴，或者是向冷云中播撒人造冰晶如干冰、碘化银、碘化铅、硫化铜、尿素、四聚乙醛等，发生冰晶效应，产生降水。

2.7.6　雨涝及其防御

1. 雨涝的危害

雨涝是某个时期内，降水过于集中，导致河流泛滥、低洼地积水、排水不畅所造成的灾害。它包括洪涝和湿涝，是我国主要的自然灾害之一。洪涝是由于降水强度过大，引发山洪暴发，冲毁堤坝，或地表径流增大，引起低洼地积水，对农林业生产造成损害。湿涝是长期阴雨天气，导致土壤长期处于水分的过饱和状态，使植物根系长期处于缺氧状态，造成根系腐烂或死亡。我国北方地区相对来说，一般不会发生湿涝，但是，洪涝灾害时有发生。

2. 雨涝的防御

（1）兴修水利，治理江河

修建堤坝，加固河坝，在河流汇集的地方修建水库，蓄洪拦洪，加强河湖整治，疏通河道，并建立排水站，能有效地控制洪涝灾害的发生。

（2）植树造林、种植花草，增加植被覆盖

植树造林能减少水土流失和地表径流，增加土壤的孔隙度，使水分下渗畅通，还可增加地面覆盖度，提高土壤蓄水能力，能防止和减轻雨涝灾害。

（3）搞好农田基本建设，修建排水设施

排水能够改善土壤通透性，提高土温，促进苗木生长，在易涝地区、田间合理开沟，并在合适的地块修筑排水渠，使排水畅通，可减轻雨涝的危害。苗圃地多采用明沟排水，即在苗圃地开挖排水沟，排除地面积水和降低地下水位。

2.7.7　雪灾的防御

冬季大雪是一种正常的天气现象，有利有弊。它可以杀死病虫，增加土壤水分，保护植物越冬，所以有"瑞雪兆丰年"之说。但强度过大的降雪对园林植物的危害却也不可轻视，它可以压折植物枝干，压坏温室设施，特别是以塑料薄膜为保温材料的大棚、温室更易受损。

因此，要做好雪灾防御工作。在大雪到来之前，要认真检查，严防大雪随风侵入温室，在雪中、雪后应及时清除温室、树枝上的积雪，以免造成灾害。

单元 3

园林植物的土壤环境

单元教学目标

单元导读

　　园林植物生长发育的基础就是土壤。土壤不仅支撑植物，而且是植物的营养库。本单元通过学习和掌握土壤的组成、结构、理化性质及土壤养分状况，为园林上合理施肥和合理利用土壤、管理土壤奠定基础。

知识目标

　　1．理解土壤的形成及作用、组成及性状。

　　2．掌握土壤的理化性质及对园林植物的作用。

　　3．理解土壤养分的形态、作用及转化和吸收。

　　4．了解我国主要的土壤类型。

技能目标

　　1．会识别土壤的组成、结构。

　　2．能分析土壤的肥力特性。

　　3．会采集土壤样品，并对土壤的养分进行测定。

情感目标

　　1．培养自主学习能力。

　　2．培养观察与分析能力。

　　3．锻炼提高动手能力。

　　4．锻炼提高语言表达能力。

　　5．培养团队协作能力。

3.1

土壤的形成和作用

3.1.1　土壤的形成

自然土壤是在岩石风化与土壤发育形成两个过程共同作用下，经过漫长的地质年代和复杂的变化形成的。因此，土壤的形成有分化和发育形成两个过程。

1. 岩石的风化过程

在自然因素的作用下，岩石矿物发生的物理和化学变化，称岩石风化。风化有物理风化和化学风化之分。物理风化是岩石在光、温度、水分等外界因素和内在因素的共同作用下逐渐发生崩解和分解的机械破碎作用过程。岩石由大变小、由粗变细，最后会形成岩石碎屑。这主要是温度和水分作用的结果，如长期的冻融交替、热胀冷缩引起的机械破碎，植物根系伸展使岩石缝隙增大，直至破碎等。化学风化主要是岩石矿物质在物理条件（光、温度、水分、气体等）下发生的化学分解作用，如水解作用、水化作用、氧化作用、还原作用、碳酸化作用、溶解作用等。物理风化的结果是形成土壤沙粒成分，化学风化的结果是土壤养分的释放。

岩石经过风化破碎成疏松的堆积物即成土母质，它是土壤矿物质成分的基本材料，是植物营养的最初来源。母质虽具有通气、透水的特性，但不具有协调水、肥、气、热的能力，即不具有肥力。

2. 土壤的发育形成过程

成土母质在气候（光、热、水、气等）、生物、地形和时间等多种成土因素的综合作用下，其内部进行以有机物质的合成与分解为主的物质和能量的迁移、转化，从而发育形成土壤。这时的土壤已经具有了协调水、热、气、肥的能力，也就是说有了肥力。

3.1.2　土壤的作用

土壤是园林植物生长的基础，是植物生命活动所需水分和养分的供应库与贮藏库，也是许多微生物活动的场所。土壤还具有为植物提供根系伸展的空间和机械支撑等作用。因此，园林植物生长的好坏，如根系的深浅、根量的多少、吸收能力的强弱、合成作用的高低及园林植物形态、大小、外貌、色彩、观赏性等与土壤有密切的关系。

土壤的基本属性是土壤肥力，土壤肥力是土壤在植物生长发育过程中具有的不断地供应和调节需要的水、肥、热、气和其他生活条件的能力。土壤为园林植物提供养分的作用通过土壤肥力来体现，因此，土壤肥力的高低是影响园林植物生长的重要因素之一。

3.2 土壤的组成及性状

土壤由固相、液相、气相三相物质组成，如图3-1所示。固相物质为矿物质和有机质。液相部分是指土壤水分，它是溶有多种物质成分的稀薄溶液。土壤气相部分就是土壤空气，它充满在那些未被水分占据的孔隙中。

土壤固相、液相、气相三相物质的体积比称为土壤的三相比。它是土壤各种性质和变化的基础，适宜的三相比是高肥力土壤的必要条件。

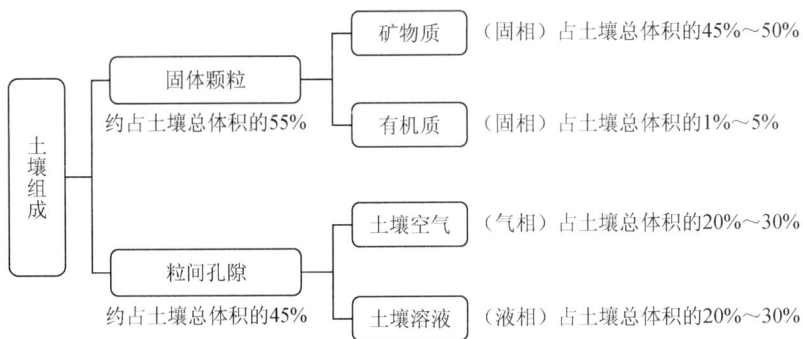

图3-1　土壤的组成

3.2.1　土壤矿物质

土壤矿物质是土壤所有无机物质的总和，它们全部来自于岩石矿物的风化。岩石矿物是自然产生于地壳中的化合物或单质（如石英、长石、云母等），是组成岩石的主要物质成分。矿物分原生矿物和次生矿物。原生矿物是由岩浆直接冷凝而成的矿物。原生矿物主要存在于粒径较大的沙粒和粉沙粒部分，如石英、长石等。次生矿物是指各种矿物在风化过程和成土过程中重新产生的一类矿物，如一般土壤中含有的丰富的蒙脱石、伊利石、高岭石等。

岩石是自然产生于地壳中、由一种或两种以上的矿物组成的物质，它通常为混合物。形成土壤的岩石（表3-1）有3类，即岩浆岩、沉积岩、变质岩。

表3-1　形成土壤的岩石

岩石种类	来源及形成	特点
岩浆岩	岩浆冷却过程中凝聚形成	没有层次，不含化石和有机物，易风化，在地表含量相对低
沉积岩	原来的岩石经风化、搬运、沉积后重新固结形成	可能含有化石，具有成层性，颗粒小，不易风化，在地表土壤中含量高

岩石种类	来源及形成	特点
变质岩	地壳中原来的岩石在地壳运动和岩浆活动影响下经高温高压的作用重新结晶形成	极易风化，在地表土壤中含量较低

3.2.2　土壤有机质

土壤有机质是指土壤中有机化合物及小部分生物有机体的总和。土壤有机质在土壤中占的比例很小，一般占 1%～5%，但对土壤的理化性质和土壤肥力的作用却很大。

1. 土壤有机质的来源

土壤有机质主要来源于施入的有机肥、生物（动植物、微生物）残体及其分泌物和工业及城市垃圾废水、废渣。

土壤有机质在自然土壤中差异很大，高的可超过 20%，称为有机质土壤，如森林土、泥炭土、沼泽土、草甸土。有机质低于 20% 的土壤称为矿质土壤，有些低的不足 0.5%，主要是一些荒漠或沙漠土壤。耕作土壤的有机质一般为 1%～5%。在我国北方地区的土壤绝大多数是矿质土壤，其有机质含量低于 1%。

2. 土壤有机质的类型

土壤有机质的类型有 3 类：一是新鲜的有机质，如刚死亡的动植物和微生物尸体和生物的分泌物；二是已经发生变化的半分解的有机残余物，如粪便、施入的腐熟的有机肥；三是腐殖质。腐殖质是在微生物的作用下，有机质经过分解再合成，形成的褐色或暗褐色的高分子胶体物质，它是土壤有机质的主要成分，在一般土壤中占有机质总量的 85%～90%。

3. 土壤有机质的组成

（1）土壤有机质的元素组成

组成土壤有机质的元素主要是碳、氢、氧、氮，其中碳占 52%～58%，氢占 3.3%～4.8%，氧占 34%～39%，氮占 3.7%～4.1%；其次是磷、硫，这两种元素占的比例小于 1%。

（2）土壤有机质的化学组成

土壤有机质的化学组成（表 3-2）主要有两大类，即非腐殖物质类和腐殖质类。非腐殖物质类主要是土壤中动植物微生物残体和它们不同阶段的分解产物。腐殖质是再合成作用形成的高分子有机化合物。

表 3-2　土壤有机质的化学组成

类型	组成	主要成分
非腐殖物质类	碳水化合物	淀粉、纤维素、半纤维素、果胶质等
	含氮化合物	蛋白质、卵磷脂、壳多糖、尿素、叶绿素等
	含磷化合物	核素、核酸、磷脂、核蛋白等
	含硫化合物	卵磷脂、核蛋白、蛋白质

类型	组成	主要成分
非腐殖物质类	脂溶性物质	脂肪、树脂
	复杂有机化合物	木质素、单宁、奎宁、蜡质
	灰分	钾、钙、镁、铁、硅、锌、铜、硼、锰、铝等
腐殖质类	胡敏酸类	胡敏酸
	富里酸类	富里酸

4. 土壤有机质的转化

土壤有机质进入土壤后，经过多种多样的复杂变化过程发生转化，总体来说有两个方向：一是分解过程，即矿质化过程，另一方向是合成过程，即腐殖化过程。

（1）矿质化过程

在微生物的作用下，把复杂的有机物分解成简单的无机化合物的过程，称有机物的矿质化过程，有机质在微生物的作用下，分解、释放出矿质养分，可被植物吸收利用。

不同的有机物质分解产生的无机化合物不同（表3-3）。

表3-3　土壤有机质的矿质化过程及产物

有机物种类	主要成分	条件	矿质化作用	产物
碳水化合物	淀粉、纤维素、半纤维素、果胶质等	通气良好	水解作用	水、二氧化碳放出热量
含氮化合物	蛋白质、卵磷脂、壳多糖、尿素、叶绿素等	通气良好	水解作用形成氨基酸，再氨化、硝化作用分解	氨气、二氧化氮、水
		通气不良	水解作用形成氨基酸、氨化作用产生的氨气反硝化作用	氮气
含磷化合物	核素、核酸、磷脂、核蛋白等	通气良好	水解、分解	磷酸、磷酸盐
		通气不良	水解、分解	亚磷酸盐、磷化氢
含硫化合物	卵磷脂、蛋白质、核蛋白等	通气良好	水解、分解	硫酸、硫酸盐
		通气不良	水解、分解	硫化氢
其他	脂肪、树脂、木质素、单宁、奎宁、蜡质	由于结构复杂，一般不易分解		

（2）腐殖化过程

把有机物矿质化过程形成的中间产物，再合成为复杂的特殊含芳环的高分子有机化合物的过程称腐殖化过程。这一过程相当复杂，目前尚未完全清楚。

知识拓展

有机物质的腐殖化过程

目前，有学者认为有机物的腐殖化过程要经历两个阶段。

第一阶段：微生物将有机物分解并转化为简单的有机化合物，一部分经矿质化作用转化为最终产物（二氧化碳、硫化氢、氨气、水等），木质素等结构复杂稳定的有机物不易彻底分解，保留其芳核结构的降解产物，微生物又生产再合成产物和代谢产物，如芳香族化合物、含氮化合物等。

第二阶段：在微生物的作用下，各组成成分主要是芳香族物质（多元酚）和含氮化合物（氨基酸、多肽）质缩合成腐殖单体分子。

有机质的矿质化和腐殖化过程密切相关，两者不可分割，互相联系，随条件改变而相互转化。矿质化作用为作物生长提供充足的养分，但过快会使有机质分解加快，易造成损失。适当调控有机质的矿化速度，促使腐殖质作用的进行，有利于改善土壤的理化性质和提高土壤的肥沃度。

（3）影响土壤有机质的转化因素

有机质的转化与微生物的活动密切相关，因此，有机质的转化决定于以下条件：

1）土壤通气状况。土壤通气良好，有利于好气细菌和真菌活动，有机质转化以好气分解为主，不利于腐殖质的积累；通气不良的条件下，有利于厌气细菌活动，有机质分解速度慢，有利于腐殖质的积累。

2）土壤水分。土壤水分影响土壤的通气状况和温度而作用于有机质的转化。含水量高，土壤通气性差，有利于腐殖化作用，反之，有利于矿质化作用。一般情况下，土壤微生物活动最适宜的含水量是为田间持水量的 60%～80%。

3）土壤温度。在一定的温度范围（0～35℃）内，随温度的增高微生物活动旺盛，有机质分解加快，有利于矿质化，而不利于腐殖化。如在 35℃ 左右分解转化达到最大速率，温度继续增高，则速率下降。

4）土壤酸碱度。当土壤 pH 在 6.5～7.5 时，微生物活动最旺盛，有机质分解快。超出这一范围，微生物活动受限，影响有机质的转化。

5）有机质的碳氮比。碳氮比是指土壤有机质中碳总量和氮总量的比值。含碳有机质供给微生物碳素营养，又提供微生物活动的能量。而氮素是构成微生物菌体的重要物质，微生物在吸收氮时，每利用 1 份氮素，要外界提供 20 份碳素，因此最适微生物活动的碳氮比是 20∶1～25∶1。

5. 土壤有机质的作用

土壤有机质对土壤肥力的作用是多方面的。

1）有机质中含有植物所需的多种营养元素，如氮、磷、钾、钙、镁、硫、铁等，为园林植物提供养分，是植物营养的重要来源。特别是氮素，在土壤表土中 80%～95% 的氮素以有机质的形式保存，经矿质化转化为有效氮，就可被植物利用。

2）土壤有机质有利于土壤动物和微生物活动，能疏松土壤，改善土壤孔隙性、通透性、保蓄性和宜耕性，从而改善了土壤的理化性状，对土壤团粒结构的形成和保水、保肥、通气等有重要作用。如形成有机质胶体 99% 以上的氮素是以腐殖质形式存在的。

3）土壤有机质是微生物的重要养料和能源，又能调节土壤水、气、热、酸碱状况，改善微生物的生活条件，促进土壤微生物的活动。特别是土壤腐殖质，是异养微生物的重要养料和能源，可活化土壤微生物。

4）土壤有机质中含有的各种激素和抗生素，及土壤腐殖质含有的具有激素、抗生素作用的含氮杂环嘌呤和嘧啶，可提高植物的活性，增强抗旱能力，促进根的呼吸和营养吸收能力，从而促进植物生长发育。

3.2.3 土壤水分

土壤水分存在于土壤孔隙中，是土壤重要的组成部分，也是土壤肥力的重要因素，是植物赖以生存的生活条件。土壤水分并不是纯水，而是含有多种无机盐与有机物的稀薄溶液，也称土壤溶液，是植物吸收水分的主要来源。

（1）土壤水分的来源

土壤水分来源主要有降雨、降雪、灌溉水的下渗补给，以及地下水通过毛细管上升和土壤空气中水汽的凝结。

（2）土壤水分的类型

土壤水分类型有吸湿水、膜状水、毛管水、重力水。

1）吸湿水。土粒表面靠分子引力从空气中吸附并保持在土粒表面的水分，称为吸湿水。吸湿水不能移动，无溶解能力，也不能被植物吸收，是无效水分。

2）膜状水。土粒靠吸湿水外层剩余的分子引力从液态水中吸附一层极薄的水膜，称膜状水。膜状水达到最大时的土壤含水量称最大分子持水量。膜状水受到的分子引力小于吸湿水，一部分水可以被植物吸收利用，但必须是植物根系与之接触时才能被利用。

3）毛管水。土壤靠毛管力的作用将水分保持在毛管孔隙中，这类水称毛管水。毛管水具有一般自由水的特点，移动速度快，数量多，能溶解溶质，是植物利用土壤水分的主要形态。

毛管水有两类：毛管悬着水和毛管上升水。毛管悬着水是指土壤借毛管力所保持的水分，与地下水不连接，就像悬挂在土层土壤中一样，达到最大时的土壤含水量称田间持水量。毛管上升水是指地下水分借助土壤毛管引力上升到耕作层并保持在土壤中的水分，它可给植物补充大量的水分，但可能会引起土壤盐渍化。

4）重力水。降水或灌溉后进入土壤的水分超过田间持水量，所有孔隙皆充满水，此时多余的水借助重力的作用沿大孔隙垂直向下流动，湿润下层土壤，补充地下水，而不被土壤保持，称重力水。重力水有自由水的特点，是水生植物吸收利用的有效水分。

（3）土壤水分的有效性

土壤水分对植物是否有效取决于土壤对水分的保持和植物根系的吸水力。水吸力小于植物根渗透压的土壤水分都是有效水。因此，土壤水分除了膜状水和吸湿水之外，其余的水分都是有效水。

田间持水量是土壤有效水的上限，当土壤水分只有膜状水和吸湿水时，植物会出现永久萎蔫现象，这时的土壤含水量称萎蔫系数，它是土壤有效水的下限。因此，土壤有效水含量就是田间持水量与萎蔫系数的差值。它受土壤质地、结构和有机质影响而不相同（表3-4）。

表3-4　不同质地土壤的田间持水量　　　　　单位：%

沙土	沙壤土	轻壤土	中壤土	重壤土	轻黏土	中黏土	重黏土
16~22	22~30	22~28	22~28	22~28	25~32	25~35	30~35

（4）土壤水分的表示法

1）绝对含水量。它是指土壤水分质量占烘干土壤质量的百分比。其计算公式为

$$土壤绝对含水量＝\frac{湿土质量－烘干土质量}{烘干土质量}×100\%$$

2）相对含水量。为了避开土壤性质对土壤水分含量的影响，更好地说明土壤水分的饱和程度、有效性及水、气状况，常用相对含水量来表示土壤水分的多少。土壤相对含水量以实际土壤含水量占田间持水量的百分比来表示。其计算公式为

$$土壤相对含水量＝\frac{土壤实际含水量}{田间持水量}×100\%$$

3.2.4　土壤空气

存在于土壤孔隙中的空气称为土壤空气。土壤空气是土壤的重要组成之一，对植物的生长发育、土壤微生物的活动、养分释放及土壤化学和生物化学过程有重要影响。

（1）土壤空气的组成

土壤空气基本来自大气，少部分由土壤中的生化过程产生，其组成成分与大气基本相似。但由于土壤中植物根系和微生物活动的影响及其他生物化学作用的结果，使土壤空气和大气在组成和数量上存在一定差异。具体表现如下：

1）土壤空气中的氧气含量低于大气，而二氧化碳含量比大气高几十到几百倍。原因是植物根系的呼吸、微生物的活动和有机质分解不断要消耗氧气放出二氧化碳。

2）土壤空气中水汽含量高于大气。土壤的含水量超过吸湿系数时，土壤空气经常为水汽饱和。

3）土壤空气中又含有一些还原性气体，如甲烷、氨气、硫化氢、氢气等。

（2）土壤空气与大气的交换

土壤空气与大气的交换方式有气体扩散和气体整体交换两种。

1）气体扩散。由于土壤空气中的氧气含量低于大气，而二氧化碳含量比大气高，因而使大气中的氧气进入土壤，土壤中的二氧化碳进入大气。这种扩散是土壤与大气进行气体交换的主要方式。

2）气体整体交换。土壤空气在温度、气压、风、降雨、耕作、灌溉等因素的影响下，整体排出土壤，同时大气也整体进入土壤中。这种方式仅对表层 10cm 左右的土壤空气更新起到一定的作用，因而不是大气与土壤气体交换的主要方式。

（3）土壤空气对园林植物生长的影响

1）影响种子的萌发。

种子萌发需要吸收一定的水分和氧气，缺氧气会影响种子内物质的转化和代谢活动。有机质嫌气分解也会产生醛类或有机酸而妨碍种子的发芽。

2）影响根系的发育。通气良好有利于大多数作物根系的生长，表现为根系长，颜色浅根毛多；缺氧气土壤中的根系则短而粗，根毛数量大量减少。研究表明：土壤空气中氧气浓度低于 9%～10%时，根系发育则会受到抑制；小于 5%时，绝大部分作物的根系就停止发育。

3）影响根系吸收功能。土壤良好的通气状况有利于根系的有氧呼吸，释放较多的能量，

有利于根系对养分的吸收。

4）影响土壤微生物的活动和养分状况。土壤空气的数量和氧气的含量显著影响到微生物的活性。氧气供应充足时，有机质分解速度快，分解彻底，氨化过程加快，也有利于硝化过程的进行，故土壤中有效氮丰富。土壤缺氧气时，则有利于反硝化作用的进行，造成氮素的损失或导致亚硝酸态氮的累积而毒害根系。

3.3

土壤物理性质

土壤物理性质是指由于土壤颗粒的大小分布及排列堆积所产生的孔隙性质、松紧状况，以及由这两个因素所导致的土壤水分、空气、热量与耕作性能等的变化。

3.3.1 土壤质地

1. 土壤粒级

土壤颗粒就是土壤矿物颗粒。土壤颗粒的大小以土粒直径为标准。根据土壤颗粒直径的大小把土粒分为不同的粒级（表3-5）。土壤矿物土粒的级别不同，化学组成不同，物理性质上也具有明显的差异（表3-6），当颗粒直径小于0.01mm时，土壤的物理性状发生质的变化，黏结性、黏着性、可塑性明显加强。

表3-5　土壤粒级分类标准

国际制粒级分类标准			卡庆斯基制粒级分类标准			
粒级名称		粒径/mm	粒级名称			粒径/mm
石砾		>2	石块			>3
			石砾			1~3
沙粒	粗沙粒	0.2~2	物理性沙粒	粉沙粒	粗沙粒	0.5~1
	细沙粒	0.02~0.2			中沙粒	0.25~0.5
					细沙粒	0.05~0.25
粉沙粒		0.002~0.02		粉沙粒	粗粉粒	0.01~0.05
					中粉粒	0.005~0.01
					细粉粒	0.001~0.005
黏粒		<0.002	物理性黏粒	黏粒	粗黏粒	0.0005~0.001
					中黏粒	0.0001~0.0005
					细黏粒	<0.0001

表3-6　矿物质土粒分级、组成及物理性质

粒级	粒径/mm	主要矿物组成	物理性质
石砾	>1	残积母质和洪积母质	通透性强，不能蓄水保肥

粒级	粒径/mm	主要矿物组成	物理性质
沙粒	0.05～1	主要为石英、正长石和白云母等原生矿物	通透性强，蓄水保肥弱，养分缺乏，土壤变温幅度大
粉粒	0.001～0.005	主要以斜长石、辉石、角闪石和黑云母等原生矿物为主，有少量次生矿物	通透性较弱，蓄水保肥能力强，养分较丰富，土壤变温幅度小
黏粒	<0.001	大部分为硅酸盐黏土和铁铝氢氧化物黏土两类	通透性差，蓄水保肥能力强，养分丰富，土壤变温幅度小

2. 土壤质地

土壤中各粒级所占的重量百分比称为土壤的颗粒组成，即土壤机械组成。土壤中各粒级的土粒大小、比例、组合不同，其表现的物理性质，也不相同。根据土壤中各粒级土粒大小、比例形成的组合来划分的土壤类型称土壤质地。

由于土壤粒级的划分标准不同，土壤质地分类也不同。目前，划分土壤质地类型时常采用的是卡庆斯基土壤质地分类标准（表 3-7），把土壤质地划分为三大类，即沙土类、壤土类、黏土类。土壤质地类型不同，机械组成不同，物理性质不同，其生产性能也不相同（表 3-8）。

表 3-7　卡庆斯基土壤质地分类标准

土壤质地		物理性黏粒（＜0.01mm）/%			物理性沙粒（＞0.01mm）/%		
组别	名称	灰化土类	草原土及红、黄壤土	碱土及强碱化土	灰化土类	草原土及红、黄壤土	碱土及强碱化土
沙土	松沙土	0～5	0～5	0～5	100～95	100～95	100～95
	紧沙土	5～10	5～10	5～10	95～90	95～90	95～90
壤土	沙壤土	10～20	10～20	10～15	90～80	90～80	90～85
	轻壤土	20～30	20～30	15～20	80～70	80～70	85～80
	中壤土	30～40	30～45	20～30	70～60	70～55	80～70
	重壤土	40～50	45～60	30～40	60～50	55～40	70～60
黏土	轻黏土	50～65	60～75	40～50	50～35	40～25	60～50
	中黏土	65～80	75～85	50～65	35～20	25～15	50～35
	重黏土	>80	>85	>65	<20	<15	<35

表 3-8　土壤质地类型及其特点

土壤质地	组成	分布	物理性质	生产性能
沙土	物理性黏粒含量均在20%以下	江河沿岸和山脚下	土壤沙粒多，粒间孔隙大，孔隙数量少，通透性强。保水力弱，空气多，温度高，变幅大	土质疏松，易耕作，土性燥，养分释放快，保肥保水力弱
壤土	物理性黏粒含量为20%～50%；物理性沙粒含量为50%～80%	冲积平原和山前丘陵地段	沙黏粒比例适中，土质疏松，通透性好，蓄水保肥性能好	土壤温润而稳定，养料分解较快，水肥气热状况协调，耕性好，适种范围广，是理想的土壤
黏土	物理性黏粒含量均在50%以上	低山丘陵及湖滨地区	黏粒多，土壤坚实，粒间孔隙小，数量多。通透性弱，土温低，变幅小，空气少，保肥性好，肥效迟缓	土性偏冷，耐涝不耐旱，干时板结，湿时泥泞，耕作困难，保肥力强

土壤质地的识别

土壤质地的识别采用手测法主要有"干测"、"湿测"两种。

沙土： 干时沙土呈单粒分散，一般不成块，偶尔见到小块，用手一触即碎，用手捏时，有十分粗糙刺手的感觉。湿时不能团成球，更不能搓成条。

沙壤土： 土块在手掌中研磨时有沙的感觉，也有细土的感觉，但无刺手的感觉。土团挤压易碎。湿时可勉强团成球，但表面不平，当搓成细圆条时易断裂成碎断。

轻壤土： 干时呈块状的较多，土块用手挤压时，要稍用力才能压碎，湿时有微弱的可塑性，能团成球，球面较光滑，能搓成细圆条，提起后即断裂。

中壤土： 干时大多呈土块，要用相当大的力才能将土块压碎。手捏时感到沙砾与黏粒大致相等。湿时可压成较长的薄片，片面平整，但无反光，可搓成直径3mm的土条，当弯曲成2～3cm直径的圆环时产生裂缝而断裂。

重壤土： 干燥时是硬土块，手指要用大力才能压碎土块。手捏时感觉有粉粒和黏粒，沙粒很少。湿时可塑性较好，可压成较薄片，片面光滑，有弱的反光。易搓成2～3mm直径的细圆条，当弯曲成2～3cm直径的圆环，经压扁，土条上才产生裂缝。

黏土： 干时呈硬土块，手指用力再大也难压平。手捏时有均匀的粉感觉，粉末易粘在指纹中。湿时黏土可塑性良好，压成薄片有强的反光，可搓成直径2～3mm的细圆条，能弯曲成2cm直径的圆环，压扁时无裂缝。

3.3.2 土壤结构

土壤结构是指土壤颗粒黏聚在一起，形成大小不同、形态各异的团聚体，也称土壤结构体。土粒的排列方式、稳定程度和孔隙状况称为土壤的结构性。

1. 土壤结构的类型

根据土壤颗粒的大小和形态，土壤结构分为块状、核状、片状、柱状和团粒状5种类型（图3-2）。土壤结构类型不同，其特点和生产性能不同（表3-9）。

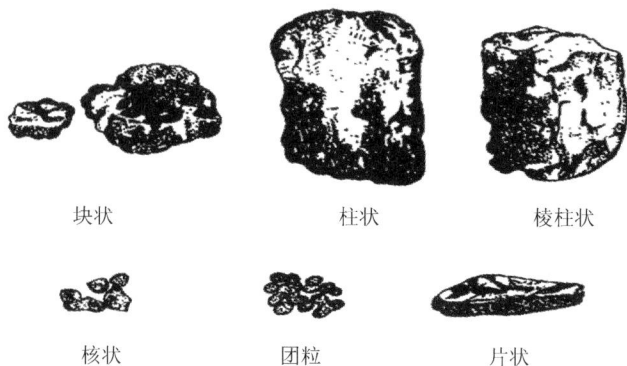

| 块状 | 柱状 | 棱柱状 |

| 核状 | 团粒 | 片状 |

图3-2 土壤结构形态类型

表 3-9 土壤结构及特性

土壤结构	特征	性能	肥力特性	性质
块状	形状不规则，表面不平整，表土块大，心土、底土块小，出现在有机质少的黏重土中	漏水、漏气、漏肥	耕作质量差，肥力低	不良结构
核状	土块小，棱角分明，内部十分坚实，见于黏重土或无有机质的下层土中	黏重紧实，通透性差	耕作困难，肥力差	不良结构
柱状（棱柱状）	土粒胶结成柱状，棱角不分明，断面形状不规则，常见于干旱地区的心土、底土中	形成垂直裂缝，通透性好，易漏水、漏肥，保水保肥差	耕作性能较好，肥力一般	不良结构
片状（板状）	形状平呈，土片较薄，土粒排列紧密，孔隙较小，常见于耕作土壤的犁底层	通透性较差，热量交换差	保水保肥性好，通气性差，排水性差，耕作性较差	不良结构
团粒状（粒状）	形状较规则，成球形或麦粒状，常见于腐殖质含量高或植物生长茂密的土壤上层及根系附近	土粒大小、紧实度适中，孔隙性良好，通透性好，保水保肥性好	土质疏松，水、气、肥、热特性协调，耕作性能良好	良好结构

2. 良好土壤结构的优点

从表 3-9 中可以看出，良好的土壤结构是团粒状结构，具有多孔性和水稳性，通透性好且保水保肥性也好，能协调土壤内部的诸多矛盾，具有以下优点：

1）具有良好的孔隙性质。团粒结构由于其大小和紧实度适中，孔隙性良好。团粒结构体之间为通气孔隙，能通气透水，团粒体内部为毛管孔隙。无效孔隙的比例较小，总孔隙度高。

2）协调了水气矛盾。团粒体之间的通气孔隙起到通气透水作用，团粒内部的毛管孔隙起到保水供水性能，较好地解决了水气矛盾，创造了植物与土壤生物生命活动中既要有水又要保证通气的协调环境。

3）保肥供肥性能好。团粒内部的毛管孔隙水多气少，有利于厌气微生物的活动，分解作用缓慢，使有机养分积累而保存，也可保存可溶性养分；团粒结构体之间的通气孔隙中，水少气多，有利于好气微生物的活动，有机质矿质化作用强，养分转化快，有利于供肥，从而协调了土壤保肥与供肥的矛盾。

4）土壤疏松，耕作性能好。具有团粒结构的土壤多为壤质土，有机质多，表面积大，粒间接触面小，耕作阻力小，易于耕作，易于吸热，蓄水、保肥，促进植物壮苗发根。

3. 团粒结构土壤的培育形成

土壤结构的形成，是土壤中的细微土粒经土壤胶体的胶结、凝聚、植物根系的分割、挤压，土壤耕作，以及干湿、冻融交替等共同作用的结果，土壤结构在土壤中经常处于形成与破坏的对立统一过程中，只能表现相对稳定的状态。因此，通过人为的措施，是能够培育出团粒结构土壤的。

通过种植绿肥植物、深耕、合理耕作、施用有机肥料结合钙质化肥，可以促进土壤团粒结构的形成，对于没有结构且质地较粗的沙质土，可使用结构改良剂进行改良，如天然腐殖质、纤维素、多糖类等和人工合成的聚乙烯醇（PVA）、聚丙烯酸（PAA）等。

绿肥的作用

绿肥是指在生长发育期内直接翻入土壤中的绿色有机肥料。豆科植物是最好的绿肥植物。

种植绿肥植物，可以增加土壤有机质，促进水稳性团粒结构数量的增加。豆科植物的直根系对下层土壤具有强大的切割、挤压作用，并且具有固氮作用，富集深层土壤养分。特别是在山区、丘陵区采取绿肥翻耕既能增加养分，也能形成大量的腐殖质，又有利于团粒结构的形成，改良质地。

3.3.3 土壤孔隙性

土壤是一个疏松的多孔体，在土粒与土粒或土团与土团之间存在着大小不一、形状各异的孔洞，称为土壤孔隙。土壤中孔隙的数量、大小及比例三方面所表现的综合性质称土壤孔隙性。

1. 土壤孔隙度

（1）土壤孔隙度

土壤孔隙度是指在自然状态下，单位容积土壤中孔隙所占的百分率。这是衡量土壤孔隙的数量指标，通过土粒密度和土壤密度计算。其计算公式为

$$土壤孔隙度 = (1 - \frac{土壤密度}{土粒密度}) \times 100$$

（2）土壤密度

单位体积原状土壤（包括粒间孔隙体积）的烘干质量，称土壤密度，又叫土壤容重，单位是 g/cm^3。土壤密度反映了土壤的松紧程度和孔隙度的大小。土壤密度越大，孔隙占土壤体积的比例越小；反之，土壤越疏松，孔隙体积的比例越大。一般来说，土壤密度为 1.0～1.3 g/cm^3 较适中。土壤密度又是计算土壤重量的重要参数。

影响土壤密度的因素主要有土壤质地、土壤有机质、土壤结构性和耕作情况。一般来说，土壤黏重，有机质含量低，结构性差或没有结构和受耕作挤压的土壤密度相对较大，反之则小。

（3）土粒密度

土粒密度是指单位体积固体颗粒（不包括粒间孔隙）的烘干质量，又称土壤比重，单位用 g/cm^3 或 t/m^3 表示。土粒密度没有直接的肥力意义，只是计算孔隙度的参数之一。

2. 土壤孔隙的类型

土壤孔隙根据大小和性能，分为毛管孔隙、非毛管孔隙、无效孔隙 3 类。

（1）毛管孔隙

毛管孔隙又称小孔隙，孔隙直径为 0.002～0.02mm。这类孔隙具有毛管力，孔隙中的

水分不受重力的作用而受毛管力的作用被吸持。植物的细根、原生动物和真菌等很难进入毛管孔隙中，但植物根毛和一些细菌可在其中活动，有利于养分的吸收与转化。毛管孔隙的主要作用是对水的保蓄和移动。毛管孔隙保存的水分可被植物吸收利用，为有效孔隙。在保证良好通气性的前提下，毛管空隙越多越好。

（2）通气孔隙

该种孔隙直径大于 0.02mm，孔隙由大土粒或土团疏松排列而成，孔隙较粗大，不能吸持水分，常为空气所占据，成为空气流动的通道，不具有毛管作用，又称通气孔隙。通气孔隙是土壤最有效的孔隙。一般来说，通气孔隙小于 10%时，便不能保证通气良好；小于 6%时，许多植物不能正常生长。

（3）无效孔隙

这是土壤中最微小的孔隙，孔隙直径在 0.002mm 以下。这种孔隙中，几乎是被土粒表面的吸附水所充满。土粒对这些水有较强的分子引力，使它们不易运动，也不易损失。无效孔隙中植物的根与根毛难以伸入，供水性差，这部分水不能为植物所利用。这种孔隙内无毛管作用，也不能通气、透水，耕作的阻力大（如质地黏重的土壤），不利于农业的利用，故称为无效孔隙。

3. 影响土壤孔隙性的因素

影响土壤孔隙度及大小孔隙分布的因素有土壤质地、土壤结构和土壤耕作状况。一般来说，越是黏重的土壤，总孔隙度越大，而通气孔隙度越小；反之，总孔隙度变小，通气孔隙度。

在生产上，土壤孔隙度在 50%左右为最好，并且土壤中毛管孔隙和通气孔隙同时存在，通气孔隙占 2/5～1/5 最好。合理耕作、增施有机肥、培育良好的土壤结构等措施均可改善土壤的孔隙状况。

3.3.4　土壤物理机械性

1. 土壤黏结性

土粒与土粒之间相互黏结在一起，抵抗机械破碎作用的性能，称土壤黏结性。这种性质是由土粒间水膜为媒介，产生土粒间的相互吸引力而黏结。

土壤质地、土壤水分和土壤有机质含量影响土壤的黏结性。黏重的土壤，黏结性强，反之则弱；土壤含水量过高，黏结性下降，而含水量下降，黏结性提高；土壤有机质降低黏重土壤的黏结性，而提高质地较粗土壤的黏结性。

2. 土壤黏着性

土壤颗粒黏附于外物上的性能称土壤黏着性。这是由土粒、水膜、外物相互间的分子引力作用的结果。土壤黏着性强，易附着在农机具上，耕作阻力大。

土壤质地、土壤水分和土壤有机质含量影响土壤的黏着性。黏重的土壤，黏着性强，反之则弱；土壤含水量过小，不能形成水膜，黏着力小，随着含水量增大，黏结性加强；土壤有机质降低土壤的黏着性，所以，有机质含量高的土壤，耕作性好。

3. 土壤可塑性

土壤在一定的含水量范围内，可被外力塑造成各种形状，当外力消失和土壤干燥后，仍能维持塑造形状的性能，称可塑性。

土壤水分和土壤质地是影响可塑性的因素。土壤处于风干状态时没有可塑性，土壤含水量增加到一定值时，开始呈现可塑性，此时的含水量称下塑限，土壤含水量增加到一定值时，土壤开始流动而失去可塑性，此时的土壤含水量称上塑限，上下塑限间的土壤含水量差值称塑性指数。塑性指数越大，土壤的可塑性越强。

土壤可塑性影响土壤的耕性，塑性指数越大的土壤，耕作阻力大，耕作质量差，适耕期短，耕性差；反之，耕性较好。

3.3.5 土壤耕性

土壤耕性是指土壤在耕作时表现的物理性状。它对能否为植物生长创造一个良好的土壤环境及耕作时的劳动效率有很大的关系。常用耕作的难易程度、耕作质量、适耕期长短来判断土壤耕性的好坏（表 3-10）。

表 3-10 土壤耕性的判断

指标	标准	影响因素
耕作的难易程度	耕作阻力越大，越不易耕作	土壤黏结性和黏着性强，耕作阻力大
耕作质量	土壤翻耕后的土块越小，耕作质量越好	土壤黏结性强，可塑性大，耕作质量差
适耕期长短	土壤含水量低于塑性下限（干耕）或高于塑性上限（湿耕）	土壤塑性指数越大，适耕期越短

3.4

土壤化学性质

土壤化学性质是指组成土壤的物质在土壤溶液和土壤胶体表面的化学反应及与此有关的养分吸收和保蓄过程所反映出来的基本性质。其主要包括土壤矿物质养分吸收与释放（保肥与供肥）、土壤的酸碱变化与缓冲性等。

3.4.1 土壤胶体

土壤胶体是直径一般为 $1\sim100nm$ 的土壤颗粒。它从内到外由微粒核、决定电位离子层、补偿离子层组成。它是土壤中最细小也最活跃的部分。土壤胶体与土壤吸收性能有密切的关系，对土壤养分的保持和供应及土壤理化性质都有很大的影响。

1. 土壤胶体的类型

（1）无机胶体

组成胶体微粒核的物质是土壤矿质颗粒，即各种次生硅铝酸盐黏粒矿物（高岭石类、蒙脱石类、伊利石类）和成分简单的氧化物及含水氧化物。它是岩石风化的产物，是胶体的主要部分，占95%左右。

（2）有机胶体

组成胶体微粒核的物质是有机质，主要是腐殖质，占的比例小于5%，但是土壤胶体中最活跃的部分，对土壤保肥供肥影响极大，但极不稳定，易被微生物分解。

（3）有机无机复合胶体

组成胶体微粒核的物质是无机矿物和有机质的复合体。因为土壤的无机胶体和有机胶体很少单独存在，往往彼此结合成复合体，是土壤胶体的最主要的形式，对土壤肥力影响较大，越是肥沃的土壤，其所占的比例越高。

2. 土壤胶体的特性

土壤胶体是土壤固相中最活跃的部分，具有以下几个特性。

（1）表面性

土壤胶体颗粒直径很小，因而具有较大的比表面和表面能。比表面是指颗粒的总表面积与体积的比值。颗粒越细小，总表面积越大，比表面值越大，处于颗粒表面的分子受到向内吸引的力越大，表面能越大，土壤颗粒表面的吸附力越强，保肥能力越强。

（2）带电性

土壤胶体微粒都带有一定的电荷。所带电性是受决定电位离子层的影响，如果该离子层带负电荷，就是阴性胶体，而阳离子分布在补偿离子层中。大多数情况下，土壤胶体带有负电荷，进行阳离子交换。在不同酸度条件下，有些胶体可带负电荷，也可带正电荷，属于两性胶体。

（3）凝聚性与分散性

土壤胶体有两种存在形态，溶胶和凝胶。当胶体微粒分散在介质中形成胶体溶液时称溶胶，当胶体微粒团聚在一起形成絮状沉淀时称凝胶。溶胶和凝胶可以相互转化，其转化过程就是胶体的凝聚（溶胶转化成凝胶）和分散（凝胶转化成溶胶）。土壤胶体的凝聚作用增强保肥性，而分散作用提高有效性，促进供肥。

3.4.2　土壤保肥性与供肥性

1. 土壤保肥性

保肥性是指土壤将一定的种类和数量的可溶性或有效性养分保留在耕作层的能力。它体现了土壤的吸收性能，其本质是通过一定的机理将速效养分保留在耕作层。土壤的吸收性能反映了土壤的保肥能力，吸收能力越强，土壤保肥能力越强；反之则弱。土壤的这种吸收能力通过以下几种形式体现。

1）机械吸收作用。具有多孔体的土壤对进入土体中的固体颗粒的机械截留作用。如有机残体、粪便残渣、颗粒状肥料等，其粒径一般大于土壤孔径，在水中不溶解，阻留在一定土层中，可被土壤转化利用，起到保肥的作用。多耕多耙可以增强土壤的机械吸收作用。

2）物理吸收作用。土壤对分子态的养分如氨、氨基酸、尿素等能直接吸收保持。这部分养分植物可直接吸收利用。如粪水中的臭味在土壤中消失，是被土壤直接吸收了氨分子，减少了氨的挥发，保持了肥分的原因。土壤质地黏重，物理吸收作用强，保肥能力强；反之则弱。

3）化学吸收作用。土壤中一些水溶性养分在土壤溶液中与其他物质反应生成难溶性的化合物，而保存在土壤中。如施入土壤中的速效磷与土壤中的钙、铁、铝等离子发生化学反应生成难溶性的磷酸盐化合物而失去有效性，以后可缓慢释放出来供植物利用。化学吸收作用有特殊的意义，可吸收农药、重金属等有害物质，减少土壤污染。

4）生物吸收作用。指土壤中的微生物和植物的根系对养分吸收、保存和积累在生物体内的作用，如生物固氮作用。

5）离子交换吸收作用。指带有电荷的土壤胶体颗粒能吸附带有相反电荷的离子，这些被吸附的离子又能与土壤溶液中带相同电荷的离子相互交换的作用。这是土壤保肥性最重要的方式，也是土壤保肥性的重要体现形式。它有阳离子交换吸收和阴离子交换吸收两种类型。土壤胶体吸附的阳（阴）离子和土壤溶液中的阳（阴）离子之间的交换，称阳（阴）离子交换吸收作用。

2. 土壤供肥性

供肥性是指土壤耕作层供应植物生长发育所需的速效养分和数量的能力。土壤具有在植物整个生长发育期间，能够持续不断地供应植物所必需的各种速效养分的能力和特性。这是土壤的重要属性，也是评价土壤肥力的重要指标。其主要表现在以下几个方面。

1）植物长相。生产实践中根据植物的长相及反应，主要是植物生长"有劲"、"无劲"来判断土壤供肥的强度。

2）土壤形态。根据耕作层厚度、土壤颜色、质地、结构、紧实度等来确定土壤的供肥性能。如耕作层深厚、土色深暗、质地比例适中、结构良好、紧实度适中的土壤供肥好。

3）施肥效应。施肥后供肥猛而不持久，土壤供肥性能不良，施肥后供肥缓慢而持久，土壤供肥性能良好。

4）室内化验结果。通过室内对土壤的化验，有机质含量高，阳离子交换量大，有效养分丰富，土壤供肥性好。

▌3.4.3 土壤酸碱性与缓冲性

1. 土壤酸碱性

（1）概念及表示方式

土壤酸碱性就是土壤溶液的酸碱性，是土壤溶液中的 H^+ 和 OH^- 浓度比例不同所表现的酸碱性质，通常用 pH 表示。土壤 pH 是土壤溶液中 H^+ 浓度的负对数值，$pH = -lg[H^+]$。我国土壤酸碱度分为 7 级（表 3-11）。

表 3-11　我国土壤的酸碱度分级

pH	<4.5	4.5～5.5	5.5～6.5	6.5～7.5	7.5～8.5	8.5～9.5	>9.5
土壤酸碱度	强酸性	酸性	弱酸性	中性	弱碱性	碱性	强碱性

　　土壤酸碱性是土壤重要的性质，是气候、植被及土壤组成共同作用的结果。我国土壤的酸碱反应从地域上来看是"南酸北碱"，长江以南地区的红壤土是强酸性和酸性土壤，长江以北的华北、西北地区是弱碱性土壤，新疆和内蒙古地区是强碱性土壤。

　　（2）土壤酸碱性对土壤肥力和植物生长的影响

　　1）影响养分的有效性。土壤酸碱度通过影响矿质盐分的溶解度而影响养分的有效性。大多数矿物质养分在 pH 为 6.5～7.5 时有效性较高，如氮素、钾、钙、镁、硫等在 pH 为 6～8 时有效性最大；磷在 pH 6.5～7.5 时有效性最大，而在 pH 为 7.5～8.5 时易被钙固定；铁、锰、铜、锌、硼在酸性下有效性最高，而在偏碱性条件下有效性低。因此，在强碱性土壤中容易发生铁、硼、铜、锰、锌等的缺乏，在酸性土壤中则容易引起磷、钾、钙、镁的缺乏。

　　2）影响植物的生长发育。不同的植物对酸碱的反应不同，适应的酸碱范围也不同，生长发育状况也不相同。有些植物喜酸性如茶花、茉莉；有的植物喜碱性，如白皮松、柏树；杨柳在 pH 为 9 左右的土壤中生长良好，大多数植物适应的 pH 为 3.5～9（表 3-12）。

表 3-12　部分园林植物适应的 pH 为范围

园林植物	pH 范围	园林植物	pH 范围	园林植物	pH 范围	园林植物	pH 范围
茶花	4.5～5.5	柑橘	5～6.5	桑	6～8	槐树	6～7
茉莉	4.5～5.5	杏、苹果	6～8	桦树	5～6	松树	5～6
唐菖蒲	6.0～8.0	桃、李	6～7.5	泡桐	6～8	刺槐	6～8
月季	7.0～8.5	梨	6～8	油桐	6～8	白杨	6～8
郁金香	6～7.5	菠萝	5～6	榆树	6～8	栎树	6～8
菊花	6.5～7.9	草莓	5～6.5	侧柏	7～8	红松	5～6

　　3）影响土壤理化性质。土壤酸碱性影响土壤的理化性质结构。土壤碱性过强，交换性钠离子增多，使土粒分散，结构破坏。土壤酸性过强，吸附性造成养分淋失，黏粒矿物分分解，结构遭到破坏。土壤中性时，钙、镁离子多，有利于团粒结构形成。

　　4）影响微生物的活动。微生物对于土壤的酸碱反应也有一定的适应范围。土壤过酸或过碱都不利于微生物的生长和活动。如土壤细菌适宜于在 pH 为 6.5～7.5 时生育和旺盛活动；放线菌适宜于在 pH 为 7.5～7.8 时生育和旺盛活动；真菌适宜于在 pH 为 3.0～6.0 时生育和旺盛活动。

　　5）影响植物对养分的吸收。土壤溶液的碱性物质会促使细胞原生质溶解，破坏植物组织。酸性较强时也会引起原生质变性和酶的钝化，影响植物对养分的吸收。酸性过大时，会抑制植物体内单糖转化为蔗糖、淀粉及其他复杂有机化合物的过程。

　　（3）土壤酸碱性的调节

　　在园林生产实践中，往往要根据园林种植设计要求和土壤的实际情况，进行酸碱性调节。通过施肥和化学措施进行调节。

1）施肥调节。在酸性土壤中要施用生理碱性肥料来调节，如石灰氮、钙镁磷肥、碳酸铵等；在碱性土壤中要施用生理酸性肥料来调节，如硫酸铵、过磷酸钙、腐殖酸肥料等。

2）化学调节。在酸性土壤中，常施用石灰物质利用钙离子代换胶体中的氢离子和铝离子；草木灰也有改良酸性土壤的作用。在碱性土壤中常施用硫酸钙、硫磺粉、明矾、硫酸亚铁等，利用钙离子代换胶体中的钠离子，增强土壤酸性，降低碱性。

2. 土壤缓冲性

土壤具有抵抗外来物质引起酸碱反应剧烈变化的性能，称土壤的缓冲性。在土壤中加入一定量的酸性或碱性物质后，土壤的 pH 变化小，说明土壤的缓冲能力强；反之则弱。土壤的这种缓冲性有赖于多种因素的作用，如土壤胶体的离子交换吸收作用、土壤溶液中的弱酸及其盐类（如碳酸、硅酸、腐殖酸、有机酸及盐类）组成的缓冲系统的缓冲作用、既能与酸反应、又能与碱反应的两性物质（如氨基酸、胡敏酸、蛋白质等）的缓冲作用等，它们共同构成了土壤的缓冲系统。

3.5

土壤矿物质养分

3.5.1 植物的营养要素

植物体的组成十分复杂，大约有 70 多种元素，新鲜的植物体中含有 75%～95%的水分，干物质只有 5%～25%。组成干物质的有机质主要由碳、氢、氧、氮、磷、钾、钙、镁、硫等矿物质元素组成。

1. 必需营养元素

组成植物体的 70 多种元素只有部分是植物生长发育不可缺少的，其中有些是所有植物生长都必需的，称为必需营养元素。

植物必需的营养元素有 16 种，即碳、氢、氧、氮、磷、钾、钙、镁、硫、铁、锰、硼、钼、铜、锌、氯。根据它们在植物体内的含量（表 3-13），可分为 3 组。

1）大量元素：碳、氢、氧、氮、磷、钾。

2）中量元素：钙、镁、硫。

3）微量元素：铁、锰、硼、钼、铜、锌、氯。

表 3-13　高等植物必需营养元素的适合含量（以干重计）

类别	营养元素	含量/%	类别	营养元素	含量/（mg/kg）
大量元素	碳	45	微量元素	铁	100
	氢	45		锰	100
	氧	6		硼	50
	氮	1.5		钼	20
	磷	0.2		铜	20
	钾	1.0		锌	6
中量元素	钙	0.5		氯	0.1
	镁	0.2			
	硫	0.1			

知识拓展

植物必需营养元素的判断标准

判断某种元素是否是植物必需的营养元素，有以下 3 个标准。

1. 缺乏某种元素，植物不能完成生命周期。

2. 缺乏某种元素，植物会表现出特有的症状，只有补充这种元素后，症状才能减轻或消失。

3. 这种元素对植物的新陈代谢起着放入营养作用，而不是改善植物环境条件的间接作用。

2. 有益元素

还有一些元素对植物生长有作用，但不是必需的元素，或只对某些植物在特定的条件下是必需的，通常称为有益元素，如钠、硅、钴、钒、硒、铬、砷等。植物对有益元素的需求量十分严格，缺少时会影响生长，过量则有毒害作用。

3. 植物营养元素间的相互关系

（1）植物必需营养元素间的同等作用

植物必需的 16 种营养元素无论在植物体内的含量多少，但对植物来说都是同等重要的，不能相互替代。每一种元素在植物新陈代谢过程中都具有其特殊的功能和生化作用。

（2）植物必需营养元素间的相互作用

各个营养元素间的相互作用表现为拮抗或协同作用（图 3-3）。一种元素阻碍或抑制另一种元素的吸收的生理作用为拮抗作用，如 K^+ 与 NH_4^+ 的离子水合半径彼此接近，容易在载体吸收部位产生竞争作用，所以互相抑制吸收。一种元素促进另一种元素的吸收的生理效应，即两种元素结合后超过其单独效应之和的现象为协同作用。Mg^{2+} 和 NO_3^- 离子互相协同促进。

在土壤—植物体系中，营养元素间的相互作用十分复杂，它们可能发生在两种养分离子间，也可能发生于多种离子间，可能发生在土壤中，也可能发生在植物体内部。

	硝态氮	氨态氮	磷	钾	钙	镁	硫	铁	锌	锰	铜	硼	钼	氯
硝态氮														
氨态氮														
磷		+												
钾	+	−	−											
钙	+		−											
镁	+		+											
硫														
铁			−	+	−	−								
锌			−					−						
锰				+				+						
铜	+		−					+	−					
硼			+	+	−						+			
钼			+				+				−	−		
氯	−	+												

图 3-3 植物营养元素间的相互关系

＋：表示协同作用；－：表示拮抗作用

4. 植物必需营养元素的生理功能

植物必需营养元素对植物生长发育有着重要生理作用，它们是构成植物体物质的重要组成元素，参与到植物的各种生理生化活动中，是保证植物生长的物质基础（表 3-14～表 3-16）。

表 3-14 大量元素的生理功能

元素种类	主要生理功能
碳、氢、氧	是构成植物体的结构物质、贮藏物质和生活物质的主要元素，如纤维素、木质素、淀粉、脂肪、蛋白质、核酸、酶类、色素等
氮	是蛋白质的主要组成元素，构成细胞的基础物质之一；也是核酸、叶绿素、维生素、生物碱、激素等物质的构成元素；具有催化代谢、促进光合、执行和传导遗传信息、调节生理的作用
磷	是生命物质的主体核酸、核蛋白的重要组成元素；是磷脂、三磷酸腺苷（能源物质、能量的存贮和中转）的组成元素；广泛存在于酶中，参与植物体糖类、蛋白质、脂肪等的代谢过程；能促进植物根系的发育，提高抗逆性和适应性。在植物体内的存储形式是植素
钾	促进叶绿素的合成，促进植物对 CO_2 的同化；对光合产物的运输、氮的吸收和运输有重要作用；能调节气孔开闭，提高抗旱性和持水能力；是许多酶的活化剂，直接影响蛋白质、淀粉的合成与分解及油脂的合成，促进根瘤的固氮作用；提高纤维素的含量，增强细胞壁的机械强度，促进植物木质化，增强植物的抗倒伏、抗早衰和抗病能力

表 3-15   中量元素的生理功能

元素种类	主要生理功能
钙	是细胞壁的结构成分；促进糖类和蛋白质形成；调节细胞原生质的酸碱形成，平衡生理活性，降低胶体水合度，提高黏滞力和保水能力；增强抗寒、抗旱性，促进根系吸收，调节呼吸活性
镁	是组成叶绿素的元素，调节并参与光合作用、脂肪代谢、蛋白质合成及养分的吸收和物质转运等生理生化过程，有利于对磷的吸收，是多种酶的活化剂
硫	是组成蛋白质、酶的成分，促进叶绿素形成，在许多重要的生理过程中起作用

表 3-16   微量元素的生理功能

元素种类	主要生理功能
铁	是许多酶和蛋白质的组成元素，影响叶绿素的形成，参与光合作用和呼吸作用的电子传递，促进根瘤菌的生成
锰	是多种酶的组成和活化剂，是叶绿素的结构成分，参与脂肪、蛋白质合成，参与呼吸过程中的氧化还原反应，促进光合作用和硝酸还原作用，促进胡萝卜素、维生素、核黄素的形成
铜	是许多酶的组成成分，是叶绿体蛋白—质体蓝素的成分，参与蛋白质和糖类代谢，影响植物繁殖器官的发育
锌	是许多酶的组成成分，参与生长素合成，参与蛋白质代谢和碳水化合物运转，影响植物繁殖器官的发育
钼	是固氮酶和硝酸还原酶的组成成分，参与蛋白质代谢，影响生物固氮作用，影响光合作用，对植物受精和胚胎发育有特殊作用
硼	能促进碳水化合物运转，影响酚类化合物和木质素人生物合成，促进花粉萌发和花粉管的生长，影响细胞分裂、分化和成熟，参与植物生长素类激素代谢，影响光合作用
氯	维持细胞膨压，保持电荷平衡，促进光合作用，对植物气孔有调节作用，抑制植物病害发生

5. 植物营养元素缺乏

植物生长发育必需元素在植物体内有其适宜的含量是保证植物各项生理活动正常的前提，当植物体缺少某种元素时，植物生长发育就会出现一定的症状，这些症状就是植物营养缺素症。

（1）植物营养缺素症诊断

植物营养缺素症的诊断有 3 种方法。

1）形态诊断。根据症状出现的部位、叶片的大小形状及叶片失绿部位来诊断（图 3-4）。

2）根外喷施诊断。当形态诊断不能确定缺少哪种元素时，采用根外喷施诊断，用配制好的 0.1%～0.2%的含某种元素的溶液，喷在病株叶部、浸泡病叶 1～2h 或涂抹在病叶上，隔 7～10d 看前后叶色、长相、长势等的变化来确认。

3）化学诊断。采用化学分析方法测定土壤和植株中的营养元素含量，对照各种营养元素缺少的临界值加以判断。

（2）常见的植物营养元素缺乏症状

表 3-17 所列为常见的植物营养缺素症状，也可作用缺素症诊断的依据。

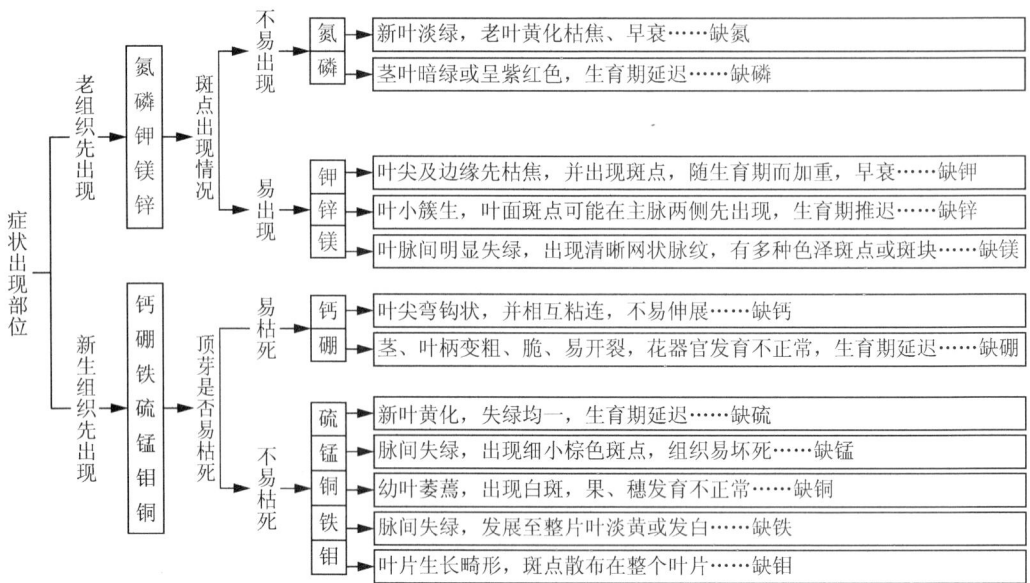

图 3-4　植物营养元素缺乏症状检索

表 3-17　常见的植物营养缺素症状

缺少的元素	症状
氮	中下部老叶先发病，叶色淡绿发黄，叶片薄、柔软，花、果少且易脱落
磷	老叶先发病，病叶暗绿色，叶、茎呈紫红色，小而狭，种子和果实成熟期推迟，种子不充实
钾	功能叶先发病，病斑界线清楚，心叶正常，病叶发黄，严重时边缘灼焦状、倒 "V" 字形
硫	幼叶先发病，叶脉失绿并遍及全叶，严重时老叶变黄、变白，叶肉仍呈绿色，"脉黄肉绿"
钙	顶部心叶先发病，芽尖枯死，病叶淡绿色，叶尖向下呈钩状，并逐渐枯死
镁	下部老叶先发病，叶肉组织失绿，严重时变为褐色而死亡
铁	心叶先发病，叶肉失绿，严重时枯死，茎、根生长受限，树木顶部新梢死亡，果实变小
硼	心叶先发病，粗糙、淡绿有烧焦斑点，叶片变红，植株尖端发白，茎及枝条生长为死亡，叶柄、叶脉震动折断，易落花，果实畸形，种子不实
锰	植株矮小，心叶肉黄白色，叶脉绿色，呈白条状，叶上有斑点
铜	植株矮小，叶尖黄化，枯萎，出现顶枯病
锌	叶簇生，失绿，心叶呈灰绿或黄白色斑点，根系生长差，果实变小或变形
钼	幼叶黄绿色，老叶变厚，呈蜡质，脉间肿大，并向下卷曲

3.5.2　土壤养分

土壤生长发育需要的必需营养元素除碳、氢、氧外，其他营养元素几乎全部来自于土壤。这些依靠土壤供给的植物生长发育必需的营养元素称为土壤养分。

土壤养分由于其存在的形态不同，对植物的有效性差异很大。土壤养分根据其形态分为无机态和有机态两大类。无机态养分又有水溶性养分、交换性养分、缓效性养分、难溶性养分 4 种类型，其中水溶性养分和交换性养分合称速效态养分。速效态养分是可以直接被植物吸收利用的养分。

土壤中的养分形态不是永恒不变的，随着土壤环境条件的变化，养分形态可以相互转化。难溶态养分可以分解转化为缓效态或速效态养分。速效态养分也可能被土壤固定转化为不易被吸收的难溶态养分。

1. 土壤矿质养分

（1）土壤中的氮

地球上的氮素99%存在于大气和有机体内，成土母质中不含有氮素。

1）土壤中氮素的来源。土壤中的氮素来源于生物固氮、光电固氮、降水、尘埃沉降、施入的含氮肥料、土壤吸附空气中的 NH_3、灌溉水和地下水补给等，其中施肥和生物固氮是土壤氮素的主要来源。

2）土壤中氮素的形态。土壤中氮素的形态有 3 种，既无机态氮、有机态氮和有机无机态氮。

① 无机态氮。也称矿质氮，包括铵态氮、硝态氮、亚硝态氮和游离氮，以铵态氮（NH_4^+）和硝态氮（NO_3^-）为主。土壤中无机态氮含量很少，只有 1%~2%，是土壤氮素的速效部分，易被植物吸收利用，但也易发生淋失。

② 有机态氮。土壤中的氮 98%以上是有机态氮。按其溶解和水解的难易程度分为水溶性有机氮、水解性有机氮和非水解性有机氮。水溶性有机氮主要是一些结构简单的游离氨基酸、胺盐及酰胺类化合物，一般占全氮量的 5%以下，是速效氮源；水解性有机氮主要包括蛋白质类、核蛋白类和氨基糖类，经微生物分解后可被植物吸收；非水解性有机氮主要是胡敏酸、富里酸和杂环氮等，其含量占全氮量的 30%~50%。

③ 有机无机态氮。是指被黏土矿物固定的氮。

3）土壤中氮素的转化。土壤中氮素的转化主要有矿化、硝化、反硝化、生物固氮、氮素的固定与释放、氮的挥发和淋溶等过程。这些转化过程都是相互联系和相互制约的（表 3-18）。

表 3-18　土壤中氮素的转化过程

转化类型	主要形态	转化过程
矿质化作用	有机态氮	水解：有机氮在微生物水解酶的作用下，分解成简单无机氮； 氨化：氨基酸在氨化细菌作用下分解成铵离子或氨气
硝化作用	氨及氨离子	氨或铵离子在硝化细菌作用下转化为硝酸或亚硝酸
反硝化作用	硝酸盐、亚硝酸盐	硝酸或亚硝酸在反硝化细菌作用下还原为 N_2、NO_2、NO
生物固氮	大气中的氮气	豆科植物的生物固氮菌将空中的氮气固定在根系
土壤中氮素的固定	NH_4^+、NO_3^-	NH_4^+、NO_3^- 被微生物吸收、黏土矿物吸附、有机物结合固定
淋溶作用	硝酸或亚硝酸	土壤中硝酸或亚硝酸随渗透水下渗而淋溶损失
挥发作用	NH_4^+、NH_3	土壤中的 NH_4^+ 转化为 NH_3 而挥发

（2）土壤中的磷

1）土壤中磷的形态。土壤中的磷分为有机态磷和无机态磷两大类（表 3-19），它们之间可以相互转化。

表 3-19　土壤中磷的形态

类别形式		主要成分	特点
有机态磷		磷酸肌醇、磷脂、核酸	来源于有机肥和生物残体，占土壤磷总量的 10%～50%，少数可被植物直接吸收，大部分需要微生物分解为无机态磷，才能被吸收，为无效磷
无机态磷	水溶性磷	KH_2PO_4、K_2HPO_4、NaH_2PO_4、Na_2HPO_4、磷酸一钙、磷酸一镁	易溶于水，离子态，易被植物吸收，为有效磷
	弱酸溶性磷	$CaHPO_4$、$MgHPO_4$	不溶于水，可溶于弱酸，能被植物吸收，为有效磷
	难溶性磷	磷酸十钙、磷酸八钙、氯磷灰石、羟基磷灰石、盐基性磷酸铝	不溶于水或弱酸，不能被植物吸收，为无效磷

2）土壤中磷的转化。

土壤中磷的转化包括有效磷的固定和难溶性磷的释放两个相反的方向。磷的固定是土壤中的速效磷转化为无效态磷的过程，结果导致磷的有效性降低；磷的释放是土壤中的难溶性磷酸盐转化水溶性磷酸盐，结果是将磷的有效性提高，增加土壤有效磷的含量。这两个过程同时存在，处于动态平衡中。

（3）土壤中的钾

1）土壤中钾的形态。土壤中钾的形态有水溶性钾、交换性钾、缓效性钾和矿物态钾 4 种形态。水溶性钾以离子形式存在于土壤中，含量很小，只占土壤全钾的 0.05%～0.15%。交换性钾吸附于土壤胶体中，占土壤全钾的 0.15%～0.5%。这两种钾是植物当季吸收利用的主要来源，为速效钾。缓效性钾主要固定于黏土矿物中，占土壤全钾的 2% 左右，它可通过风化作用转化成水溶性钾，是速效钾的贮备库。矿物态钾存在于难溶性的岩石矿物中，是土壤钾的主要形式，占土壤全钾的 90%～98%，不能被植物吸收，只有风化后才能逐渐释放出来，被植物吸收，是无效态钾。

2）土壤中钾的转化。土壤中钾的转化包括钾的固定和释放两个过程。钾的固定是土壤中的有效钾转化为缓效钾的过程，结果导致钾的有效性降低；钾的释放就是钾的有效化过程，是土壤中矿物态钾和有机体中的钾在微生物和各种酸的作用下，逐渐风化并转化为速效钾的过程。土壤中钾的形态可以相互转化，处于动态平衡中。

（4）土壤中的中量元素

土壤中的钙、镁、硫 3 种元素是植物必需的养分元素，属于中量元素（表 3-20），在土壤中以各自的形态存在，的含量较高，一般不会出现供应不足，但随着土壤利用强度的增加，有些土壤中的钙、镁、硫也会缺乏。

表 3-20　土壤中的中量元素

种类	形态	存在形式	特性
钙	矿物态	矿石、石膏	占 40%～90%，是无效钙，不被吸收
	交换态	钙离子	吸附于土壤胶体表面，可吸收利用，是有效钙
	溶液态	游离钙	是有效钙的主要形态，可被吸收利用
镁	矿物态	硅酸盐、碳酸盐、硫酸盐	是无效镁，不被吸收利用
	交换态	镁离子	吸附于土壤胶体表面，是可吸收利用的有效镁，占 11%～40%
	溶液态	游离镁离子	是有效态镁，可被吸收利用

种类	形态	存在形式	特性
硫	无机态	水溶性：土壤溶液中的 SO_4^{2-}	有效硫，可被吸收利用
		吸附性：胶体吸附的 SO_4^{2-}	有效硫，可被吸收利用
		矿物态：硫化物、硫酸盐	缓效硫，转化后可被吸收利用
	有机态	氨基酸、硫脂化合物	缓效硫，转化后可被吸收利用

（5）土壤中的微量元素

硼、锌、锰、铜、钼、铁、氯是植物必需的微量元素。在土壤中，它们的含量差异极大，高的每千克土中达百分之几，少的则有几毫克，主要取决于土壤成土母质、质地、有机质含量等因素。其形态有矿物态、水溶态、代换态、有机结合态。矿物态的有效性低，一般不能被植物吸收利用，而水溶态、代换态、有机结合态的微量元素全部或部分对植物有效，是有效态。

2. **植物对土壤养分的吸收**

正常生长的植物组织和器官都能从外界吸收养分，但根系是植物吸收矿物质养分的主要器官和场所。根系的根毛区是吸收的主要部位。植物根系吸收矿质元素大致经过以下步骤：

（1）土壤中的矿质元素向根表面转移

土壤养分到达根系表面有两种机制：①主动截获：植物根系从直接接触的土壤获取养分。它主要决定于植物根系的表面积和土壤有效养分的浓度，一般来说，根表面越大或有效养分的浓度越大，获取的养分越多。②在植物生长与代谢活动（蒸腾、吸收等）影响下，土壤养分向根表面迁移（质流和扩散）：植物蒸腾和根系吸收造成根系表面土壤与土体之间形成明显的水势差，土壤养分随水流向根表面流动（质流），或是植物吸收造成的根系表面垂直方向上养分的浓度梯度差，引起养分顺浓度梯度向根表面运输（扩散）。在植物养分吸收量中，根系主动截获量很少，不足养分总量的 20%，而质流和扩散是植物根系获取养分的主要途径。

（2）矿质元素被吸附在根组织细胞表面

植物组织通过离子交换吸附进行离子交换，矿质离子被吸附在根组织细胞表面。根系呼吸作用放出的 CO_2 溶于水形成 H_2CO_3，在适当的环境下电离成 H^+ 和 HCO_3^-，并分泌到质膜表面，这些离子和土壤溶液中及土壤胶粒上吸附的阳离子（K^+、Ca^{2+}、Mg^{2+}）和阴离子（SO_4^{2-}、NO_3^-）进行"同荷等价"离子交换吸附，使土壤溶液中的离子被吸附在根表面。

（3）质外体运输

吸附在根组织表面的矿质元素（无机离子）通过根组织的质外体和共质体向木质部导管运输。质外体是指植物组织细胞质膜以外的部分，如细胞壁、细胞间隙等构成的连续的结构空间。土壤溶液中的矿质元素可顺着电化学势梯度自由扩散进入质外体空间。但由于内皮层细胞上有凯氏带形成的不允许溶质和水通过的屏障，质外体运输仅限于内皮层以外。

（4）共质体运输

矿质元素通过跨膜运转进入原生质，并通过活细胞的胞间连丝连续不断地从一个细胞运输至另一个细胞的过程，称为共质体运输。矿质元素进入原生质后，少部分在根部进行合成作用，转化为复杂的化合物，大部分则进入导管，随蒸腾液流上升，去向植物的各个部位，供给生长和生活消耗。

3.6 我国土壤的主要类型

1. 南方的土壤

我国热带和亚热带地区，广泛分布着各种红色或黄色的酸性土壤，总面积大约有 117 万平方公里，占全国总面积的 12%，这一地区由于气温高，雨量充沛，自然条件优越，是我国热带、亚热带林木、果树和粮食作物的生产基地。

（1）红壤

红壤是我国分布面积最大的土壤，它分布在长江以南的广阔低山丘陵地区，包括江西，湖南的大部分地区。除此之外，在云南、广西、广东、福建、台湾的北部，以及浙江、四川、安徽、贵州的南部都有红壤的分布。

红壤形成于中亚热带气候条件下，年均温 16～21℃，年降水量 800～1500mm，无霜期 240～280d，自然植被为常绿阔叶林。现多为人工林，是我国速生丰产用材林基地，树种主要为马尾松、杉木、罗汉松、樟木、楠木及竹类等，除石灰岩外，其他岩石上几乎都可以发育。

红壤土呈酸性，pH 为 5.0～5.5，黏土矿物主要为高岭石、赤铁矿，土壤中有较多的游离态铁、铝，而磷易被固定。

（2）砖红壤

砖红壤主要分布在海南岛、雷州半岛、云南和台湾南部的热带地区。原生植被为热带雨林或季雨林，可发育在任何母质上。

砖红壤土呈酸性，pH 为 4.5～5.5，黏土矿物主要为高岭石和三水铝石；土壤盐基强烈淋失，交换量低，土壤中有大量的游离态铁、铝。

（3）赤红壤

赤红壤主要分布在南亚热带，即福建、台湾、广东、广西和云南的南部，是红壤和砖红壤的过渡地区。

（4）黄壤

黄壤分布在在中亚热带山地，在南亚热带和热带的山地也有分布，主要以四川、贵州两省为主。黄壤为酸性到强酸性土壤，pH 为 4～5，黏土矿物主要为高岭石、拜来石和埃洛石，土壤盐基较红壤高。

（5）黄棕壤

黄棕壤分布在北亚热带常绿阔叶林或落叶林下，主要分布在江苏、安徽、湖北北部、陕西南部。

2. 我国北方的土壤

（1）棕壤

棕壤分布在暖温带湿润地区，纵跨辽东半岛、山东半岛，也出现在半湿润、半干旱地区的山地中，在秦岭、燕山、伏牛山、吕梁山、太行山等一些山脉的垂直中有棕壤的分布。棕壤呈微酸性至中性反应，pH 为 6～7，无碳酸钙反应，黏土矿物主要是伊利石、蛭石、蒙脱石等。

（2）褐壤土

褐壤土分布在在暖温带半湿润和半干旱的山地和丘陵，垂直分布于棕壤带之下。褐壤土为中性至微碱性，pH 为 7～8，剖面具碳酸钙反应，黏土矿物主要是伊利石和蛭石，蒙脱石较少。

（3）暗棕壤

暗棕壤分布在温带湿润地区针阔混交林下，在大兴安岭东坡、小兴安岭、长白山和完达山，或在暖温带和亚热带的山地垂直带中。暗棕壤为微酸性土壤，pH 为 6.5 左右，黏土矿物以伊利石、蒙脱石为主。

（4）棕色针叶林土

棕色针叶林土分布在寒温带针叶林下，主要在大兴安岭的西坡。棕色针叶林土为酸性土壤，pH 在 5 左右，胶体物质主要是氢氧化铁、三水铝石或腐殖质。

（5）潮土

潮土属非地带性土类，其形成与地下水紧密相关，地下水位浅使土壤长期处于毛管水饱和状态。潮土分布在我国的温带和暖温带地区的冲积平原、沟谷阶地上。黄淮海平原、长江中下游冲积平原分布面积最大。

由于受沉积物的影响，形成潮土的物质是大小河流多次搬运沉积的结果。潮土地区的地下水位较浅，且升降比较频繁，易产生氧化还原交替过程。

园林植物的生物环境

单元教学目标

单元导读

园林植物的生长发育除了受温度、水分、光照、大气和土壤等环境因素的影响外，还受到生物因素的影响。因为，自然界中每一种生物都不是孤立存在的，它们不仅处于无机环境中，而且也和其他生物发生复杂的相互关系，这种生物间的关系不仅存在于同种生物的不同个体之间，也存在于为同种生物之间。园林植物的生物因素包括植物、动物、微生物及人类。

实际上了解生物间的相互关系，对园林植物的配植、增加生物多样性、提高生态系统的稳定性有着非常重要的意义。只有调节好各生物因素之间的关系，才能使园林植物更好地生长发育，并发挥出最佳生态效益。

知识目标

1．理解园林植物种群和群落的概念、结构与特征。

2．了解园林生态系统的组成、结构、特征、功能与平衡。

3．了解园林植物的种间、种内关系及与动物间的关系。

4．了解园林植物的配植原则、配植艺术。

技能目标

1．掌握种群、群落的结构、特征识别与测定。

2．掌握园林生态系统的组成、结构、特征、功能的识别。

3．掌握园林植物的人工配植方法。

情感目标

1．培养自主学习能力。

2．培养观察与分析能力。

3．锻炼提高动手能力。

4．锻炼提高语言表达能力。

5．培养团队协作能力。

4.1

园林植物种群

4.1.1　园林植物种群的概念

种群是指占有一定空间的同一物种多个个体的集合，如草坪、花灌丛等。

种群是物种存在的基本单位，也是生物群落的基本组成单元。种群可分为动物、植物和微生物种群。

单一的个体不能使物种延续，只有多个个体通过互相交配而不断繁育后代，才能保持物种的存在和发展。

种群是由个体组成的，但不等于个体的简单累加，每个个体之间都通过有机的联系组合在一起，个体和群体都与环境发生相互作用。个体对群体有着一定程度的依赖，任何个体都不可能离开其群体而长期独立存在。

4.1.2　种群的基本特征

各类生物种群在正常的生长发育条件下所具有的共同特征即种群的共性，包含数量特征（种群密度和大小）、空间特征（种群空间分布）和遗传特征（年龄结构和性比）。

1. 种群密度和大小

一个种群中个体数目的多少，称为种群的大小，而单位面积或体积内某个种群的个体数量则称为种群密度。

种群密度往往随着时间、空间，以及生物周围环境的变化而改变，这主要取决于出生和死亡的对比关系。出生大于死亡，种群增大；出生小于死亡，种群减小。种群在一定的时间内出生率与死亡率的差值称为种群增长率。

出生率是指种群产生的新个体（出生）占总个体数的百分比。出生是一个广义的概念，指一切通过有性繁殖和无性繁殖产生新个体的过程。

死亡率是指种群死亡的个体占总个体数的百分比。在园林工程中，我们常常用死亡率（1−成活率＝死亡率）作为工程验收成活率的指标。

2. 种群空间分布

任何种群都不是孤立的单一个体，它总是由多个个体组成，因此，它总会占有一定的分布区域。在这个区域内个体如何分布、个体之间的距离大小等实质上反映了种群的空间分布。种群个体在其生存空间中的分布方式，称为种群空间分布。由于种间、种内个体之间的竞争，每一种群在一定的空间中都会呈现出特有的分布状态及形式，一般有 3 种类型（图 4-1）。

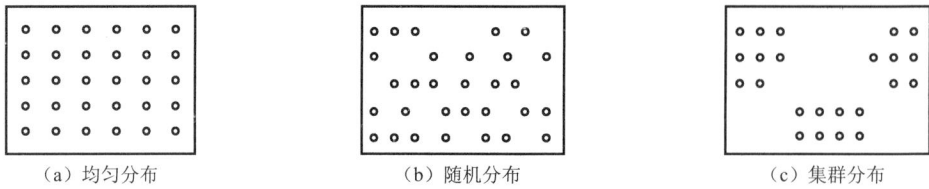

（a）均匀分布　　　　　　　（b）随机分布　　　　　　　（c）集群分布

图 4-1　种群个体空间分布类型（Smith，1980）

1）均匀分布。即种群内各个体在空间呈等距离分布，个体之间距离相等。这种分成形式在人工种群中较为普遍，如栽培种植的作物、草坪、公园内的行道树等。

2）随机分布。即种群内个体在空间的位置不受其他个体分布的影响，同时每个个体在空间中任何一点上分布的概率是相等的，这种分布在自然界是极为罕见的，在园林种群中更是不可能见到。

3）集群分布。种群内个体分布极不均匀，常成群、成簇或成团块状密集分布，这种分布格局就是集群分布。这是自然界中最常见的分布类型，在园林植物种群中常常人工配植一些集群分布，如公园的花海、灌丛、草坪等。

3. 种群的年龄结构

种群的年龄结构是指种群内各个个体的年龄分布状况，即各个年龄或年龄组的个体数目占种群个体总数的百分比结构。

种群的年龄结构常用金字塔的形式来表示，金字塔底部代表最年轻的年龄组，顶部代表最老的年龄组，宽度则代表该年龄组个体数量在整个种群中所占的比例，比例越大，则宽度越宽；比例越小，则宽度越窄。从生态学角度出发，可以把种群的年龄结构分为 3 种类型（图 4-2）。

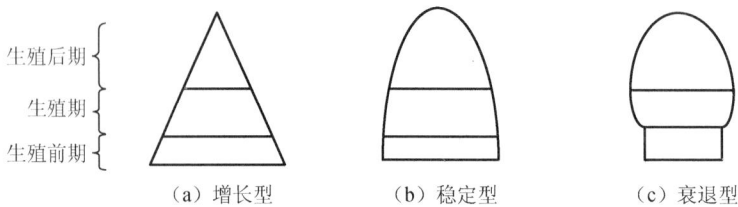

生殖后期
生殖期
生殖前期

（a）增长型　　　　　　　（b）稳定型　　　　　　　（c）衰退型

图 4-2　种群的年龄金字塔（Kormondy，1976）

1）增长型种群。种群的年龄结构含有大量的幼体和极少的老年个体，幼年个体补充死亡的老年个体后有剩余，种群的出生率大于死亡率，种群数量呈上升趋势。

2）稳定型种群。种群的各个年龄组的个体比例适中，在每个年龄组中死亡数和新生个体数大致相当，出生率与死亡率大致平衡，种群大小趋于稳定。

3）衰退型种群。种群含有大量的老年个体，新生个体数小于死亡个体数，出生率小于死亡率，种群数量趋于下降。

4. 性比

性比是指种群内雌性个体和雄性个体的比例。种群的性比关系到种群当前的生育能力、死亡率和繁殖特点，对种群的出生率影响很大。高等动物中性比多为1:1，在一夫一妻的单配种群中，性比决定着繁殖力。例如，在10 000个体的种群中，性比为3:2，则夫妻对只有4000对，每对生产1个个体，则出生只有4000个，而非5000个。在植物种群中，多数植物是雌雄同株，没有性比，而雌雄异株的植物，性比可能变异较大。

4.2

园林植物群落

■ 4.2.1　群落的概念

在一定的地段或生态环境中，由一定的植物种类组合在一起，构成一个有规律的组合，这种植物组合，称为植物群落。

植物群落按其在形成和发育过程中与人类栽培活动的关系分为两类：一类是在自然界中植物自然形成的，称为植物自然群落，如陕西秦岭林区的植物群落；另一类是人类栽培形成的，称为植物人工群落，如城市中各种人工营建的公园绿地等，园林植物群落就是这一类型。

植物群落是各种植物和其他生物与生态环境长期相互作用的产物，同时在空间和时间上不断发生着变化。植物与环境的生态关系是在植物群落中以群落的有机整体与环境发生相互作用。因此园林植物栽培与造园工作就应从植物群落角度着手，弄清植物群落的特征及其与环境之间的各种相互关系，从而营建符合生态规律的相对稳定的人工植物群落。

■ 4.2.2　园林植物群落的特征

园林植物群落是由人工栽植在一定地段的植物个体所组成的，有着其固有的结构，受人类的栽培管理和其他生物影响，与自然植物群落在组成成分、结构关系、外貌及动态上都不相同。它具有自然植物群落的特征，但与自然植物群落的特征有一定的差异。园林植物群落具有下列特征。

1. 植物种类组成

每个植物群落都是由一定的植物种群组成的。这是区别不同群落的首要特征。

园林植物群落的种类组成主要取决于人类的设计和营造。群落种类成分的多少及个体的数量在园林营造的过程中已经确立。由于人为的经营管理，群落的植物种类、个体数量很难有大的变化，变化的是群落的生物量增加。例如，园林中杂草一旦出现，必然会被清除。因此，相对来说，园林植物群落中动植物种类、数量要远远小于自然植物群落。

群落的成员

1. 优势种。指在群落中对群落结构和群落环境的形成起主要作用的植物种，是那些个体数量多、投影盖度大、生物量高、体积大、生活能力强的植物种。群落的不同层次可以有各自的优势种。

2. 亚优势种。个体数量和作用都次于优势种，在决定群落性质和控制群落环境方面也起一定作用的植物种。在复层结构中常处于亚层。

3. 关键种。在群落中有些物种的生物量和丰富度不高，但对维护生物多样性、群落的结构、功能、整体性和生态系统稳定性方面起着较大的作用，如果它们消失，可以导致其他一些物种的丧失，整个生态系统就可能发生根本性的变化，这样的植物种称关键种。

4. 伴生种。为群落的常见种，它与优势种伴生存在，但对群落的性质和控制群落环境方面不起主要作用。

5. 偶见种或罕见种。在群落中出现频率很低的物种，数量稀少，原有分布可偶然见到，或由人类偶然带入、侵入。偶见种的出现具有指示意义。

2. 数量特征

（1）密度

密度指单位面积或单位空间内的个体数。一般对乔木、灌木和丛生草本植物以植株或株丛计数，根茎植物以地上枝条计数。样地内某一物种的个体数占个体总数的百分比称相对密度。

（2）多度

多度是对物种个体数目多少的一种估测指标，多用于群落内草本植物的调查，用目测的方法进行估测。国内多采用 Drude 的七级制多度：①Soc：极多，植物地上部分郁闭，形成背景；②Cop3：数量很多；③Cop2：数量多；④Cop1：数量尚多；⑤Sp：数量不多而分散；⑥Sol：数量不多而稀疏；⑦Un：个别或单株。

（3）盖度

盖度指植物地上部分垂直投影面积占样地面积的百分比，即投影盖度。在测定时可用地上植株的阴影面积替代，进行测定计算。

（4）频度

频度指某一物种在群落内出现的频率，测定方法用样地法，计算某一物种出现的样地数占全部样地数量的百分比。

（5）高度

高度指植物个体的垂直高度，如园林上常对乔木、灌木苗木的高度作为指标进行限定。测量时取其自然高度或绝对高度，藤本植物测量其长度。

（6）重量

重量用来称量种群生物量或现存量的多少，分为干重和鲜重。在对生态系统能量流动和物质循环研究中，这一指标特别重要。

（7）体积

这是度量生物所占空间大小的一个指标。在森林经营中，通过体积的计算可以获知木材生产量（材积）的多少。在园林中对体积过大、过熟的树木进行材积的计算可知其生产量。

3. 色相

园林植物所具有的色彩形象称为色相。在园林中常用各种颜色的花卉和彩叶植物按一定的空间层次栽植在一起构成色彩绚丽的图案。北方地区常见的彩叶植物有紫叶李、小叶黄杨、金叶榆、紫叶小檗、红叶桃、紫叶矮樱等。

4. 季相

群落的季相是指随着气候季节交替，群落呈现出不同外貌的现象。温带地区四季分明，群落的季相最显著，春季发芽、抽叶、开花，夏季郁郁葱葱、百花齐放，秋季黄叶、红叶竞相争艳、果实五彩缤纷，冬季落叶纷飞、积雪枝头的景象。如果针阔叶混交，合理配植花卉、彩叶植物和有色相季相的植物，能够呈现出四季常绿、三季有花的景观。

4.2.3　园林植物群落的结构

1. 群落外貌

群落外貌是指群落的外部形态。一个群落中的植物个体，分别处于不同高度和密度，从而决定了群落的外部形态。它是群落中生物与生物之间，生物与环境之间相互作用的综合反映。决定群落外貌的因素有植物的种类、生活型、植物的季相、植物的生活期。

在园林植物群落中，通常由人类有意识地设计选择和营造，决定其外部形态。在设计时往往根据园林植物的生活型、季相、色相及生活期的不同进行组合选择，通过人工营造，形成独特的人为园林景观。

知识拓展

园林植物的生活型

生活型是不同植物种类的植物对相似环境的趋同适应而在形态、结构、生理尤其是在外貌上所反映出来的植物类型。

植物生活型的分类的有多种，最常用的是按植物的大小、形态、分枝和生命周期的长短等，将植物分为乔木、灌木、半灌木、多年生草本、一年生草本、垫状植物等。

最著名的是丹麦植物学家瑙基耶尔生活型系统，将植物分为高位芽植物、地上芽植物、地面芽植物、隐芽植物、一年生植物。

---

2. 水平结构

群落的水平结构是指群落在水平方向上的分布状况或水平格局，自然植被的水平结构表现为随机分布、集群分布、均匀分布和镶嵌分布的格局。但在园林植被中由于人为的设计与布局，园林植物呈现斑块状、丛状、片状集群分布、整齐的均匀分布和个体的镶嵌特征。

3. 垂直结构

植物群落的垂直结构即群落的层次性，主要是由植物的生活型决定的。草本植物、灌木和乔木自下而上分别分布在群落的不同高度上，形成群落的垂直结构。一般说来，群落的层次性越明显，分层越多，垂直结构越复杂，群落中的动物种类也越多。

园林植物群落由于范围较小，群落整体外貌没有森林那么高大，垂直结构层次也较少，可分为乔木层、灌木层、地被层和根系层。因此，人造园林的层次比较少，垂直结构简单，动物的种类也比较少。

4.3 园林植物种内与种间关系

生物在长期进化过程中，形成了以食物、资源和空间关系为主的种内关系和种间关系。生物间的相互关系对共同生长的生物来说，可能对一方有利或相互有利，也可能对一方有害或相互有害。这些相互关系有时发生在同一生物种之间，有的发生在不同生物种之间。发生在同一生物种之间的关系称为种内关系，发生在不同生物种之间的关系，称为种间关系。

4.3.1 种内关系

在种内关系中，植物种群除了有集群生长的特征外，更主要的是个体之间的密度效应，以及植物的性别系统和他感作用。

1. 密度效应

在一定时间内，当种群的个体数目增加时，就必定会出现邻接个体之间的相互影响，称为密度效应或邻接效应。种群的密度效应是由两种相互矛盾的因素决定的，即出生和死亡、迁入和迁出。凡影响出生率、死亡率和迁移的理化因子、生物因子都起着调节作用，种群的密度效应实际上是种群适应这些因素综合作用的表现。

2. 植物的性别系统

大多数植物种的个体具有雌雄两性花，即雌雄同花。

有些植物种的个体具有雌雄两类花，雄花产生花粉，雌花产生胚珠，即雌雄同株而异花。雌雄异株的植物，其雌花和雄花分别长在不同的植株上。在植物界中，雌雄异株相当稀少，大约只占有花植物的5%，如银杏。雌雄异株能减少同系交配的概率，具有异型杂交的优越性。

3. 隔离和领域性

种群中个体之间或种群间产生隔离或保持间隔，可以减少对生存需求的竞争，对种群调节有着重要的作用。产生隔离的原因：一是个体之间竞争缺乏的资源，二是个体间直接对抗。某些生物种群的个体、配偶或家族群常将它们的活动局限在一定的区域内，并加以保护，这块地方就叫领域。

领域性是保持个体或种群之间间隔的积极机制。高等动物的隔离机制是行为性的（或者是神经性的），而低等动物或植物则是化学性的，即通过抗菌素或"他感作用物质"产生隔离。这种隔离减少了竞争，能防止种群因过密而过度消耗食物资源，对于植物来说就是水和营养物质。

4. 他感作用

植物的他感作用就是一种植物通过向体外分泌代谢过程中的化学物质对其他植物产生直接或间接的影响。如桃树根中存在扁桃贰，分解后产生苯甲醛，严重毒害桃树的更新，一般老的桃树根没有清除之前，新的桃树长不起来。红三叶草是繁殖力很强的牧草植物，它常形成较纯的群落，排挤其他的杂草植物，这是因为红三叶草含有多种异黄酮类物质，这些异酮类物质及其在土壤中被生物分解而成的衍生物对其他植物的发芽起抑制作用。

4.3.2　种间关系

种间相互作用是构成生物群落的基础。其内容主要包括两个或多个物种在种群动态上的相互影响（相互动态）和彼此在进化过程和方向上的相互作用（协同进化）两个方面。

1. 种间竞争

种间竞争是指具有相似要求的物种，为了争夺共同的空间和有限的资源而产生的一种直接或间接抑制对方的现象。在种间竞争中，常常是一方取得优势，而另一方受到抑制甚至被消灭。植物种群间的竞争多为资源利用型，在资源缺少时互相抑制对方，当资源充足时，这种抑制作用不明显。也有干涉性竞争，如他感作用。

2. 寄生关系

寄生是指一个物种（寄生者）寄居于另一个物种（寄主）的体内或体表，从寄主获取养分以维持生命活动的现象。

在寄生性种子植物中可分出全寄生与半寄生两类。全寄生植物从寄主那里摄取全部的营养，而半寄主植物只是从寄主那里摄取无机养分，它自身尚能进行光合作用，制造有机养分。在植物之间的相互关系中，寄生是一个重要方面。寄生植物对寄主植物的生长有抑制作用，而寄主植物对寄生植物则有加速生长的作用。

除高等植物外，寄生物也包括真菌、细菌等，这些寄生物也会对高等植物造成危害。例如，菌类寄生，使树木呼吸加速 1～2 倍，降低光合作用 25%～39%，破坏角质层，有时菌丝使气孔不能关闭，加大蒸腾强度，或使导管堵塞，或分泌毒素使细胞中毒。真菌寄生物的大量发生，是许多园林植物病害的成因，如白粉病、叶斑病、锈病、立枯病、腐朽病等。寄生物和寄主种群数量动态在某种程度上与捕食者和猎物的相互作用相似，随着寄主密度的增长，寄主与寄生物的接触势必增加，造成寄生物在寄主种群中的广泛扩散和传播，结果使寄主大量死亡，未死亡而存活下的寄主往往形成具有免疫力的种群；寄主密度的下降减少了与寄生物接触的强度，结果使寄生物数量减少，寄生物危害减弱与或停止，这又为寄主种群的再增长创造了有利的条件，并开始了寄生物与寄主相互作用，影响种群数量变化的新的周期。

3. 共生关系

（1）互利共生

互利共生是两物种相互有利的共居关系，彼此间有直接的营养物质的交流，相互依赖、相互依存、双方获利。典型的互利共生往往指合体共生，如地衣（藻类与真菌的共生体）、固氮菌与豆科植物根的共生体（根瘤）等。菌根是真菌和高等植物根系的共生体。真菌从高等植物根中吸取碳水化合物和其他有机物，或利用其根系分泌物，而同时供给高等植物氮素和矿物质，二者互利共生，对松属、栎属和水青冈属的许多树种来说，没有菌根时就不能正常生长或发育。生产上应用菌根菌剂培育苗木，可获得良好效果。同样，某些真菌如不与一定种类的高等植物根系共生，也将不能存活。

（2）偏利共生

偏利共生是指对一种生物有利而对另一种生物无害的共生关系。附生植物与被附生植物是一种典型的偏利共生，如地衣、苔藓、某些蕨类以及很多高等的附生植物（如兰花）附生在树皮上，借助于被附生植物支撑自己，获取更多的光照和空间资源，但不直接从宿主植物获取任何营养，主要依赖于积存在树皮裂缝和枝杈内的大气灰尘和植物残体生活，降水从树体上淋下许多营养物质，也是附生植物的营养来源。偏利共生的另外一种情况是一种植物的存在特别依赖于另一种植物为它提供庇护和支撑，如耐阴树种的正常生长发育需要喜光树种提供阴湿的环境，攀缘植物本身不能直立，必须依赖其他植物作为支撑，使其枝叶攀缘在上面，以获得充足的光照，它们与支撑植物间一般不存在营养关系。一般植物与动物之间普遍存在偏利共生关系，因为植物为动物提供了庇护场所。

4. 种间协同进化

一个物种的进化必然会改变作用于其他生物的选择压力，引起其他生物也发生变化，这些变化反过来又会引起相关物种的进一步变化，这种相互适应、相互作用的共同进化的关系即为协同进化。

捕食者和猎物之间的相互作用可能是这种协同进化的最好实例。捕食对于捕食和猎物都是一种强有力的选择力，捕食者为了生存必须获得狩猎的成功，而猎物为了生存则获得了逃避捕食的能力。在捕食者的压力下，猎物必须靠增加隐蔽性、提高感官的敏锐和疾跑来减少被捕食的风险。捕食者或猎物的每一点进步都会作为和一种选择压力促进对方发生变化，即是协同进化，如昆虫与植物之间的相互作用。大型食草动物的啃食活动可对植物造成严重的损害，这无疑对植物也是一个强大的选择压力，在这种压力下，很多植物都采取了俯卧的生长方式或长得很高大。几乎所有的植物都靠增强再生能力和增加对营养繁殖的依赖来适应食草动物的啃食。

4.4

园林生态系统

4.4.1 生态系统的概念和组成

1. 生态系统的概念

生态系统是指在一定的空间范围内，生物群落及其所在的环境之间通过能量流动和物质循环而相互作用、相互依存所形成的一个相对稳定的整体。

在生态系统中，生物成分和非生物环境（光、温、水分、空气、土壤等）之间是一个相互作用又相互联系的统一体，构成一个生态学的基本功能单位。任何一个生物群落与其周围环境的组合都可称为生态系统。例如，一个池塘、一片森林、一座城市、一块农田、一个公园等都可看作一个生态系统。生物圈是最大的生态系统，它包括陆地、海洋和淡水三大生态系统。

2. 生态系统的组成

生态系统的组成非常复杂，主要包括生物和非生物两大部分，其中生物部分包括生产者、消费者和分解者三大功能类群（图4-3）。

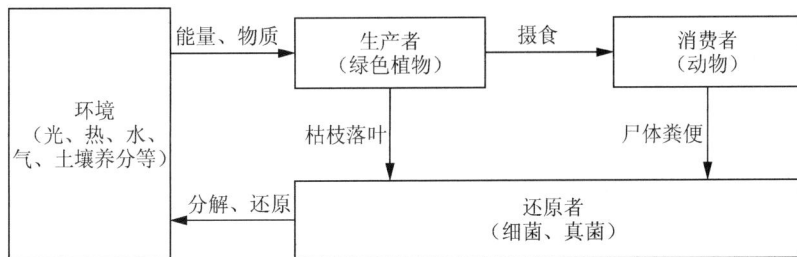

图 4-3 生态系统结构示意图

（1）生产者

生产者指绿色植物和某些能进行光合作用或化能合成作用的细菌，即自养生物，它们能利用太阳能进行光合作用，把从周围环境中摄取的无机物合成有机化合物，并把能量贮存起来，以供本身需要或作为其他生物的营养。

（2）消费者

消费者指直接或间接以生产者为食的各种动物。消费者包括植食性动物和肉食性动物，前者为初级消费者，后者为次级消费者或更高级的消费者。

（3）分解者

分解者主要指细菌、真菌、某些原生动物及其腐食性动物（如蚯蚓、白蚁等），它们靠分解有机化合物为生（腐生），从生态系统中的废物产品和死亡的有机体中取得能量，把动植物复杂的有机残体分解为较简单的化合物和元素，释放归还到环境中去，供植物再利用，故又称为还原者。

（4）非生物成分

非生物成分包括光能、热量、水、二氧化碳、氧气、氮气、矿物盐类、酸、碱，以及其他元素或化合物，它们既是构成物质代谢的材料，同时也构成生物的无机环境。

在通常情况下，起主导作用的是生产者，它把太阳能转变为化学能，并引入到生态系统中，然后使其他各个组成部分行使各自机能，彼此一环紧扣一环，形成一个统一的、不可分割的生态系统整体。

4.4.2 生态系统的结构及基本特征

1. 生态系统的结构

生态系统的结构包括两个方面：一是组成成分及其营养关系；二是各种生物的空间分布状态。具体地说，生态系统的结构包括物种结构、营养结构和空间结构。

（1）物种结构

各生态系统之间的物种结构差异很大，如水域生态系统的生产者主要是借助显微镜才能分辨的浮游藻类，而森林生态系统中的生产者却是一些高达几米，甚至几十米的乔木和各种灌木。园林生态系统中的生产者是园林植物，有高大的乔木和矮小的灌木、草本等。

（2）营养结构

生态系统的营养结构是以营养为纽带，把生物、非生物结合起来，使生产者、消费者、还原者和环境之间构成一定的密切关系。营养结构可分为以物质循环为基础的营养结构和以能量流动为基础的营养结构。

（3）空间结构

生态系统的空间结构实际上是生物群落的空间格局状况，包括群落的垂直结构和水平结构（详见 4.2 节）。

2. 生态系统的基本特征

任何系统都具有一定的结构，各组成成分之间发生着一定的联系，是执行一定功能的有序整体。生态系统的特征主要表现在下列几方面：

（1）生态系统是动态功能系统

生态系统是有生命存在并与外界环境不断进行物质交换和能量传递的特定空间。所以，生态系统具有有机体的一系列生物学特性，如发育、代谢、繁殖、生长与衰老等。这就意味着生态系统具有内在的动态变化的能力。任何一个生态系统总是处于不断发展、进化和演变之中，根据发育的状况将其分为幼年期、成长期、成熟期等不同发育阶段。

（2）生态系统具有一定的区域特征

生态系统都与特定的空间相联系，包含一定地区和范围的空间概念。这些空间具有不同的生态条件，栖息着与之相适应的生物类群。生命系统与环境系统的相互作用以及生物对环境的长期适应，使得生态系统的结构和功能反映了一定的地区特性。同是森林生态系统，寒温带长白山区的针阔混交林与海南岛的热带雨林生态系统相比，无论是物种结构、物种丰富度或系统的功能等均有明显的差别。这种差异是区域自然环境不同的反映，也是生命成分在长期进化过程中对各自空间环境适应和相互作用的结果。

（3）生态系统是开放的自持系统

自然生态系统所需要的能源是生产者对光能的转化，消费者取食植物，分解者分解动植物残体及其代谢排泄物，使结合在复杂有机物中的矿质元素又归还到环境（土壤）中，重新供植物利用。这个过程往复循环，从而不断地进行着能量和物质的交换、转移，保证生态系统发挥功能，并输出系统内生物过程所制造的产品或剩余的物质和能量。生态系统功能连续的自我维持基础就是它所具有的代谢机能，这种代谢机能是通过系统内的生产者、消费者、分解者 3 个不同营养水平的生物类群完成的，它们是生态系统"自维持"的结构基础。

（4）生态系统具有自动调节的功能

自然生态系统若未受到人类或者其他外来因素的严重干扰和破坏，其结构和功能是非常和谐的，这是因为生态系统具有自动调节的功能。所谓自动调节功能是指生态系统受到外来干扰而使稳定状态改变时，系统靠自身的内部机制再返回稳定、平衡状态的能力。生态系统自我调节功能表现在 3 个方面，即同种生物种群密度调节、异种生物种群间的数量调节、生物与环境之间相互适应的调节（主要表现在两者之间发生的输入、输出的供需调节）。

4.4.3　生态系统的功能

生态系统的结构和特征决定了它的基本功能，这就是能量流动、物质循环和信息传递。生态系统的这些基本功能是相互联系、紧密结合的，而且是由生态系统中的生物群落来实现的。

1. 生态系统的生物生产

（1）初级生产

生态系统中的能量流动开始于绿色植物通过光合作用对太阳能的固定，因为这是生态系统中第一次能量固定，所以植物所固定的太阳能或所制造的有机物质称为初级生产量或第一性生产量。在初级生产过程中，植物固定的能量有一部分被植物自己的呼吸消耗掉，剩下的可用于植物的生长和繁殖，这部分生产量称为净初级生产量，包括呼吸消耗在内的全部生产量，为总初级生产量，三者之间的关系为

$$GP = NP + R$$

式中：GP——总初级生产量；

NP——净初级生产量；

R——呼吸所消耗的能量。

净初级生产量是可供生态系统中其他生物利用的能量。森林生态系统的净初级生产量除草食动物消耗一部分外，损失量最大的是凋落物量，森林植物每年有相当一部分活生物量转变为死地被物。在凋落量中叶子占主要成分，其他有花、果、小枝和树皮等。

（2）次级生产

生态系统的次级生产是指消费者和分解者利用初级生产物质进行同化作用，建造自身和繁殖后代的过程。一般净初级生产量只有一小部分被食草动物所利用，即使是被动物吃进体内的植物，也有一部分通过动物的消化道排出体外，例如，蝗虫只能消化吃进食物的30%，其余70%以粪便形式排出体外。被异养生物同化的能量称为净次级生产量，其中一部分用于动物的呼吸代谢和生命的维持，并最终以热的形式消耗掉，其余部分用于动物的生长和繁殖。

在森林生态系统中，腐食食物网占据了能量流的主要部分。腐食生物最主要的是真菌和细菌，它们体积小、寿命短、数量大，在腐食食物网的能量流动中起着主导作用。

2. 生态系统的能量流动和贮存

地球上一切生命都离不开能量的利用，生物要活下去或者生长与繁殖，均需要有能量的补充。没有能量的不断供应，生物的生命就会停止。生物所利用的能源，基本上都来自太阳的辐射，其途径是绿色植物通过光合作用将太阳能转化成化学能，动物再把植物体内的化学能转化为机械能和热能。这种能量转化、储存和联系的依赖性是生态系统能量流动的基础。

（1）能量的概念

能量是生态系统的驱动力，生态系统中各种生物的生理状况、生长发育行为、分布和生态作用，主要由能量需求状况的满足程度所决定。生态系统中的能量关系主要表现在3个方面：①有机物质的合成过程，即生产者（绿色植物）吸收太阳能合成初级生产量；②活的有机物质被各级消费者消费的过程；③死的有机物质腐烂和被生物分解的过程。

能量在上述3个过程的转化称作能量流。能量输入生态系统而得以储存，通过消费者的消耗和腐食生物分解等一系列能量转化的代谢活动，能量不断消耗并转化为热能输出系统，所以，生态系统必须不断地有能量的补充，否则就会瓦解。

（2）生态系统的能量流

生态系统中各类生物存在着复杂的营养关系，不同的生态系统均有其特定的营养结构。营养结构可由食物链、生态金字塔来描述。

1）食物链与食物网。在生态系统中，各物种间存在着高度有序的能量和营养依赖关系。各种生物以其独特的方式来获得生存、生长、繁殖所需要的能量，生产者所固定的能量和物质，通过一系列取食和被食的关系在生物间进行传递，如食草动物取食植物，食肉动物捕食食草动物，这种不同生物之间通过食物关系而形成的链索式单向联系称为食物链。例如，豹捕食狐狸，狐狸捕食兔子，兔子以草为食，这就构成了一条食物链：草→兔→狐狸→豹。食物链彼此交错连接，形成网状结构，称为食物网。

生态系统中的各生物之间正是通过食物网发生直接和间接的联系，保持生态系统结构和功能的稳定性。在一个生态系统中，生产者所固定的能量和物质，通过一系列取食和被食的关系在生物间进行传递，每一生物获取能量均有特定的来源，前一种生物又依次成为其他生物的能源。生态系统中各种成分之间最本质的联系是通过营养来实现的，即通过食物链把生物与非生物、生产者与消费者、消费者与分解者连成一个整体。

2）营养级和生态金字塔。为了便于进行能量流和物质循环的研究，生态学家提出了营养级的概念。一个营养级是只处于食物链某一环节上的所有食物种的总和。如生产者称为第一营养级，它们都是自养生物，位于食物链的起点；食草动物为第二营养级，它们是异养生物，以生产者（主要是绿色植物）为食；食肉动物为第三营养级，它们的营养方式也属于异养型，而且都以食草动物为食。此外，二级或三级肉食动物可以构成第四营养级和第五营养级。在生态系统中，食物链上的营养级一般不会超过五级，多数为三、四级。生态系统的能量流动是单向的，植物将接受的小部分太阳能固定为化学能，能量沿着食物链流动，最后以热能的形式返回到环境中或贮存在生态系统中，通过食物链的各个营养级的能量是逐渐减少的（图 4-4）。正由于能量通过营养级时逐级减少，所以把通过各营养级的能量流由高到低进行排列，就成为金字塔形，塔基为第一营养级，塔顶为最后营养级，称为能量金字塔或能量锥形体。同样，如果用生物量或个体数目来表示各营养级，则可得到生物量金字塔和数量金字塔，这三类金字塔合称为生态金字塔（图 4-5）。

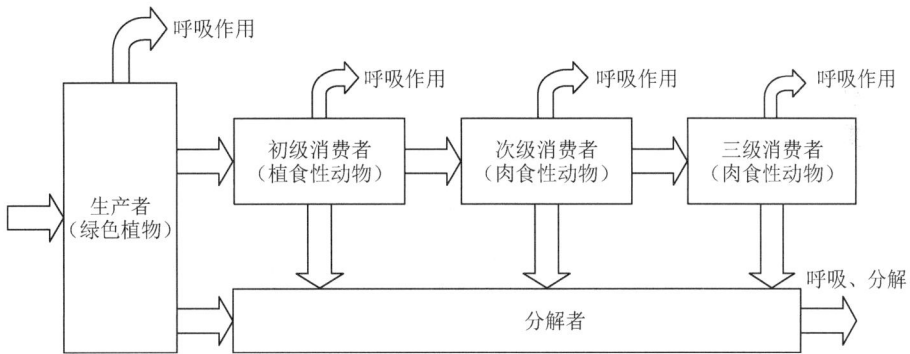

图 4-4　生态系统的能量流动图解

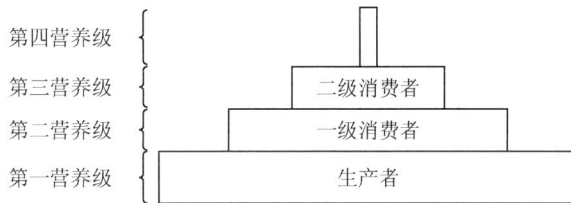

图 4-5　生态系统能量金字塔示意图

3. 生态系统的物质循环

生态系统中生命成分的生存和繁衍除需要能量外，还必须从环境中得到生命活动所需要的各种营养物质。没有外界物质的输入，生命就会停止，生态系统也将随之解体。物质还是能量的载体，没有物质，能量就会自由散失，也就不可能沿着食物链传递。所以，物质既是维持生命活动的结构基础，也是贮存化学能的运载工具。生态系统的能量流和物质流紧密联系，共同进行，维持着生态系统的生长发育和进化演替。能量流进入并通过生态系统，最终从生态系统中消失，属于单向流动；但物质不同，它们一旦从与能量的结合中解脱，就会返回生态系统的非生物环境，重新被植物吸收利用。此外，物质还可以迁入别的生态系统或长期贮存。

（1）物质循环的概念

生态系统中的物质主要指维持生命活动正常进行所必需的各种营养元素。生态系统从大气、水体和土壤等环境中获得营养物质，通过绿色植物吸收，进入生命系统，被其他生物重复利用，最后归还于环境中，这个过程称为物质循环。在生态系统中能量不断流动，而物质不断循环，能量流动和物质循环是生态系统的两个基本过程。正是这两个过程，使得生态系统各个营养级之间和各种成分之间组成了一个完整的功能单位。

（2）物质循环的种类

生态系统营养成分的循环有 3 个主要类型：地球化学循环、生物地球化学循环和生物化学循环。

1）地球化学循环，是指不同生态系统之间化学元素的交换，如风可把尘埃或雨水中的养分从一个生态系统输送到另一生态系统中。这种循环的范围变化很大，从几公里到全球范围。它主要研究的是与人类生存密切相关的各种元素的全球性循环。

2）生物地球化学循环，是指生态系统内化学物质的交换，主要特征是参与循环的大部分养分常常限于某一特定生态系统内部，养分被充分地保持和累积，只有很少养分向地球化学循环迁移，是生态系统内部生物组分与物理环境之间连续的、循环的养分交换。如植物的养分吸收、养分在植物体内的再分布和养分的损失等过程。

3）生物化学循环，是指养分在生物体内的再分配。养分在短命组织（如叶片）死亡之前被转移到植物体内被保存起来，然后，再被转移到幼嫩组织或贮存组织中，如养分从叶片转向幼嫩的生长点，或将其储存在树皮和体内某处。假如植物没有能力把即将脱落的老龄叶的养分转移到体内，就会有大量氮、磷、钾在凋落物内损失掉。这种植物体内养分的再分配，也是植物保存养分的重要途径。

4. 生态系统中的信息传递

生态系统功能的整体还包括在系统中各生命成分之间存在着信息传递，即信息流。信息传递是生态系统的基本功能之一，在传递过程中伴随着一定的物质和能量消耗，但信息传递不像物质流那样是循环的，也不像能量流那样是单向的，而往往是双向的，有从输入到输出的信息传递，也有从输出到输入的信息反馈。正是这种信息流使生态系统产生了自动调节机制。生态系统的信息，主要分为物理信息、化学信息两大类。

（1）物理信息

生态系统中以物理过程为传递形式的信息称为物理信息，如光信息、声信息、电信息、磁信息等。植物生态系统中，射入的阳光给植物带来了能量，同时也带来了信息，而这种光照时间长短与强度的变化，如一年四季变化及昼夜变化，对一些植物的开花、休眠发挥着调控作用，甚至对植物叶片的运动有影响，如合欢树在白天叶片张开，在黑夜闭合。

（2）化学信息

生态系统的各个层次都有生物代谢产生的化学物质参与传递信息、协调各种功能，这种传递信息的化学物质通称为信息素。

化学信息是生态系统中信息流的重要组成部分。如植物群落中，一种植物通过某些化学物质的分泌和排泄而影响另一种植物的生长甚至生存的现象是很普遍的。一些植物通过挥发、淋溶、根系分泌或残株腐烂等途径，把次生代谢物释放到环境中，促进或抑制其他植物的生长和萌发，影响其竞争力，从而对群落的种类结构和空间结构产生影响。有些植物分泌化学亲和物质，起到相互促进的作用，有些植物分泌植物毒素或防御素，对临近的植物产生毒害，或抵御临近植物侵害，如榆树和栎树、白桦和松树之间的相互拮抗作用。物种在进化过程中，逐渐形成释放化学信号于体外的特性，这些信号对释放者本身有利，或有益于信号接受者，从而影响着生物的生长、健康或物种的生物特征。有些金丝桃属的植物，能分泌一种能引起光敏性和刺激皮肤的化学物质——海棠素，使误食的动物变盲或致死，故多数动物避开这种植物，但某些叶甲却能利用这种海棠素作为引诱剂来找到食物。

4.4.4 生态系统平衡

生态平衡是指在一定时间和相对稳定的条件下，生态系统各部分的结构与功能处于相互适应与协调的动态平衡之中。

生态平衡是非常复杂的生态现象。由于受生态系统最基本特征（生命成分的存在）所决定，生态系统始终处于动态变化之中（基本成分都在不断变化）。即使群落发育到顶极阶段，演替仍在继续进行，只是持续时间更久，形式更加复杂。由于生物群落的特殊性，在不同阶段和不同水平上的表现具有差异，因而，生态平衡反映出不同层次及不同发育期的区别。不同生态系统或同一生态系统的不同发育阶段，在无人为严重破坏的条件下，只要与其存在空间条件要素相适应，系统内各组成成分能够正常发展，各种功能能够正常进行，系统发育过程和趋势正常，这样的生态系统就可称为生态平衡的系统。

生态系统对外界干扰具有的调节能力，使之保持了相对的稳定，但是这种自我调节的能力不是无限的，当外来干扰因素超过一定限度时，生态系统的调节功能本身就会受到损害，从而导致生态平衡失调。显然，生态平衡失调就是外来干扰大于生态系统自身调节能力的结果。

生态系统具有自我调节机制，所以在通常情况下，生态系统会保持自身的平衡状态。生态平衡是一种动态平衡，因为能量流动和物质循环总是在不间断地进行着，生物个体也在不断地进行更新。自然条件下，生态系统总是朝着种类多样化、结构复杂化和功能完善化的方向发展，直到使生态系统达到成熟的最稳定状态为止。

当生态系统达到动态平衡的最稳定状态时，它能够自我调节和维持自身的正常功能，并能在很大程度上克服、消除外来的干扰，保持自身的稳定性。它能忍受一定限度的外部压力，压力一旦解除就又恢复到最初的稳定状态，这实质上就是生态系统的反馈调节。为了正确处理人和自然的关系，必须认识到人类赖以生存的整个自然界和生物圈就是一个高度复杂的具有自我调节功能的生态系统，保持这个生态系统结构和功能的稳定是人类生存和发展的基础。一旦生态平衡受到破坏，必将引起生态系统各种功能的失调，从而导致生态危机。

生态危机是指由于人类盲目活动而导致局部地区甚至整个生物圈结构和功能的失衡，从而威胁到人类生存的现象。生态平衡失调的初期往往不容易被人们觉察，如果一旦发展到出现生态危机就很难在短期内恢复平衡。因此，人类的活动除了要讲究经济效益和社会效益外，还必须特别注意生态效益和生态后果，以便在改造自然的同时能基本保持生物圈的稳定与平衡。

4.5

园林植物与动物和微生物的关系

动物是植物群落中的重要组成部分，任何类型的植物群落中都有数量庞大、种类繁多的动物。动物与植物相互依存、相互适应，从而直接或间接地影响着植物的生长发育，起着或好或坏的作用。

1. 动物对植物的依存和适应

植物能为动物提供良好的栖息和保护条件。群落内植物种类越丰富，结构越多样化，所能提供的栖息条件越多，保护条件也越好，适于栖息的动物就多。树林在这方面起的作用最大。这是因为树林中有独特的小气候，郁闭的乔灌木能保持温度相对稳定，特别是在树洞、树根隧道中、枯枝落叶层和苔藓层下面的温度更为稳定；树林还能减低风力，拦截降水，为动物提供良好的栖息条件。此外，树林中有多种多样的掩蔽所，保护着动物免遭各种伤害。树林中有丰富的食物资源，为动物提供丰富的植物性和动物性食料，如树林中的种子、果实、枝叶、花等，此外还有大量的无脊椎动物和脊椎动物，它们是含高能量的食料，多为哺乳类和鸟类食用。

在城市中，由于人口众多、交通拥挤、污染严重，很少有动物栖息的场所和食物来源，所以城里野生动物很少甚至已经绝迹。因此城市中应栽植丛林、片林，创造一定规模的树林环境，以丰富动物的种类。

2. 动物对植物的作用

动物对植物的作用多种多样。动物的直接作用主要表现为以植物为食物，帮助传授花粉，散布种子；而间接作用除了在一定程度上通过影响土壤的理化性质作用于植物外，植物群落中各种动物之间所存在的食物网关系对保持植物群落的稳定性发挥着重要的作用。

传粉在植物生活周期里是一项关键的过程，动物在这个过程中起着非常重要的作用。传粉的动物有昆虫、鸟类和蝙蝠等。在开花植物中，有65%的植物是虫媒花。植物依赖昆虫传授花粉，昆虫从植物上获得花粉和花蜜作为食物，二者形成密切的互利共生关系。动物能吃掉植物的种子，伤害或毁坏幼树，但在保存和散布植物种子维持群落的相对稳定上又有积极作用。一些浆果类或肉质果实的小乔木和灌木，如山丁子、稠李、悬钩子等种子都有厚壳，由鸟类吃食后经过消化道也不会受伤，排泄到其他地方从而得以传播。昆虫可以传播真菌和苔藓的孢子，蚯蚓能传播兰花的种子，爬行类、鸟类和哺乳类是木本植物种子的主要传播者。不过动物在传播种子和传授花粉的同时还传播病害，如鸟类传播板栗疫病病原体，蜜蜂等昆虫传播一些病原细菌。

在树林中存在大量的寄生型昆虫、捕食性昆虫、鸟类和兽类，能捕食大量的有害昆虫，抑制害虫的大发生，对树林起保护作用。如1只七星瓢虫在幼虫期取食蚜虫60多个，1只啄木鸟1天可以吃掉300多只害虫，多时可达500～600只。热带地区蚂蚁种类很多，它们与某些植物进行专性的互利共生。一些附生植物，如萝摩科、猪笼草科、水龙骨科和茜草科的一些种类，能吸引蚂蚁并为它们提供栖息场所，蚂蚁反过来又为这些植物带来有机物质。蚂蚁也可为植物提供保护，如拟切叶蚁属种类在金合欢上获得食物和栖息场所的同时，为金合欢除去与其竞争空间和阳光的临近植物。蚂蚁可以保护蚜虫不受寄生物和捕食者的侵害，而蚜虫可以给蚂蚁一些甜汁，这是蚜虫的液态排泄物。

> **知识拓展**
>
> ### 生物多样性
>
> 生物多样性一词出现于20世纪80年代初期，生物多样性是指生命形式的多样化，各种生命形式之间及其与环境之间的多种相互作用，以及各种生物群落、生态系统及其生境与生态过程的复杂性。它包括种内、种间和生态系统的多样性，一般来说，生物多样性是生物及其构成系统的总体变异性和多样性，可分为遗传多样性、物种多样性、生态系统多样性3个层次去描述。
>
> 遗传多样性是指所有生物所包含的各种遗传物质和遗传信息，既包含了不同种群的基因变异，也包括了同一种群内的基因差异。遗传多样性对任何物种维持繁衍生命、适应环境、抵抗不良环境与灾害都是十分必要的。
>
> 物种多样性是指多种多样的生物类型和种类，是物种富集的程度。通常指一定面积内物种的数量，是容易被人们认识的多样性层次。物种是生物分类系统中的基本单元，其本身也是遗传多样性的一个集结水平。物种多样性强调物种的变异性，代表着物种进化的空间范围和对特定环境的适应性，是进化机制的主要产物，所以，物种被认为是最适合研究生物多样性的生命层次，也是相对研究最多的层次。
>
> 生态系统多样性是指生态系统中生境类型、生物群落和生态过程的丰富程度。生物多样性的3个层级是互相依赖的。没有生态系统的多样性，许多物种可能灭绝，更谈不上遗传多样性；反之，如果没有遗传多样性，生物便失去了进化的动力，物种的生命力将变得十分脆弱；没有物种多样性，就无从形成多样的生态系统。生物多样性是生态园林组成及其发挥生态功能的主体。

4.6

园林植物的人工配植

在配植园林植物时，为了增加园林生态系统生物多样性、提高生态系统的稳定性，必须充分了解园林植物的生物间的相互作用，调节好各生物因素之间的关系，才能使园林植物更好地生长发育，并发挥出最佳生态效益。

4.6.1 园林植物的配植原则

1. 统一的原则

统一的原则也称变化与统一或多样与统一的原则。植物景观设计时，树形、色彩、线条、质地及比例都要有一定的差异和变化，显示多样性，但又要使它们之间保持一定相似性，引起统一感，这样既生动活泼，又和谐统一。总之变化太多，整体就会显得杂乱无章，甚至会觉得一些局部感到支离破碎，失去美感。过于繁杂的色彩也会引起心烦意乱，无所适从，但太平铺直叙，没有变化，就会显得单调呆板。因此要掌握在统一中求变化，在变化中求统一的原则。

运用重复的方法最能体现植物景观的统一感。例如，城市街道绿带中行道树绿带，用等距离配植同种、同龄乔木树种，或在乔木下配植同种、同龄花灌木，这种精确的重复最具有统一感。一座城市中树种规划时，分基调树种、骨干树种和一般树种。基调树种种类少，但数量大，形成该城市的基调及特色，起到统一作用；而一般树种，则种类多，每种量少，五彩缤纷，起到变化的作用。

2. 调和的原则

调和的原则即协调和对比的原则。植物景观设计时都要注意相互联系与配合，体现调和的原则，使人具有柔和、平静、舒适和愉悦的美感。找出近似性和一致性，配植在一起才能产生协调感。相反地，用差异和变化可产生对比的效果，具有强烈的刺激感，形成兴奋、热烈和奔放的感受。因此，在植物景观设计中常用对比的手法来突出主题或引人注目。

当植物与建筑物配植时要注意体量、重量等比例的协调。如在纪念性广场或纪念碑两侧用高大的雪松与雄伟庄严的陵墓相协调；南方有些与建筑廊柱相邻的小庭院中，大多数都栽植竹类，竹竿与廊柱在线条上极为协调。

3. 均衡的原则

这是植物配植时的一种布局方法。将体量、质地各异的植物种类按均衡的原则配植，景观就显得稳定、比较顺眼一点。如色彩太浓重、体量太庞大、数量繁多、质地粗厚、枝叶茂密的植物种类，那么给人以重的感觉；相反，色彩素淡、体量小巧、数量减少、质地细柔、枝叶疏朗的植物种类，则给人以轻盈的感觉；根据周围环境，在配植时有规则式均衡（对称式）和自然式均衡（不对称式）。规则式均衡常用于规则式建筑及庄严的陵园或雄伟的皇家园林中。自然式均衡常用于花园、公园、植物园、风景区等较自然的环境中。如风景区各种花草树木都有，种类繁多，但在植物分布上很讲究，如蜿蜒曲折的园路两旁，路右种植一棵高大的雪松，则邻近的左侧就植以数量较多，单株体量较小，成丛的花灌木，以求得均衡。

4. 韵律和节奏的原则

配植中有规律的变化，就会产生韵律感。凌云县的水源洞洞边植物分布就是一例。云栖竹径，两旁为参天的毛竹林，如相隔 50m 或 100m 就种植一棵高大的枫香，则沿洞边游赏时就会感到不那么的单调，人如走在画中，有一定的韵律感变化。

4.6.2　园林植物配植的艺术手法

1. 对比和衬托

利用植物不同的形态特征，运用高低、姿态、叶形叶色、花形花色的对比手法，表现一定的艺术构思，衬托出美的植物景观。在树丛组合时，要特别注意相互间的协调，不宜将形态姿色差异很大的树种组合在一起。运用水平与垂直对比法、体形大小对比法和色彩与明暗对比法 3 种方法比较适合。

2. 动势和均衡

各种植物姿态不同，有的比较规整，如杜英；有的有一种动势，如松树。配植时，要讲求植物相互之间或植物与环境中其他要素之间的和谐协调；同时还要考虑植物在不同的生长阶段和季节的变化，不要因此产生不平衡的状况。

3. 起伏和韵律

韵律有两种，一种是"严格韵律"，另一种是"自由韵律"。道路两旁和狭长形地带的植物配植最容易体现出韵律感，但要注意纵向的立体轮廓线和空间变换，做到高低搭配，有起有伏，这样才产生节奏韵律感，尽量避免布局呆板。

4. 层次和背景

为克服景观的单调，宜以乔木、灌木、花卉、地被植物进行多层的配植。不同花色花期的植物相间分层配植，可以使植物景观丰富多彩。背景树一般宜高于前景树，栽植密度宜大，最好形成绿色屏障，色调加深，或与前景有较大的色调和色度上的差异，以加强衬托。

4.6.3　园林植物的配植方式

1. 自然式配植

多选树形或树体部分美观或奇特的品种，以不规则的株行距配植成各种形式。

（1）孤植

单株树孤立种植。孤植树在园林中，一是作为园林中独立的庇荫树，也作观赏用；二是单纯为了构图艺术上需要，主要显示树木的个体美，常作为园林空间的主景。孤植常用于大片草坪上、花坛中心、小庭院的一角与山石相互成景之处。

（2）丛植

一个树丛由三五株同种或异种树木至八九株树木不等距离地种植在一起并成为一个整体。丛植是园林中普遍应用的方式，可用作主景或配景用作背景或隔离措施。丛植宜自然，符合艺术构图规律，既能表现植物的群体美，也能表现树种的个体美。

（3）群植

以一两种乔木为主体，与数种乔木和灌木搭配，组成较大面积的树木群体。树木的数量较多，以表现群体为主，具有"成林"效果。

（4）带植

林带组合原则与树群一样，以带状形式栽种数量很多的各种乔木、灌木。多应用于街道、公路的两旁。如用作园林景物的背景或隔离措施，一般宜密植，形成树屏。

2. 规则式配植

1）行植。在规则式道路、广场上或围墙边沿，呈单行或多行的，株距与行距相等的种植方法，称行植。

2）正方形栽植。按方格网在交叉点种植树木，株行距相等。

3）三角形种植。株行距按等边或等腰三角形排列。

4）长方形栽植。正方形栽植的一种变型，其特点为行距大于株距。

5）环植。按一定株距把树木栽为圆环的一种方式，可有一个圆环、半个圆环或多重圆环。

6）带状种植。用多行树木种植成带状，构成防护林带。一般采用大乔木与中、小乔木和灌木作带状分布。

4.7 生 态 园 林*

人类在利用自然、征服自然、改造自然过程中，创造出了高度的社会文明，促进了生产力的飞速发展。人们在享受其丰富的物质和精神生活的同时，却不得不面临全球环境的变化、人口剧增、资源短缺、环境污染、自然灾害等威胁人类生存的严峻现实。人们逐步认识到生态环境失调已经成为制约城市可持续发展的限制因素，人类的生存不仅需要一个优美、舒适的环境，更需要一个协调稳定、具有良性循环的生态环境。生态园林的产生是城市园林绿化工作最高层次的体现，是顺应时代发展和人类物质和精神文明发展的必然结果。

传统的植物造景是"应用乔木、灌木、藤本及草本植物来创造景观，充分发挥植物本身形体、线条、色彩等自然美，配植成一幅美丽动人的画面，供人们欣赏。随着生态园林的深入和发展，及景观生态学、全球生态学等多学科的引入，植物景观的内涵也随着景观的概念而不断扩展，传统的植物造景概念、内涵等已不再适应生态时代的需求，植物造景不再是仅仅利用植物营造视觉艺术效果的景观。生态园林的兴起，将园林从传统的游憩、观赏功能发展到维持城市生态平衡、保护生物多样性和再现自然的高层次阶段。

1. 生态园林的概念及科学内涵

生态园林是继承和发展传统园林的经验，遵循生态学的原理，建设多层次、多结构、多功能、科学的植物群落，建立人类、动物、植物相联系的新秩序，达到生态美、科学美、文化美和艺术美。应用系统工程发展园林，使生态、社会和经济效益同步发展，实现良性循环，为人类创造清洁、优美、文明的生态环境。

从我国生态园林概念的产生和表述可以看出，生态园林至少应包含 3 个方面的内涵：①具有观赏性和艺术美，能够美化环境，创造宜人自然景观，为城市人们提供游览、休憩的娱乐场所；②具有改善环境的生态作用，通过植物的光合、蒸腾、吸收和吸附，调节小气候，防风降尘，减轻噪声，吸收并转化环境中的有害物质，净化空气和水体，维护生态环境；③科学配植，建立具备合理的时间结构、空间结构和营养结构的人工植物群落，为人们提供一个生态良性循环的生活环境。

2. 生态园林建设的原则

（1）综合发展原则

生态园林的建设，离不开生态学和美学，园林本身就是一门交叉的学科，涉及许多自然科学与社会科学。因此，我们做园林设计时要与农业、林业、水产养殖等行业，互相依存、综合发展。

生态园林不能是绿色植物的堆积，不能是简单的返璞归真，而是各生态群落在审美基础上的艺术配植，是园林艺术的进一步的发展和提高。因此，我们还要继续认真学习研究中国园林的精髓，继承和发扬中国园林的艺术手法，把生态学理论与园林景观艺术相结合，创造一个生态协调稳定、景观优美的游憩地，极大地改善、丰富、调节人们的精神生活。

（2）健康、稳定原则

每一种植物群落应有一定的规模和面积，并具有一定的层次，来表现群落的种类组成，规范群落的水平结构和垂直结构，保证群落的发育和稳定状态，群落中组合不是简单的乔、灌、藤本、地被的组合，应从自然界或城市原有的，较稳定的植物群落中去寻找生长健康、稳定的组合，在此基础上结合生态学和园林美学原理建立适合城市生态系统的人工植物群落。

（3）"互惠共生"原则

"互惠共生"指两个物种长期共同生活在一起，彼此相互依存，双方获利。例如，豆科植物、兰科植物、云杉、桦木、雪松、桑等植物与菌根具有共生关系。一些植物种的分泌物对另一些植物的生长发育是有利的，如黑接骨木对云杉根的分布有利，皂荚、白蜡等在一起生长时，互相都有显著的促进作用；但另一些植物的分泌物则对其他植物的生长不利，如苹果、松树与云杉、白桦与松树等都不宜种在一起。可见在配植不同植物种类时，也必须考虑到这一因素。

（4）应突出地方特色原则

由于我们所处的各个城市规模都不一样，经济发展也不平衡，自然条件、自然资源、历史文脉、地域文化差异很大，城市绿化应因地制宜，实事求是，我们要结合当地的自然资源、人文资源，融合地方文化特色。只有把握历史文脉，体现地域文化特色，体现地方风格才能提高园林绿化的品位。城市中空气污染、土壤理化性能差等因素不利于园林植物的生长，所以在选择植物时应以适应性较强的乡土树种为主，大量的乡土树种不仅能较快的产生生态效益，而且能体现地方特色。

3. 生态园林产生的效益

（1）景观效益

多层次的植物群落，扩大了绿量，提高了透视率，创造了优美的林冠线和自然的林缘线，比零星点缀的植物个体具有更高的观赏价值。在不同的环境条件，不同的地理位置，营造多姿多彩的植物群落，能够最大限度地满足城市居民对绿色的渴求，调和过多的建筑、道路、广场、桥梁等生硬的人工景观对人产生的心理压抑。园林中的植物群落与山坡、建筑、水体、草坪等搭配及易形成主景，山坡上的植物群落可以衬托地形的变化，使山坡变得郁郁葱葱，创作出优美的森林景观；建筑物旁的植物群落对建筑物起到很好的遮挡和装饰作用，城市建筑也因掩映于充满生机的植物群落而充满活力；以草坪为背景和基调营造的植物群落能够丰富草坪的层次和色彩，提高草坪和植物群落的观赏价值。

（2）生态效益

城市绿地改善城市生态环境的作用是通过园林植物的物质循环和能量流动所产生的生态效益来实现的。生态效益的大小取决于绿量，而绿量的大小则取决于园林植物总叶面积的大小。植物群落增加了单位面积上的植物层次与数量，所以单位面积上的叶面积指数高，光合能力增强，对生态系统的作用比单层树木大，如乔灌草结合的群落产生的生态效益比草坪高 4 倍。植物群落结构复杂，稳定性强，防风、防尘、降低噪声、吸收有害气体作用也明显增强，因此，在有限的城市绿地中建立尽可能多的植物群落，是改善城市环境，发展生态园林的必由之路。

（3）社会效益

生态园林的社会效益，不仅仅是开展各项有益的社会文体活动，以吸引游客为主，更重要的是按照生态园林绿地的观点，把园林办成人们走向自然的第一课堂，以其独特的教育方式，启示人们应与自然和谐共处，尊重自然的客观规律。创建知识型植物群落，激发人们探索自然的奥秘；组建保健型植物群落，则让人们同植物和睦相处；生产型植物群落告诉人们绿色植物是生存之本；观赏植物群落将激发人们热爱自然、保护自然的意识。住宅附近成片的植物群落，有助于消除人们的身心疲劳和精神压抑，以及培养儿童、青少年的公益观念。通过日常对自然界的荣枯（生长、开花、凋谢、季节变换）和生命活动（鸟类、小动物等动物）的接触，还可以促进孩子们的自觉性、创造力、想象力，以及热爱生活和积极进取的精神。人类的生活、生产离不开绿色植物， 人类社会发展过程也就是人类认识自然、利用自然、改造自然的过程。所以生态园林应是人类模拟大自然的缩影，园林不单是游憩场所，而应是人类得诸自然、还诸自然的一块人工植物群落。

（4）经济效益

稳定的植物群落具有自我维护和调节能力，可以将树叶转变为植物营养的原料，变废为宝，减少不必要的养护管理工作。建立阳性与中、阴性，深根与浅根，落叶与常绿，针叶与阔叶等混交类型的植物群落，使不同生态特性的植物能各得其所，能够充分利用各种生态因子，既有利于植物的生长，又可防止病虫害。例如，松栎混交可互相抵御松毛虫，从根本上降低了养管费用。另外，园林植物具有多种经济价值，园林经济效益应从目前第三产业收入向着开发园林植物自身资源转化。

単元 5

园林植物环境的调控

单元导读

认识环境对园林植物作用的规律，是为了更好地运用这些原理，进行园林植物环境调控，调整环境的各因素，进行园林植物栽培管理，使植物健壮生长，提高其观赏性，以达到良好的园林绿化效果，从而发挥园林植物的最大生态效能。

知识目标

1. 领会光、热、水、肥、气环境的调控原理。
2. 掌握光、热、水、肥、气环境的调控措施。
3. 掌握园林光、热、水、肥、气的管理方法。
4. 掌握生物调控的原理与技术。
5. 掌握植株调整和激素作用的原理与技术。

技能目标

1. 会进行光周期诱导，调整花期、花色等。
2. 会进行日光温室的设计与建设。
3. 会对植物进行灌溉、施肥、耕作、病虫害防治。
4. 会进行园林土壤培育和改良。
5. 会对植物进行整形修剪。
6. 会使用植物生长调节剂。

情感目标

1. 培养自主学习能力。
2. 培养观察与分析能力。
3. 锻炼提高动手能力。
4. 锻炼提高语言表达能力。
5. 培养团队协作能力。

5.1

光环境的调控

利用光对园林植物的生态效应及生态适应性的不同，对光的调整，往往能使园林植物的生长发育规律发生变化。如在园林生产实践中，通过适当的调整光的性质、光强度和日照时间长度，可以改变开花时间、休眠时间，增强其观赏性和观赏价值，提高园林植物的栽植质量，以达到良好的园林绿化效果。

5.1.1 光周期诱导

园林生产实践中，通过人工改变光照时间长度，从而使植物的生长发育规律发生变化，出现提早或推迟开花、休眠的现象，就是光周期诱导的结果。

1. 调整植物的开花时期

每逢元旦、春节、劳动节及中秋节等节假日，各大城市都要展出多种"不时之花"，集春、夏、秋各花开放于一时，达到丰富和强化节日气氛的目的。人们根据植物开花对日照时数的要求不同，通过采取人为调整光照时间，控制园林花卉植物的开花期来满足市场的需求。

光周期诱导采取的途径有两种，一是延长光照时间，通过人工补光或间断暗期来实现；二是缩短光照时间，通过遮光来实现。对于适应不同光的特性的植物，可采取不同的措施，让它提早或推迟开花（表5-1）。

表5-1　不同植物的光周期诱导措施

植物适应类型	诱导目的	诱导途径	具体措施
长日照植物	提早开花	人工补光或间断暗期	在早晨或黄昏人工补光2~3h，使光照时间达12h以上；或在夜晚人工补光2h以上，间断暗期
	推迟开花	遮光	在早晨、下午进行遮光2~3h，使光照时间小于10~12h
短日照植物	提早开花	遮光	在早晨、下午进行遮光2~3h，使光照时间小于10~12h
	推迟开花	人工补光或间断暗期	在早晨或黄昏人工补光2~3h，使光照时间达12h以上；或在夜晚人工补光2h以上，间断暗期

光周期诱导一般在温室内进行，在露天环境下操作难度较大。要进行诱导的花卉，必须移入温室中进行。人工补光一般使用日光灯、白炽灯、高压钠灯、低压钠灯、植物生长灯等，诱导时灯管距植株顶梢1m左右时，强度达100W即可；若灯管距植株顶梢1.5m以上，强度要在200W。

短日照植物如九月菊、一品红、蟹爪兰、仙人掌等，在秋、冬季节日照变短时才能陆续开花。要使这些花提前到国庆节开花，就必须进行遮光处理。根据所确定的开花时间，每天只给 8～10h 光照，在其他时间完全遮光处理。菊花经遮光处理后，20d 即可现蕾，50～60d 就可开花；一品红单瓣种在国庆前 45～55d 进行遮光处理，重瓣种则需在国庆前 55～65d 进行处理；蟹爪兰、仙人掌在国庆前 45d 进行处理，都可达到在国庆节开花的目的。

在短日照季节，对长日照植物进行补充光照，也可促使其提前开花。唐菖蒲、晚香玉、瓜叶菊等长日照植物在秋、冬及早春的短日照条件下不开花。如在温室内用白炽灯或日光灯等人造光源对其进行每天 3h 以上的补充光照，让每天的光照时间达到 15h 左右，就可达到催花的预期效果。对短日照植物进行长日照处理，能阻止花芽形成，达到推迟花期的目的。如秋菊的正常花期为 10 月下旬到 11 月，要使它在 1～2 月开花，可选用晚花品种同时采用人工增加照明的办法，傍晚起在距植株顶梢 1m 以上处使用 100 W 的白炽灯照明 6 h，使全天光照时间达到 14～16h，处理 80d 左右即可达到预期目的。

2. 改变开花时钟

不同的植物开花时钟是不同的，如蛇床花 2 时开，牵牛花 5 时开，野蔷薇花、龙葵花 6 时开，蒲公英、芍药 7 时开，睡莲 8 时开，半支莲 10 时开，太阳花 12 时开，万寿菊 15 时开，草茉莉 17 时开，烟草花 18 时开，丝瓜花 18～19 时开，月亮花 20 时开，昙花 21 时开。

在园林工作中，如果人工改变光周期，进行光期暗期颠倒，可改变植物的开花时钟。如昙花，本应在夜间开花，从绽蕾到怒放以致凋谢一般只有 3～4h。若在花蕾形成后，白天进行遮光，夜间则用日光灯进行人工照明，经过 4～6d 处理，昙花就可在 8～10 时开花，至 17 时左右凋谢。

3. 改变休眠

日照长度对温带植物的秋季落叶和冬季休眠等特性有一定影响。长日照有利于植物萌动生长，短日照则有利于植物秋季落叶休眠。因此，人工控制光照时间可以促进植物萌动或调整休眠。如夜间路灯、霓虹灯等灯光照射延长了光照时间，使城市里的园林树木在春天萌动早、展叶早，在秋天落叶晚、休眠晚，即树木生长期有明显的延长。

■ 5.1.2　增加光合面积，促进光合生产

光合面积是指植物进行光合作用的叶面积。通过合理配植、整形修剪、全光照育苗或适当的遮阴育苗，可以促进植物的生长和生产。

1. 合理配植

合理配植要根据园林植物的生态适应类型来进行。在园林植物的栽植与配植中，必须要了解植物是喜光性还是耐阴性种类，才能根据环境的光照特点进行合理种植，做到植物与环境的和谐统一。

园林植物的配植一般是喜光植物应栽植在全光照下，其下部可搭配耐阴植物或阴性植物；阴性植物是不能暴露在全光照下的，只能与耐阴植物或喜光植物搭配种植。在城市中，如楼群间距离太近，光照条件差的地段，种植喜光植物会生长不良，应配植耐阴植物，没

有直射光照的地段，只能种植阴性植物。如在较窄的东西走向的楼群之间，其道路两侧的树木配植不能一味追求对称，南侧树木应选择耐阴种类，北侧树木应选择喜光树种，否则会造成一侧树木生长不良。

2. 整形修剪

在园林上，整形修剪广泛应用于树木、花草的培植及盆景艺术造型和养护。整形修剪主要是要去除枯枝、密生枝、病虫枝，进行园艺造型整形，促进开花整形修剪等。整形修剪的目的是改善透光条件，促进植物健壮生长，减少病虫害，促进开花结果，促使树冠外形美观，以充分满足人们的观赏要求，增强园林观赏效果。如碧桃、蜡梅、紫叶矮樱等整形修剪，可以促进花芽分化，使花色繁艳；小叶黄杨、圆柏、侧柏、水蜡等整形修剪，可以做一些园艺造型，而榆叶梅、丁香、连翘等整形修剪，既可做一些园艺造型，又可促进花芽分化，使花色繁艳，形成各种造型的花灌丛，增强观赏性。

3. 育苗

在园林植物育苗过程中，调节光照条件，可提高苗木的产量和质量。

对喜光植物来说，在气候温暖、降水量大或有灌溉条件的地方，水肥条件好，要在全光照条件下育苗，苗木才能生长旺盛。而在高温、干旱地区，应对苗木适当遮阳，减少地面蒸发和苗木蒸腾，更有利于生长。在光照弱的地方，则通过人工延长光照时间，促进苗木生长，可取得明显的效果。

对耐阴植物来说，在露天环境下育苗，幼苗要进行适应的遮阴，减少光照，苗木才能健壮生长。对于大多数植物的幼苗，适应的遮阴还能防止根茎灼伤。

5.1.3 引种驯化

在园林植物引种时，要了解植物对光周期的生态适应类型，考虑引种地和原产地的日照长度的季节变化，植物对日照长度的敏感性和反应特性及对温度等其他环境因子的要求。

一般短日照植物由北方向南方引种时，因南方生长季内的光照时间比北方短，但气温比北方高，往往出现生长期缩短，发育提前的现象；短日照植物由南方向北方引种时，由于北方生长季节的日照时数比南方长，气温则比南方低，往往出现营养生长期延长，发育推迟的现象。

长日照植物由北方向南方引种时，发育延迟，甚至不能开花，若要使其正常发育，需补充日照时间，才能使之开花结实。长日照植物由南方向北方引种时，则发育提前。

5.1.4 日光温室的应用

日光温室的光、热来源于太阳辐射，因此，在修建和应用过程中，应综合考虑温室的方向、采光角度、覆盖材料等因素，以便提供较好的采光条件，使光尽可能多的进入温室，以改变温室的光、热条件，有利于温室内植物的生长。

1. 地段及方向选择

日光温室要用太阳辐射来加热，因此，选择建温室的地段要开阔、温暖向阳、前方没有遮挡阳光的事物。

温室的方向选择一定要正确，才能达到建造温室的目的。一般在北方地区，单屋面的日光温室，屋面要面向正南，这样才能从南面接受到太阳辐射。拱形屋面的温室，可以有一定的偏角，但一般一侧正面要正对西南方向。

2. 温室屋面采光角度的确定

太阳辐射照射到采光屋面后，一部分被塑料薄膜吸收，一部分被反射掉，一部分进入温室内。当太阳直射光与温室屋面垂直时，进入温室内的光最多，而反射出去的光则为零。因此，根据这一原理，在考虑综合造价、保温效果等因素的情况下，结合北方地区的纬度、温室使用的季节及太阳高度角等具体情况，一般温室采光屋面与太阳直射光夹角（α）保持在 70°以上，进入温室的太阳光都是理想的，若能达到垂直更好（图 5-1）。

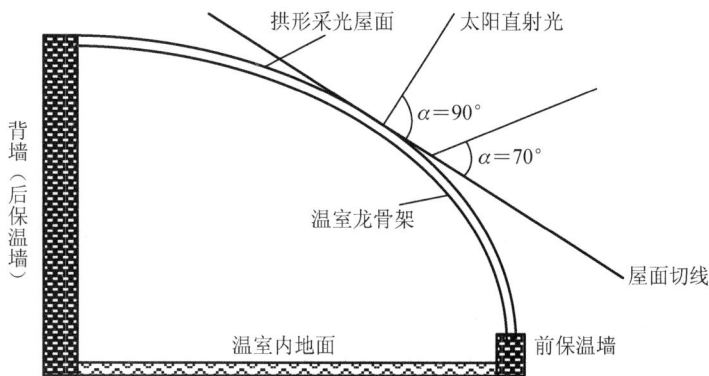

图 5-1   单屋面日光温室示意图

3. 覆盖材料

（1）塑料薄膜的选择

为了提高温室内的光照条件，要选用透光率高、抗污染能力强、耐低温性好的无滴塑料薄膜。有时为了提高光合效能，可选择有色塑料薄膜，以改变光质，促进植物生长健壮，提高产量。一般选择蓝色或淡蓝色的塑料薄膜，可增大蓝光的比例，有利于植物生长健壮。

（2）遮盖物

在北方地区的冬季，夜晚冷却辐射剧烈，为了温室保温，要遮盖物保温，防止冻害。温室遮盖物一般用草帘、棉帘等，可根据当地的实际情况和成本选择。

5.2

温度环境的调控

温度是植物重要的生活条件，当环境温度不利于植物生长时，可以通过人为措施，调节和控制温度的变化，进而促进和调节植物生长发育。

1. 设施环境栽培

（1）利用温室栽培

在园林花卉栽培中，常常有原产于热带、亚热带及暖温带的花卉及盆景植物，成为家庭、办公室、酒店等场所常用的花卉（如仙客来、君子兰、蝴蝶兰、扶桑、榕树、巴西木等），在我国北方地区不能露天越冬。为保证它们安全过冬，必须移入温室养护。不同种植物在越冬时对温室温度的要求不同：棕竹、蒲葵等在 1～5℃的室内可过冬；瓜叶菊、樱草、海棠、紫罗兰等在最低温度在 5～8℃的室内可过冬；仙客来、香石竹、天竺葵等在 8～15℃的室内才能过冬；气生兰、变叶木、鸡蛋花、王莲等在大于等于 15℃的室内才能过冬。

此外，露地栽培的花卉植物在冬季利用温室进行促成栽培，可以促进开花并延长花期，也可在温室内进行春种花卉植物的提前播种育苗。

（2）阴棚栽培

在园林花木播种育苗中，耐阴性强的植物种子萌发后，刚出土的幼苗对剧烈变化的温度及强光照不适应，需搭阴棚进行遮阳处理。仙客来、球根海棠、倒挂金钟在夏季生长不好，原因就是夏季温度太高。不能忍受强光照射的杜鹃、兰花等花卉植物，需置于阴棚下培育。夏季扦插及播种等，也需在阴棚下进行。一些在露地栽培的切花，如果有阴棚保护，也可获得比露地栽培更为良好的效果。

2. 低温贮藏

园林生产中，低温储藏主要用于种子储藏、苗木储藏和接穗贮藏。如把美人蕉、大丽花、百合、银杏等种子和湿河沙混合堆放在一起，温度保持在 1～10℃，既可使种子在贮藏期间不萌发且保持活力，又可提高播种后的发芽率。

北方地区秋天苗木挖起贮藏时，可在排水良好的地段挖窖，然后在窖内放一层苗木，铺一层湿沙，最上面覆盖塑膜、草帘等材料，窖温保持在 3℃左右，这样既可以使苗木不萌动，又可以保持苗木的生命活力。

北方地区秋季采下接穗后，打成捆放入－5～0℃的低温窖中，可使接穗生活力保持 8 个月左右，确保嫁接成功。

3. 变温处理和打破休眠

种子的温度处理可以促使种子早发芽，出苗整齐。由于园林植物种子大小、种皮厚度、本身特征不同，处理方法不同。

冷温水交替处理较易发芽的种子，可加快出苗，如万寿菊、仙人掌等。处理方法是用 0～30℃的冷水浸种 12～24h，30～40℃的温水浸种 6～12h。对于出苗慢的植物种子，可先用 40℃左右的温水浸种 12～24h，待种子膨胀后，捞出平摊在纱布上，盖上湿纱布，放入恒温箱内，保持在 25～30℃，每天用温水连同纱布冲洗一次，种子萌发后立即播种，可加速出苗，且出苗整齐，如文竹、君子兰、金银花等。

休眠的种子经低温沙藏和变温处理可打破休眠，促进种子提早发芽，如桃、杏、榆叶梅、海棠、荷花、月季、杜鹃、白玉兰等。具体做法是把种子分层埋入湿润的素沙里，然后置于 0~7℃ 的环境下，贮藏处理 3~6 个月，可打破休眠。不同的植物层积贮藏处理的时间不同，杜鹃花、榆叶梅需 30~40d，海棠需 50~60d，桃、李、杏、梅等需 70~90d，腊梅、白玉兰需 3 个月以上，红松需 6 个月。

4. 调整花期

植物的花期也受温度影响。因为温度与植物休眠密切相关。可能通过对温度的调控打破或促进休眠，让植物的花期提前或延迟。一些春季开花的迎春、梅花、杜鹃、牡丹等木本花卉植物，如果在温室中进行促成栽培，便可提前开花。

利用温室加温的方法，可以催花。首先要预定花期，然后再根据花卉植物本身的习性来确定提前加温的时间。将室温增加到 20~25℃、湿度增加到 80% 以上的环境下，牡丹经 30~35d 可以开花，杜鹃需 40~45d 开花，海棠需 10~15d 就能开花。

需要在适当低温条件下开花的植物，如桂花，当温度升至 17℃ 以上时，可以抑制花芽的膨大，使花期推迟。为了使春季开花的碧桃、杜鹃等植物花期推迟，可在春季植株萌发前，将植株移到 1~3℃ 低温下，使其继续休眠，在需要开花前 1 个月左右才移到温暖处，加强管理便可在短期内开花。

5. 防寒越冬

冬季的严寒会给园林树木带来一定的危害。因此，入冬前要做好预防工作。北方的严寒对树木的危害主要有树干冻裂、根茎和根系冻伤等。

北方的冬季，树干南面尤其是西南面，白天太阳直接照射，吸收热量多，树干温度高，夜间降温迅速，树干外部冷却收缩快，由于木材导热慢，树干内部仍保持较高温度，收缩小，导致树干纵向开裂，这种现象称为树干冻裂，俗称"破肚子"。通常幼树发生多，老树少；阔叶树发生多，针叶树少。一般用石灰水加盐或加石硫合剂对树干进行涂白，降低树干昼夜温差，可减少树干冻裂。

在树干组织中，根茎生长停止最迟，进入休眠最晚，因此地表突然降温常引起根茎局部受冻，使树皮与形成层变褐、腐烂或脱落。由于根系没有休眠期，在北方冻土较深的地区，每年表层根系要冻死一些，有些可能大部分冻死。

因此，要做好越冬防寒的工作，必须做好以下措施，就可预防严寒危害。

1）越冬灌溉。在冬季封冻前浇一次透水，也称为灌冻水或冬灌。

2）树根堆土。在园林树木根茎处埋土并拍实，土堆厚 40~50cm。

3）树干防护。用稻草或草绳包住树干，防止树干冻伤。

4）埋枝。对地下部分易冻死的灌木，入冬前在灌木一侧挖沟，将树冠拢起，推入沟内，全株覆盖一层 20cm 左右的细土，轻轻拍紧，以保护灌木越冬。

5）覆盖。对于一些地面芽植物，可用塑料薄膜、作物秸秆、有机肥料覆盖或地面铺沙覆盖等，可保护越冬。

6. 降温防暑

夏季的过高温度也会给一些植物带来危害，尤其是城市里的园林植物受到城市"热岛效应"的影响，受害更为严重。高温危害主要有皮伤和根茎灼伤。

树木受到强烈的太阳辐射，温度增高而引起枝干形成层和韧皮组织的局部坏死，这种现象称为皮伤。皮伤多发生在树皮光滑的树种（如桃树、云杉等）的成年树上，受害树木的树皮呈现斑点状死亡或片状剥落，给病菌的侵入创造了条件。

当土壤表面温度增高到一定程度时，灼伤幼苗柔弱的根茎，给苗木造成危害，这种现象称为根茎灼伤，表现在根茎处形成一个宽几毫米的环状组织坏死带。

为了防止高温伤害，要做好以下预防措施：

1）灌溉。加强灌溉，保证树木对水分需求。

2）整形。修剪时多保留阳面枝条，可以减少太阳辐射。

3）树干涂白。采用涂白的方法减少热量吸收，一般用石灰或石硫合剂涂白树干，既可防止皮伤，也可防止病虫害。

4）覆盖遮阳。采取地表覆草、局部遮阳等措施可以防止或减轻危害。

5.3

水分环境的调控

水是园林植物的重要的物质基础和生存条件，植物体的组成大部分是水，植物的各种生命活动都离不开水。不同植物的不同生长发育时期需水量不同，但都有最高和最低两个基点，并有一个最适范围。如果高于最高点，则会导致根系缺氧、窒息，甚至烂根死亡；如果低于最低点，则会导致植物萎蔫、枯萎死亡；如果接近两个基点，则植物生长不良。因此，只有掌握园林植物的生态习性及其对水分需要的变化规律，合理调节水分，才能保证园林植物的正常生长。

5.3.1 合理灌溉

灌溉是满足植物对水分的需要、维持植物体水分平衡的重要措施。在园林绿化管理养护中，灌溉是极为重要的手段。

1. 灌溉量的确定

灌溉应根据植物的生态习性、生长发育阶段、天气、季节，以及土壤等各方面因素来确定各种园林植物的浇水量（表5-2），灌溉一般一次性灌透水。

表 5-2　园林植物灌溉量的确定

项目	内容	灌溉量
生态习性	喜湿植物（如秋海棠、兰科植物、瓜叶菊）	次数多，量适中
	耐旱植物（如仙人掌科）	量小，次数少
生长发育期	播种期	次数多，量大
	幼苗期	少灌溉
	开花期	次数多，量大
	结实期	次数少，量小
天气	阴湿天气	量少，次少
	干燥的晴天	次多，量大
季节	春季	次数适中，量大
	夏季	次数多，量大
	秋冬季	秋季次数少，足量，冬季无
土壤质	沙土	次数多，量大
	盐碱土	次数适中，量大
	黏土	次数少，量小

对于一些室内花卉植物的灌溉浇水，要因室温而异，室内温度高时要多浇，温度低时应少浇。

2.　灌溉时间

1）休眠期灌水。在秋冬和早春进行，在我国北方地区尤其重要。秋末冬初灌水为灌"冻水""封冻水"。早春灌水有利于新梢生长、开花和结果，同时可促进树木健壮生长。

2）生长期灌溉。生长期灌溉分为花前灌溉、花后灌溉和花芽分化灌溉。花前灌溉一般在早春季节，是促进树木萌芽、开花、新梢生长和提高坐果率的有效措施，同时也能防止倒春寒和晚霜的危害。花后灌溉在开花后的半个月左右，正是新梢的快速生长期，此时灌溉，有利于提高坐果率，增大果实，防止落花落果。花芽分化期灌溉对园林观花观果植物非常重要，一般在果实速生期至果后营养期，此时水分充足有利于果实发育、营养积累和花芽分化。

3）一天中的灌溉时间。在一天中，灌溉的最佳时间是早晨和傍晚。

3.　灌溉方法

（1）漫灌

漫灌是水从沟渠、管道、水车等直接流入园林植物种植的穴、畦或垄沟中的灌溉方式。由于地面的平整程度不同，漫灌容易造成有的地方水多，有的地方水不足的现象。漫灌的优点是简单、省事，成本小。但比较浪费水资源，需要较多的劳动力，并且容易造成地下水位抬高，使土壤盐碱化。

（2）喷灌

喷灌是由管道将水送到位于园林种植区中的喷头中喷出灌溉的方式。喷灌可以分为移动式（图 5-2）和固定式喷灌（图 5-3）。喷头可以移动的为移动式喷灌，可电动、机械移动，也可以人工移动。固定式喷灌喷头安装在固定的地方，有的喷头安装在地表面高度，主要用于需要美观的地方，如高尔夫球场、跑马场草地、公园、墓地等。

（a）

（b）

图 5-2　移动式喷灌

（a）

（b）

图 5-3　固定式喷灌

喷灌的优点是省水、省事；缺点是成本大，由于蒸发会造成水分浪费，尤其在有风的天气时，而且不容易均匀地灌溉整块地，水存留在叶面上容易造成霉菌的繁殖，如果灌溉水中有化肥的话，在炎热阳光强烈的天气会造成叶面灼伤。

（3）微喷灌

微喷灌是利用折射、旋转、或辐射式微型喷头将水均匀地喷洒到植物枝叶等区域的灌溉形式。

微喷灌的工作压力低，流量小，既可以定时定量地增加土壤水分，又能提高空气湿度，调节局部小气候，广泛应用于蔬菜、花卉、果园、药材种植及扦插育苗的叶面灌溉和叶面施肥，也可用于饲养场所的加湿降温。

（4）滴灌

滴灌（图 5-4）是将水一滴一滴地、均匀而又缓慢地滴入植物根系附近土壤中的灌溉形式。滴水流量小，水滴缓慢入土，可以最大限度地减少蒸发损失，如果再加上地膜覆盖，可以进一步减少蒸发。滴灌下除紧靠滴头下面的土壤水分处于饱和状态外，其他部位的土壤水分均处于非饱和状态，土壤水分主要借助毛管张力作用入渗和扩散。

（a）　　　　　　　　　　　　　（b）

图 5-4　滴灌

滴灌水的输送一般用黑色的塑料管，或覆盖在地膜下面，防止生长藻类，也防止管道由于紫外线的照射而老化。滴灌也可以用埋在地下的多孔陶瓷管完成，但费用较高，有时用于草皮和高尔夫球场。

滴灌时间一般很长，因此都是由高技术的计算机操纵完成，也有由人工操作的。滴灌的特点是水压低，节水，省工、省肥、省地，但设备要求高，成本大，滴灌孔易堵塞，对水质要求高。

（5）地下灌溉

地下灌溉是指利用修筑在地下的有孔塑料管，将水引入田间，借毛细管上升作用由下而上湿润耕层土壤，为园林植物供水的灌溉方式。其优点是减少水分蒸发，节约用水，又不使土壤板结，保持土壤疏松和透气性，但设备要求高。

渗灌是地下灌溉的典型方法，由人工将地下水位抬高，直接从地下为植物根系供水的方法，主要应用在地下水位较高的地方。

渗灌常用于商业温室产品，如对盆花进行灌溉，还可以施肥，用含有肥料的水溶液从底部浸泡花盆 10～20min，然后水可以回收，这种运作需要高技术自动操作，设备费用高，但节省人力、水和化肥，同时维护和操作费用也很低。

4. 合理灌溉的指标

合理灌溉的指标有形态指标、生理指标和土壤指标 3 种。

1）形态指标。判断植物缺水的形态指标是中午幼嫩的叶片会发生暂时萎蔫，植物的茎、叶变暗，发红。原因是缺水导致生长缓慢，叶绿素增多，叶色变深，花青素增多。

2）生理指标。当植物缺水时，叶水势下降，植物细胞浓度增大，气孔开度缩小。

3）土壤指标。土壤干燥，手握不成团，或成团但松开后轻轻挤压易碎裂。

5.3.2　调整花期、花态和花色

在北方地区干旱的夏季，充分利用灌溉，有利于植物生长发育并促进开花。如在干旱条件下，在唐菖蒲抽穗期间充分灌水，可使花期提早 1 周左右。夏季的干旱高温常会迫使

一些花木进入夏季休眠，或迫使一些植物加快花芽的分化，花蕾提早成熟。例如，在夏季对玉兰、梅花、紫荆等花木停止灌水，保持干旱，使之自然落叶，强迫其进入休眠状态，3～5d 后再给予良好的水、肥条件，这些花木则能很快解除休眠而恢复生长，并能提早在国庆节期间开花。

如果在秋季落叶后，将春季开花的牡丹先经 0～3℃的低温处理 20d 左右，移入 20～25℃的温室，保持室内湿度 60%～80%，可促其花芽萌动，根据需要可提前在冬季或早春开花。杜鹃花采用控制温度和不断在枝干上喷雾喷水的方法，也能使其在冬季或春节前后开花。

灌溉能调整花态和花色。充足的水分能使花卉处于膨胀状态，使花梗挺立、花苞开放、花丝挺立、花瓣伸展、花色艳丽。当水分不足时，花的形态发生变化，表现出萎蔫，花的颜色加深、暗淡。

因此，在园林植物的花期，保证充足的水分，可使花态疏展，花色艳丽。

5.3.3 抗旱措施

1. 抗旱锻炼

园林植物本身具有一定的抗旱潜力。抗旱能力较强的植物，其叶面积较小，甚至能在干旱季节落叶，可表现出旱生植物的特性。许多中生性园林植物，在短期干旱的影响下，能表现出不同程度的抗旱特性。因此，可以在园林植物苗期内逐渐减少土壤水分供给，使其经受一定时间的适度缺水锻炼，促使其根系生长，叶绿素含量增多，光合作用能力增强，干物质积累加快。经过锻炼的植物，即使在发育后期遇到干旱，其抗旱能力仍较强。

2. 抗旱种子处理

在园林植物种子的萌芽阶段进行抗旱锻炼，往往效果更好。一般先浸种 12～24h 催芽，然后使萌动的种子风干 2d 后播种。浸种催芽有时还能使植物出现叶脉变密，表皮细胞及气孔变小，气孔增多，根系发达等旱生形态结构。

3. 蹲苗

种子萌发后的幼苗在 30～45d 内不灌溉，进行锻炼，以后可以灌溉，要求种植的密度要高。

4. 田间抗旱技术

在田间进行中耕松土，多施磷、钾肥，可提高园林植物的抗旱性。

5. 化学物理抗旱

1）薄膜法。用石蜡、蜂蜡、橡胶乳液、多六醇等制成乳液覆盖叶面。
2）干湿度调节法。用高岭土、硅土制成反光剂，喷于叶面。
3）保水剂。用保水剂与土壤混合后再播种或与土、种子混合后播种，常用的保水剂有两类：丙烯酰胺—丙烯酸盐共聚交联物（聚丙烯酸盐）和淀粉接枝丙烯酸盐。

5.3.4   灌水防寒

水的热容量大于干燥的土壤和空气的热容量。灌水后土壤含水量提高，有两方面的意义：一方面，土壤的导热能力提高，土壤深层的热容易上传，从而提高了表土和近地表空气的温度；另一方面，土壤的热容量提高，增强了土壤的保温能力。此外，灌水后土壤水蒸发进入大气，使近地层中的水汽含量增多，夜间降温时，水汽凝结成水滴，同时放出潜热，从而缓冲了温度下降的幅度。据测定，灌水后可使近地层增温 $2 \sim 3 \, ℃$。因此，在园林花木栽培中，南方冬季寒冷时进行冬灌能减少或预防冻害；北方在深秋灌冻水，可以提高植物的抗寒能力，而早春灌水则有保温增温的效果。

5.4

气体条件的调控

5.4.1   土壤通气性的调节

土壤空气和大气有较大的区别，其主要是三大成分的比例有差别。土壤中的氮气比空气中的氮气含量大 $0.5\% \sim 2.2\%$，氧气含量比空气中的小 $0.95\% \sim 3\%$，二氧化碳含量是空气的 $10 \sim 20$ 倍。

土壤空气与近地表空气间的进行气体交换及土壤内部允许气体扩散和流动的性能，称土壤通气性。土壤通气性的好坏对园林植物根系的活动和发育影响很大。土壤通气性差，土壤空气中的氧气少，不利于根系的呼吸和吸收。在园林生产上，通过土壤通气性的调节，可改善土壤空气状况，有利于植物的生长。土壤通气性的调节措施主要有下面几个方面：

1）深耕。对土壤进行深耕，充分疏松土壤，增大土壤的总孔隙，增强土壤的通透性，从而增加通气性。

2）施用有机化肥。多施用有机肥，能促进土壤团粒结构的形成。具有团粒结构的土壤，总孔隙度大，大小孔隙比例恰当，水汽协调，有利于通气作用的进行。

3）合理排灌。及时灌溉或排水，有利于气体流通交换。

4）适时中耕。适时进行中耕松土，能疏松土壤，增加空气孔隙，改善土壤结构，促进土壤通气等作用。

5.4.2   二氧化碳施肥

1. 二氧化碳施肥的概念

二氧化碳是影响决定光合作用强度的因素之一，在近地表二氧化碳浓度增大，植物的光合作用强度增加，光合生产增大，因此，可以通过二氧化碳施肥来提高植物的光合作用速率，以达到提高生产力的目的。

二氧化碳施肥是指人为增大近地表空气中的二氧化碳浓度,以达到提高生产力的措施。二氧化碳施肥有广义和狭义之分,广义上指直接施二氧化碳肥料;狭义上指一切增大近地二氧化碳浓度的措施。

2. 二氧化碳施肥的肥源

二氧化碳来源于有机肥发酵产生、能源燃烧后产生的二氧化碳气体,工业生产的液态和固态二氧化碳(干冰),以及采用碳酸盐和强酸反应产生的二氧化碳。

3. 二氧化碳施肥途径

二氧化碳施肥有以下途径:直接施用二氧化碳肥料;通过燃烧释放,增大近地表二氧化碳浓度;增施有机肥,促进有机质的分解转化;通过灌溉、排水、疏伐、间伐、松土等措施,创造有利于有机物分解的条件。

4. 施用二氧化碳肥料时应注意的问题

二氧化碳施肥时要注意施肥时机、时间、天气及施肥量等问题。

二氧化碳施肥应在植物生长发育的临界期即开花、授粉、坐果、果实发育等生长发育的关键时期施肥;施肥时间应在植物光合作用最旺盛的时间段进行,一般是在白天的 8:00～16:00 进行施肥;施肥天气应选择在温度高、光照充足、水分充足时的夏季晴天,施肥效果最好;施肥量不宜过大,应以不超过大气正常含量的 10～20 倍,即 3000～6000ppm 为宜。

5.5

土壤环境的调控

5.5.1 合理施肥

在植物生长的过程中,会不断的从土壤中吸取养分,使土壤中的养分减少,植物后期的生长因缺少养分成不良。合理施肥是补充土壤养分的主要途径,要根据园林植物对肥料的生态习性、生长状况、需肥要求和园林土壤肥力状况,进行合理施用,才能保证园林植物的正常生长发育,以保持其园林观赏性。

1. 合理施肥的原理

(1)养分归还学说

养分归还学说是德国化学家尤斯图斯·冯·李比希于 1840 年提出的,为合理施肥提供了原理基础。因为,随着园林植物的生长发育,每年会从土壤中带走一定量的养分,随着园林植物生物量的不断增大,土壤中的养分含量会越来越少,若不及时归还由植物从土壤中拿走的养分,不仅土壤肥力逐渐减少,而且园林植物的生长也会越来越慢,为了保持元素平衡和提高生产量应该向土壤施入肥料。

养分归还学说的中心思想是归还植物从土壤中取走的全部东西，其归还的主要方式是合理施肥。

（2）最小养分定律

所谓最小养分定律就是指土壤中对植物需要而言含量最小的养分，它是限制植物产量提高的主要因素，要想提高植物产量就必须施用含有最小养分的肥料。

最小养分定律包含 4 个方面的内容：①土壤中相对含量最少的养分影响着作物产量的维持与提高。②最小养分是相对作物需要来说，土壤供应能力最差的某种养分，而不是绝对含量最少的养分。③最小养分会随条件改变而变化。最小养分不是固定不变的，而是随施肥影响而处于动态变化之中，当土壤中的最小养分得到补充，满足作物生长对该养分的需求后，作物产量便会明显提高，原来的最小养分则让位于其他养分，后者则成为新的最小养分而限制作物产量的再提高。④田间只有补施最小养分，才能提高产量。

最小养分率的实践意义：施肥时要注意根据生产的发展不断发现和补充最小养分，同时还要注意不同肥料之间的合理配合。

（3）报酬递减律

报酬递减律是一个经济学领域的规律，后引入农业领域。应用于施肥对产量的影响，可以从两个方面来解释，一方面从施肥的年度分析，即开始施肥时产量递增，当增产到一定限度后，便开始递减，施用相同数量的肥料，所得报酬逐年减少，形成一个抛物线。另一方面是从单位肥料能形成的产量分析，每一单位肥料所得报酬，随着施肥量的递增报酬递减，也称肥料报酬递减律。

肥料报酬递减律是不以人的意志为转移的客观规律，这说明对园林植物的施肥不是越多越好。施肥多了，会使植物营养失调，不仅不能增产，反而会减产，产生负效应。因此应掌握施肥的"度"，从而避免盲目施肥。从思想上走出"施肥越多越增产"的误区。

（4）因子综合作用律

作物的生长发育是受到各因子（水、肥、气、热、光及其他农业技术措施）影响的，只有在外界条件保证作物正常生长发育的前提下，才能充分发挥施肥的效果。因子综合作用律的中心意思：作物产量是影响作物生长发育的诸因子综合作用的结果，但其中必然有一个起主导作用的限制因子，作物产量在一定程度上受该限制因子的制约。所以施肥就与其他农业技术措施配合，各种肥分之间也要配合施用。例如，水能控肥，施肥与灌溉的配合就很重要。

2. 合理施肥的原则

（1）有机肥为主，化肥为辅

在施肥时尽可能施用粪肥、饼肥、厩肥、堆肥、沤肥等，以及经工厂化加工的优质有机肥，如膨化鸡粪肥、微生物肥、有机叶面肥等。根据土壤肥力和植物营养需求进行配方施肥。

（2）施足基肥，合理追肥

在有机肥为主的施肥方式中，将有机肥为主的总肥分的 70% 以上的肥料作为基肥，种植前施入土壤中肥分不易流失，并可以改良土壤性状，提高土壤肥力。追肥要根据作物生长情况与需求，以速效肥料为主。采用根区撒施、沟施、穴施、淋水肥及叶面喷施等多种方式。

（3）科学配比，平衡施肥

施肥应根据土壤条件、作物营养需求和季节气候变化等因素，调整各种养分的配比和用量，保证作物所需营养的比例平衡供给。除了有机肥和化肥外，微生物肥、微量元素肥、氨基酸等营养液，都可以通过根施或叶面喷施作为作物的营养补充。

（4）注意各养分间的化学反应和拮抗作用

磷肥中的磷酸根离子很容易与钙离子反应，生成难溶的磷酸钙，造成植物无法吸收，出现缺磷。南方红壤中的铁、铝、钙离子会与磷酸根生成难溶的磷酸盐，过磷酸钙等磷肥不能单独直接施入土壤，必须先与有机肥混合堆沤，然后施用。磷肥不宜与石灰混用，也不宜与硝酸钙等肥料混用。钾离子和钙离子相互拮抗，钾离子过多会影响作物对钙的吸收，相反钙离子过多也会影响作物对钾离子的吸收。

（5）禁止和限制使用的肥料

城市生活垃圾、污泥、城乡工业废渣以及未经无害化处理的有机肥料，不符合相应标准的无机肥料等。忌氯作物禁止施用含氯肥料。

3. 合理施肥的方式

园林植物施肥管理中合理施肥的方式有3种，即基肥、追肥、种肥。

（1）基肥

基肥也称底肥，是指在播种或栽植前，以及多年生植物越冬前结合土壤耕作翻入土中的肥料。基肥一般以有机肥为主，配合一定量的速效化学肥料。如农家肥常在整地前撒入地中，尿素、磷酸二铵化肥也可以作为基肥在整地前施入。

（2）追肥

追肥是指在植物生长发育期间施用的肥料。一般多用速效化肥，腐熟的有机肥也可作为追肥。如在春季、夏季植物进入旺盛生长时期前追入的尿素、碳铵等速效化肥，腐熟的人粪尿（俗称大粪）也是花卉、蔬菜、果树等追施的肥料。

（3）种肥

种肥是指在播种或定植时，施于种子或植物幼株附近、与种子拌施混播、与植物幼株混施的肥料。种肥一般多选用腐熟的有机肥或速效化肥、微生物肥料等。凡浓度过大、过酸或过碱、吸湿性强、溶解时产生高温及含有毒副作用成分的肥料均不宜作为种肥施用。如碳铵有吸湿性、过磷酸钙溶解时呈强酸性、氨水易生成氨气有腐蚀性等，不能作种肥。

4. 合理施肥的方法

合理施肥要有合理的方法，才能充分发挥肥料的效能，促进植物健壮生长。根据植物种类、品种、土壤特性、气候特征、水文状况及管理水平的不同，施肥的方法主要有以下几种。

1）撒施。撒施是把肥料均匀撒在地表，随后翻耕入土中或随灌水渗入土中的施肥方法。一般适用于施肥量大，栽植密度大的植物。如草坪、成片的花卉、苗圃育苗地、农作物等。

2）条施。条施是用工具开浅沟将肥料施入后覆土的方法。一般在肥料用量较少的情况下适用，有利于植物较集中的吸收肥料养分。常用于行间距大的植物栽培中，如成行种植的牡丹、月季、芍药及园林绿篱中。

3）穴施。穴施是在播种或定植前把肥料施入种植穴内，然后覆土播种或定植的方法。穴施常用于园林大树、果树、观赏性风景树、行道树和大株花卉丛、灌木丛的种植施肥。

4）分层施肥。它是将肥料按不同比例施入土壤的不同层次内，以利于植物根系充分利用的施肥方法。分层施肥多用于易被固定的肥料，如钾肥易在土壤表层发生干湿交替而被固定，过磷酸钙易与土壤中的钙离子结合而被固定，施用时常分层施入植物根系分布密集的土层中。

5）沟施。在一些植株较大的园林观赏性树木树冠下方或行间挖深宽各 30～60cm 的沟，将有机肥或化肥施于沟内，然后覆土踏实。沟的方向可以是条形直沟，也可以是树冠下方的环状沟（也称环施）或呈放射状排列的小直沟。放射状沟以树干为中心向外辐射，沟的边界与树冠相齐，来年施肥时应在交替位置上挖沟。

6）叶面施肥。叶面施肥就是根外追肥。即把可溶性肥料配制成一定浓度的溶液，喷施在植物叶面，以供植物吸收利用。这种方法适用于速效肥料，多用于微量元素肥料和多效性复合肥料。在果园、花卉、蔬菜的施肥中这种方法有用量少、肥效快、效益高的优点。

7）拌种和浸种。拌种是将种子和肥料均匀拌和在一起播入土壤的方法。浸种的用一定浓度的肥料来浸泡种子，待一定时间后取出晾干后播种。这两种方法都起到补充种肥的效果，多用于微量元素肥料和多效性复合肥料。

8）灌溉施肥。将肥料按一定比例溶解成溶液随灌溉设施（如喷灌、滴灌等）施入，或将肥料随灌水施入土壤中的方法。这种方法多用于喷灌、滴灌设施施肥中，其优点是节水、施肥均匀、对各类型的地形和土壤都适宜，但易堵喷头或滴灌孔，易在叶面形成盐分表聚。

5. 施肥时间

园林植物的施肥时间根据施肥的方式、植物的生长发育时期、肥料的种类、季节、一天中的时间而定。

基肥和种肥一般在播种或种植前进行，追肥在植物的生长发育期进行。

在植物的生长营养期、生殖期都需要施肥，而且都是十分重要和必要的。一般于营养生长期以氮肥为主，生殖期以磷钾肥为主。而且施肥的时机以基质稍干燥、生长旺盛期为最好，此时施肥吸收率高，且需求量也大。植物施肥并不能在植物缺少营养时才追施，一定要在并不缺少肥料的时间补充肥料，否则就脱节了。

对于易挥发的肥料不宜在中午施肥，应在早晨或傍晚进行，微量元素肥应在植物旺盛生长期施用。按每天的时间段施肥，应以上午为宜，并且施肥后浇一遍透水，利于肥料的稀释分解和植株的吸收。在季节上，基肥应在早春或晚秋时期施入。追肥一般在生长旺盛的夏秋季节进行。

6. 园林常用的肥料

在植物生长的过程中，施肥是补充土壤的养分不足的重要措施。园林植物施用的肥料主要有两大类，无机肥料（化学肥料）和有机肥料。

（1）园林常用的无机肥料

园林生产中常施用的无机肥料有氮肥、磷肥、钾肥、微量元素肥料、复合肥料 5 类

（表5-3）。

表5-3　园林常用的无机肥料

肥料类型	肥料种类
氮肥	碳酸氢铵、硫酸铵、氯化铵、氨水、硝酸铵、硝酸钾、硝酸钠、硝酸钙、尿素、石灰氮
磷肥	过磷酸钙、重过磷酸钙、钙镁磷肥、钢渣磷肥、沉渣磷肥、脱氟磷肥、磷矿粉
钾肥	硫酸钾、草木灰
微量元素肥料	硼酸、硼砂、钼酸铵、硫酸锌、氧化锌、硫酸锰、硫酸亚解体、硫酸铜等
复合肥料	氨化过磷酸钙、硝酸磷肥、硝磷钾肥、磷酸二氢钾、偏磷酸铵、聚磷酸铵、氮钾肥

各种肥料的性状和性质各不相同，在生产实践中就应根据植物种类、生长时期、土壤特性、生产目的进行选择施用。肥料发展的方向是高效化、复合化、液体化、长效化和菌化，因此，复合肥料同时含有氮、磷、钾或其中的任意两种，是目前化肥发展的方向之一。

（2）园林常用的有机肥料

有机肥料是完全肥料，是园林栽培施肥中首选的肥料。目前，常用的有机肥料有以下种类：

1）人粪尿和人粪稀。人粪尿是一种偏氮的完全肥料，肥效快。在含多量氮外，还含有磷、钾及各种微量元素。人粪稀是城市楼房附近的化粪池中的人粪尿。它是人粪稀和水的混合物，也中一种完全肥料。由于人粪尿中含有氯化钠，不宜在盐碱土中施用。

2）厩肥。厩肥是牲畜（猪、马、牛、羊等）的排泄物，是富含有机质和多种营养成分的完全肥料。不同牲畜粪的养分含量和性质不同，氮、磷、钾以羊粪最多，牛粪最少。牛粪质地粗，含水多，分解慢，发酵时温度低，肥效迟缓，是冷性肥料；猪粪和牛粪相似，但质地细腻；而羊粪细腻、养分浓厚，发酵时温度高，是热性肥料；马粪和羊粪相似，但质地粗。

厩肥在施用前要堆沤腐熟，堆沤时一般拌和吸水性强的垫料，如草炭、落叶等和少量的黄土、沙土等。

3）堆肥、沤肥。堆肥、沤肥利用植物残落物如作物秸秆、树叶、杂草、植物性垃圾及其他废弃物为主要原料，加入人粪尿或牲畜粪尿进行堆积和沤制而成的。基本条件是要为微生物创造好气分解的条件，发酵时温度较高。堆肥和沤肥是含有机质和各种营养元素的完全肥料，肥效迟缓，一般作基肥。

4）绿肥。把正在生长的绿色植物直接翻入土中，或割下来运往另一地块当作肥料翻入土中的，都称绿肥。绿肥植物有天然绿肥和栽培绿肥、豆科绿肥和非豆科绿肥之分。绿肥具有产量大、有机质丰富、能改良土壤理化性质、增加土壤养分的特性。绿肥翻入土中的时间应在绿肥植物盛花期前利用效果最好。

5）泥肥。江、河、塘、湖、沟中肥沃的淤泥统称泥肥，也叫沤泥、泥炭。它是风雨带来的地表细土、污物、枯枝落叶和水生生物的残体、排泄物等汇集于江、河、湖、塘、沟的底部，长期经厌气微生物的分解而成泥肥。泥肥的颜色越深，肥效越大。泥肥属凉性肥，肥效期长而迟缓稳定，是盆栽花卉的优良基肥肥料。施用前应在太阳下摊开晾晒一段时间，让一些还原性有害物质氧化或挥发。

6）饼肥及糟渣肥。油料作物籽实榨油后剩下的残渣，经发酵后作为肥料称饼肥。饼肥含氮量大，是优质的有机肥料，可做基肥，也可做追肥。饼肥发酵时温度较高，是热性肥料。在花卉施肥时要浸泡腐熟，兑水施肥。

农产品加工时产生的各种糟渣，经腐熟后可直接作肥料。如豆渣、芝麻渣、咖啡渣、甘蔗渣等，经堆沤腐熟后，可作盆栽花卉的基肥。

7）杂肥。除上述有机肥外，能供给园林植物养分的肥料，还有很多的有机杂肥，主要是动物生产加工剩余的杂物，如兽蹄、兽血、鸡毛、骨粉、鱼粕（鱼杂、内脏、鳞片、鱼骨等）、家禽粪便等。杂肥富含氮、磷、钾、钙等元素，是一种细肥，可做盆花的基肥，也可做追肥施用。施用时要充分腐熟并兑水稀释后施用。

5.5.2　园林土壤的培育

1. 园林露天土壤的培育管理

园林露地栽培土壤的培肥与管理主要包括整地、松土、除草和水分储集等环节。

（1）整地

整地要注意时间，深度和方法等。

1）整地季节。选择适宜的整地季节是取得良好的整地效果的重要措施。在一般情况下，应提前整地，以便发挥蓄水保墒的作用，并可保证园林栽植工作的及时进行。在干旱地区，提前整地最好使整地与栽培之间有一个降水较多的季节，一般应提前 3 个月以上。准备秋季栽植时，整地可提前到雨季前；准备春季栽植时，整地可提前到头年雨季前、雨季或至少头年雨季。

2）整地深度。整地深度因计划种植的园林植物种类不同而有差异，如一、二年生花卉整地宜浅，宿根、球根花卉和园林树木宜深。一般要求深耕土壤至 40～50cm，同时要施入大量有机肥料，浅耕一般要求达到 20～30cm。

3）整地方法。整地时，要根据土壤情况而变，坡度 8°以下的平缓耕地或半荒地，可进行全面整地，通常翻耕 30cm 深，以利蓄水保墒；对于重点布置地区或深根树种可翻掘 50cm 深，并施有机肥，以改良土壤。平地的整地要有一定的倾斜度，以利排除过多的雨水。市政工程场地和建筑地区常遗留大量灰槽、灰渣、砂石、砖瓦、碎木及其他建筑垃圾等，在整地之前应全部清除，还应将因挖除建筑垃圾而缺土的地方，换入肥沃土壤；由于地基夯实，土壤紧实，在整地的同时应将夯实的土地挖松，并根据设计要求处理地形。

挖湖堆山是园林建设中常见的改造地形措施之一。人工新堆的土山，要令其自然沉降，方可整地植树；通常在土山堆成后，至少经过一个雨季，才开始整地。人工土山多但不很大，也不太陡，又全是疏松新土，可按设计要求进行整地。

（2）松土、除草

松土能减少土壤水分蒸发，改良土壤微生物的活动，提高土壤肥力。除草可减少土壤水分和养分的消耗，减少病虫害，增进风景效果。

松土、除草应在天气晴朗时，或初晴之后土壤不过干又不过湿时进行。松土除草要认真细致，做到不伤根、不伤皮、不伤梢，杂草除净，土块、石块捡净，并给树木根部适当培土。

松土、除草的深度，应根据树木生长情况和土壤条件而定。幼树根系分布浅，松土不宜太深，随着树木的生长，可逐渐加深；土壤质地黏重、表土板结时，可适当深松。要做到里浅外深；树小浅松，树大深松；沙土浅松，黏土深松；土湿浅松，土干深松。一般松土除草的深度为 5～15cm。

松土、除草的次数，以每年进行 2～3 次为宜。人工清除杂草，花费劳力多，劳动强度大，应大力提倡化学除草。目前较常用的除草剂有除草醚、扑草净、西玛津、阿特拉津、茅草枯、灭草灵等。

（3）水分集储

通过地面覆盖与地被植物栽植，可集储水分。利用有机物或活的植物体覆盖地面，可防止或减少水分蒸发，减少地面径流，增加土壤有机质；还能调节土壤温度，减少杂草生长。

覆盖材料以就地取材、经济适用为原则，如水草、谷草、豆秸、树叶、树皮、锯屑、马粪、泥炭等均可采用。在大面积粗放管理的原理中还可将草坪或树旁割下来的草头随手堆于树盘附近，用以覆盖。对幼树或草地的树木，一般仅在树盘下进行覆盖，覆盖的厚度以 3～6cm 为宜。

地被植物可以是紧伏地面的多年生植物，也可以是一、二年生的较高大绿肥植物。多年生地被植物除覆盖作用外，还可以在开花期翻入土内，收到施肥的效用。应选择适应性强，有一定耐用性，覆盖作用好，繁殖容易，并有一定的观赏或经济价值的地被植物。

2. 盆栽土壤的培育

盆栽土壤简称盆土。它取材于自然界的土壤、动植物残体和某些化学物质，经过制作、调配而成。

（1）盆土的配制

盆土一般用自然土加堆肥土，按适当的比例配合调制。

自然土壤主要有素沙土、园土、腐叶土、泥炭土、黄泥、松针土、塘泥、草皮土、沼泽土、谷糠灰等。

堆肥土是由人工堆积、沤制的营养土。常用沙土拌和有机质（如锯末、谷糠、有机肥、蘑菇种植的废料等）沤制。

将各种优质自然土、堆肥土等，按适当比例配合调制，使盆土既通透、排水，又使养分中的氮、磷、钾及微量元素比例合理，以保证花卉在盆内能够正常生长。

（2）消毒

配制的盆土力求清洁，配植好后，还要进行消毒。常用消毒方法有日光消毒法、加热消毒法和药物消毒法 3 种。日光消毒法即将配植好的盆土薄薄摊在木板或清洁的水泥地上暴晒 2～3d，也可暴晒 2d，第三天盖膜；加热消毒法即将盆土加热至 80℃，持续 30min 即可。药物消毒法可将配植好的盆土，每立方米拌入 40%的福尔马林 400～500mL，然后将土堆积起来，上面覆盖毛毡或塑料膜，经过 2d 后揭去覆盖膜，摊开，以利散去气体。

3. 良好土壤结构的培育形成

土壤结构的形成，是土壤中的细微土粒经土壤胶体的胶结、凝聚、植物根系的分割、挤压，土壤耕作及干湿、冻融交替等共同作用的结果，土壤结构在土壤中经常处于形成与破坏的对立统一过程中，只能表现相对稳定的状态。良好的土壤结构是团粒结构，因此，通过人为的措施，是能够培育形成团粒结构土壤的，主要有以下措施：

（1）种植绿肥植物

种植绿肥植物，可以增加土壤有机质，促进水稳性团粒结构数量的增加。豆科植物是最好的绿肥植物，豆科植物的直根系对下层土壤具有强大的切割、挤压作用，并且具有固氮作用，富集深层土壤养分。特别是在山区、丘陵区采取绿肥翻耕既能增加养分，也能形成大量的腐殖质，又有利于团粒结构的形成，改良质地。

（2）深耕结合施用有机肥料

在深耕过程中，农业机械对土壤的翻动，使土壤破碎，再结合施用有机肥料，可以改善单施化肥对土壤结构的板结现象，增加有机胶结剂，使土、肥相融，再补施钙质化肥，可促进团粒结构的形成。

（3）合理耕作

耕作应在土壤宜耕期内耕作，不能过湿过干，否则会形成大土块，再结合整地、耙糖、镇压等措施来改善土壤结构。

（4）应用结构改良剂

天然的结构改良剂有腐殖质、纤维素、多糖类等。人工合成的改良剂有非离子型聚乙烯醇（PVA）、聚丙烯酸（PAA）等。它们都是高分子物质，对单个土粒或微团聚体的缠绕胶结作用，形成较大的土壤结构体。结构改良剂主要应用在一些没有结构且质地较粗的砂质土，而对质地黏重且为大块状结构的土壤没有明显作用。

5.5.3　园林土壤的改良

1. 低肥力园林土壤的改良

低肥力园林土壤一般为风沙旱薄地、盐碱渍化地、有机质含量低的新垦荒地、建筑物废弃地等。城市园林绿地土壤的改良采用深翻、增施有机肥等质地改良措施来完成，以保证树木或花草等植物正常生长。

（1）增施有机肥

对于低肥力的园林土壤要增施有机肥，提高土壤有机质含量，改善土壤理化性状，增强保肥性和供肥性，还可以提高土壤的水、气、热状况协调。增施有机肥还可改善土壤生物学性状，促进微生物的活动，对土壤的熟化有促进作用。

（2）深翻土壤

在施用有机肥的同时结合深翻，能促使土壤形成团粒结构，增加土壤孔隙度，促进土壤熟化。深翻后土壤的水分和空气条件得到改善，使土壤微生物活动加强，加速土壤熟化，使难溶性营养物质转化为可溶性养分，相应地提高了土壤肥力。深翻土壤有利于园林树木的根系活动。因此在整地、定植前要深翻，给根系生长创造良好条件，促使根系向纵深发展。

深翻的深度与地区、土质、树种、地下水位等有关。黏重土壤应深翻，沙质土壤可适当浅耕；地下水位主时宜浅，下层为半风化的岩石时则应加深以增重土层；深层为砾石，应翻得深些，捡出砾石，并换好土，以免肥被水淋失；地下水位低，土层厚，栽植深根性树木时，则以深翻、反之则浅；下有黄淤土、白干土、胶泥板或建筑地基等残存物时，深翻深度则以打破此层为宜，以利渗水。深翻深度要因地、因树而异。在一定范围内，翻得越深效果越好，一般为 60～100cm，最好距根系主要分布层稍深、稍远一些，以促进根系向纵深生长，扩大吸收范围，提高根系的抗逆性。

深翻后的土壤，需按土层状况加以处理。通常维持原来的层次不变，就地耕松后，掺和有机肥，再将心土放在下部，表土放在表层。有时为了促使心土迅速熟化，也可将肥沃的表土放置沟底，而将心土放在上面。但因根据绿化种植的具体情况从事，以免引起不良的副作用。

2. 园林客土栽培

在城市园林建设中，有些园林土壤无法让植物正常生长，必须进行客土栽培。在下述情况下，园林植物有时必须进行客土栽培。

1）树种需有一定酸碱度的土壤，而本地土质不合要求，这时要对土壤进行处理和改良。例如，在北方种酸性土植物，如栀子、杜鹃、山茶等，应将局部土壤换成酸性土，至少也要加大种植坑，放入山泥、泥炭土、腐叶土等，并混拌有机肥料，以符合酸性树种的要求。

2）栽植地段的土壤根本不适宜园林树木生长，如坚土、重黏土、砂砾土及被工业废水污染的土壤，或在清除建筑垃圾后仍然板结土质不良的土壤，应酌量增大栽植面，全部或部分换入肥沃的土壤。

3. 园林换土栽培

对于城市园林栽培的土壤，换土是常用的措施，它可以直接改变土壤质地，调节土壤结构，改善土壤的理化性状。在我国北方地区，换土是最直接的园林土壤改良的方法。一般在园林绿化地段，由于建筑垃圾清理不干净、土壤板结，土质为盐碱土、风沙土，不适宜于园林植物栽培，因此在进行换土栽培。换土一般挖去原来的土，换上新的土壤。北方多换为黄土，混施有机肥，以调节土壤质地和结构，以促进树木健壮生长。

5.5.4 污染土壤的防治

随着人类社会对土壤需求的扩展，土壤的开发利用强度越来越大，向土壤排放的污染物成倍增加。土壤污染物的来源主要是工业"三废"，即废气、废水和废渣，以及化肥农药、城市垃圾等。园林土壤多为污染土壤，虽自身有自洁能力，但一旦受污染，就不容易治理，因此应以防为主，先防后治，对于已受污染的土壤，应根据污染实际情况进行治理。

（1）加强对土壤污染调查和监测

首先要严格按照有关污染物排放标准，建立土壤污染监测、预测与评价系统；发展清洁的生产工艺，加强"三废"治理力度，有效地消除、削减控制重金属污染源。

（2）彻底消除污染源

污水必须经过处理达标后才能进行灌溉，要严格按国家环保局 1985 年批准的农田灌溉水质标准执行。为防止化学氮肥的污染，应因土壤、因植物适量施肥，以减少流入江河、湖泊及地下水的化肥数量。为防治农药污染，应采用综合防治病虫害的方法。严格执行农药安全使用标准，制止滥用农药；也可及时施用残留农药的微生物降解菌剂，使农药残留到国家标准以下。

（3）增施有机肥料及其他肥料

增施有机肥料既能改善土壤理化性状，又能增大土壤环境容量，提高土壤净化能力。特别是受到重金属污染的土壤，增施猪粪和牛粪等有机肥料，可显著提高土壤钝化重金属的能力，从而减弱其对植物的污染。

（4）除去污染表土或换土

去除污染土层，用净土覆盖在污染土层上。据试验研究，铲除表土 5～10 cm，可使镉下降 20%～30%；铲土 15～30cm，可使镉下降 50%左右。

（5）化学改良剂

施用化学改良剂进行人工排除土壤的污染。如对重金属污染较轻的土壤，可施用化学改良剂，使重金属转为难溶性物质，减少植物对重金属元素吸引。酸性土壤施用石灰，可使镉、铜、汞、锌等形成氢氧化物沉淀。施用硫化钠、硫磺等硫源物质，可使镉、汞、铜、铅等在土壤嫌气条件下生成硫化物沉淀。这些办法都可以排除土壤的污染。

5.6

园林植物环境的生物调控

调节好园林植物的生物因素，加强对有益生物的保护，建立合理的种群关系，可以为园林植物的生长发育创造良好的生态因素，达到生态环境的和谐统一。

1. 合理配植植物

在园林绿化建设中，应合理选配植物种类，避免种间直接竞争，形成结构合理、功能健全、种群稳定的群落结构，以利种间互相补充，既能充分利用环境资源，又能形成优美的景观。

城市园林绿化环境中，应将抗污吸污、抗旱耐寒、耐贫瘠、抗病虫害、耐粗放管理等作为植物选择的标准。在园林绿化植物中，抗性差的树种生长状况不良，不宜大面积种植；而适应性好、长势优良，可以作为绿化的主要树种。

在园林植物配植方面应遵从"互惠共生"的原理，充分利用植物之间的相互促进关系，避免不利关系，这样才能保证植物配植成功，并达到协调互惠的效果。如黑接骨木对云杉的分布有利，皂荚、白蜡与七里香等生长在一起，互相都有促进作用；而胡桃和苹果、松树和云杉、白桦与松树是相互拮抗、相互抑制，不能栽植在一起。

2. 保持适宜的栽植密度

园林树木栽培的株行距一般要大些，以避免植物种内和种间的各种不利关系对园林树木产生不良影响，如对营养与空间的激烈竞争会造成树木老化及死亡的现象；也可以使栽培的园林树木迅速生长并保持良好的树形；还可以在园林树木的下面栽种灌木与花草，形成层次分明，色相多样的人工绿化景观，达到绿化、美化环境的目的。

3. 加强城市中有益生物的保护

城市的环境不适于鸟类、益虫等有益生物的生存，再加上人为捕杀，在城市里已很少见到大量的鸟类，蜂类、蜻蜓、螳螂、草蛉、蝴蝶等昆虫的数量也非常少。因此，保护好鸟类和昆虫（特别是保护好益虫），不仅有利于园林植物的开花授粉，防止病虫害的发生，同时也有利于改善城市的环境质量。此外，鸟儿在树上歌唱，蜂、蝶在花间起舞，可增添园林景观的自然性与观赏价值。

4. 加强园林植物病虫害综合防治

城市里由于缺少病虫害的自然天敌，一些能适应城市环境的病虫害得到了繁殖蔓延的机会，给城市的园林植物造成了严重危害。

园林植物病虫害治理应强调"预防"为主，"治疗"为辅的原则。应从生态学观点出发，养护管理上要创造不利于病虫害发生的条件，减少或不用化学农药，保护天敌，提高自然控制力，保持园林生态的稳定。以搞好植物检疫为前提，养护管理为基础，积极开展生物防治、物理防治、合理使用化学防治，有机协调利用各种防治措施。

（1）把好植物检疫关

在调入苗木和花卉时，实行严格的植物检疫，发现有害生物立即进行除害处理，严重者予以销毁，防止危险性病虫草传入，避免给园林绿化带来巨大的损失。

（2）抓好城市园林植物的种植规划

从尊重生态系统的自我调节出发进行园林规划设计，遵行生物共生、循环、竞争的原则合理配植植物种类及品种，注意长远解决病虫害问题。植物的选择应以植物区系分布规律为理论基础，以乡土树种为重点，以适应城市生态环境为标准。针对发生严重的害虫种类，尽量少种植其喜食植物的种类及数量，多设计和栽植抗病虫的或耐性强的植物，以减少有害生物的适生寄主。

（3）加强养护管理，提高植物的抗逆能力

加强养护管理就是人为地调整适合园林植物的生长，而不适合有害生物繁殖蔓延的环境条件，提高园林植物自身的抗性能力，减少有害生物的浸染危害。如对生长势差的植物及时施肥、浇水、松土锄草，促其健康、苗壮地生长，并结合秋冬季修剪，除去有病虫枝条。这样不但可以加强通风透光，调节植物养分，增强植物的生长势；还可以减少病虫来源，营造不利于病虫害越冬、繁衍和危害的环境条件。

（4）保护利用天敌，开展生物防治

生物防治的核心是天敌资源的利用，即有害生物的"克星"——相克生物的利用。天敌资源是多样、专一、长效的活体自然资源，目前国际上生物防治主要表现为三大体系、七大技术。

1）三大体系：①传统的生物防治——引进天敌控制外来有害生物，天敌的增助与散放；②本地天敌资源保护和利用；③微生物农药研制、开发和商品化。

2）七大技术：①天敌生物和有害靶标生物的直接竞争；②天敌的抗生作用（天敌毒素或抗生素击毙作用）；③天敌生物捕食或寄主靶标生物；④提高寄主植物抗性（如转移基因、利用植物对病原物侵染的应激反应内化为抗病反应）；⑤基因应用（利用遗传技术导入抗虫基因，利用基因工程技术修饰天敌基因，增强抗病力，利用基因工程技术导入显性不育基因，"自毁"有害生物种群，降低其密度等）；⑥扩繁密源植物，鸟嗜植物，营建天敌繁衍基地；⑦规避生防风险（生态风险）。

（5）选择使用生物农药生物

生物农药在病虫害防治过程中能有效地保护天敌，控制病虫害，对人畜安全，对环境污染小，相对化学农药来讲对病虫害的控制作用更具有持久性。生物农药是指直接利用生物活体或生物代谢过程中产生的具有生物活性的物质，或从生物体中提取的物质作为防治病虫草害的农药。生物农药有微生物源农药、动物源农药和植物源农药 3 类。

（6）合理使用化学农药

只有在必须应急时，才使用化学农药进行靶标防治，尽可能地选用具有选择性、低毒、低残留、对环境污染小的药剂，少用或不用广谱性化学农药，经常变化农药品种，合理混用配方，以免病虫产生抗药性。

（7）合理应用物理防治

物理防治方法既包括古老、简单的人工捕杀，又包括近代物理新成就的应用，主要有 5 种方法。

1）捕杀法。利用人工或各种简单的器械捕捉或直接消灭害虫。

2）阻隔法。根据害虫的活动习性，人为地设置各种障碍，切断害虫的侵害途径。

3）诱杀法。利用黑光灯诱杀、食物诱杀害虫等措施。

4）高温处理法。又称热处理，在一定的时间内用一定温度的热风或温水处理苗木，进行消毒；也可用一定温度的蒸汽处理温室土壤，利用太阳能热处理土壤也是有效的措施。

5）微波、高频和辐射处理。微波和高频都是电磁波，在植物检疫中适合于旅检与邮检工作的需要；辐射处理可以直接杀死害虫，多应用于仓库杀虫、预测预报和检验检疫等。

5. 防止有害生物入侵

（1）有害生物入侵的原因

在城市园林建设过程中，引进外来园林植物，能丰富城市的生物多样性，同时可能引起外来有害生物的入侵，园林植物引种中发生有害生物入侵的原因主要有 5 个方面：一是缺乏专门的法律规范；二是检疫制度不健全；三是公众生态知识缺乏；四是社会生态安全意识淡薄；五是对生物入侵问题认识不足和不可控的人为因素等原因。

有害生物入侵有可能导致生物多样性的丧失和破坏，使园林业甚至农林牧渔业生产受到严重损失，而且有的会损害人类的身体健康。

（2）防范对策

在大规模园林引种的情况下，应该冷静分析、正确对待，确保引种园林植物的健康发展，降低和避免引种可能导致的潜在危害性。

园林植物引种工作防范有害生物的入侵，应纳入国家生态安全的范畴，制定综合的防范对策：一是加强被入侵生态系统的恢复研究；二要完善防范生物入侵的法律制度；三要强化社会生态安全意识，实行引进物种的环境影响评价与风险评估制度；四要加强防范有害生物入侵对策的技术性研究；五要充分利用网络技术，建立园林植物引种的信息流通渠道。

当然，对于有害生物的入侵问题，应教育公众增强防范意识，号召全民参与治理也是十分重要的方面。

在园林绿化初级发展时期，外来植物由于见效快、成本低等优势，在园林绿化中被广泛应用。在数量众多的外来植物中，一部分作为有用植物为人们的生活做出了贡献，另一部分则成为可怕的植物杀手，严重破坏当地生态平衡，改变生物多样性。这类植物被称为外来入侵种。这些外来入侵种虽然种类数量相对较少，但是大部分成功入侵后即大面积爆发，生长难以控制，对生态系统造成了不可逆转的破坏。原产日本的葛藤被美国引进用于斜坡绿化，由于它顽强的生命力而在美国东南部已经野生化，并泛滥成灾，当地人称之为"绿色之蛇"与"第一有害草"。有些海岛或者小国家，由于外来植物的肆虐已几乎见不到乡土植物。如位于印度洋西部的世界第四大岛马达加斯加岛，过去因生物种类丰富被誉为"生物的宝库"，但现在到处是外来的松属与桉属树种，自然环境被严重破坏，难以见到乡土植物。南非的维多利亚瀑布被誉为"世界第三大瀑布"，周围却长满了原产印度的白曼陀罗。

我国目前已知的入侵植物至少有 380 种。原产美国东南海岸的互花米草，在浙江、福建、广东的海岸泛滥成灾，影响滩涂养殖，堵塞航道，威胁海岸生态系统，危及红树林。紫茎泽兰与凤眼莲更是危害广泛，五爪金龙等在粤东地区危害相当严重，是粤东地区危害最严重的 5 种入侵植物之一。2003 年 3 月，国家环保总局公布了包括紫茎泽兰、薇甘菊、飞机草、凤眼莲等首批入侵我国的 16 种生物的外来入侵生物名单。根据近年来在我国城市发生的生物入侵的案例和我国动植物检疫条例的检疫对象，初步认定我国城市园林入侵植物还有美洲蟛蜞菊、马缨丹、银胶菊、紫茉莉、珊瑚藤、北美一枝黄花、落葵薯、含羞草、红花酢浆草、五爪金龙等。在地被植物方面，我国外来杂草共 75 属 107 种，其中有 62 种是作为观赏植物引进的。世界 100 种危害最大的外来入侵物种约有一半侵入我国，超过 50% 的物种是人为引种的结果。

6. 园林植物的植株调整

（1）植株调整的概念

植株调整就是根据园林植物的生长发育特性、生长环境和栽培目的的需要，进行适当的整形修剪来调节园林植物整株的长势，防止徒长，使营养集中供应给所需要的枝叶或促使开花结果。

整形就是通过剪、锯、捆、绑、扎等手段，使园林树木株形调整到希望的特定形状。修剪就是在整形的基础上，对树木的某些器官（枝、叶、花等）加以疏删短截，以达到调节生长，开花结实的目的。

整形修剪是依据树体生长特性和栽培目的，结合自然条件和管理技术水平，通过一定的外科手术等方法，将果树或观赏树木调整成具有相当稳定树形及生长发育空间的一项技术措施。整形、修剪是两个紧密联系的操作技术，常常结合在一起进行。

（2）植株调整的作用

1）植株调整能够美化树形、协调比例。使园林树木在自然美的基础上，创造出人工与自然结合的美，并与园林景点的建筑、设施相互衬托，而更具有观赏性。

2）植株调整能够调整树势，促进开花结果。通过整形修剪可调整树势，去劣存优，促使局部生长，并能培育出大量的花枝，增加花、果数量，提高观赏性。

3）植株调整能改善透光条件，减少病虫害。有些园林树木如自然生长或修剪不当，往往枝条密生，树冠郁闭，内膛枝生长势弱且冠内湿度较大，这样就形成了病虫害的滋生环境。通过整形修剪，保证树冠内通风透光，可减少病虫害的发生。

（3）植株调整的时期

园林植物的生长发育是随着一年四季的变化而变化的，应正确掌握调整的时期，才能确保其目的顺利完成。

1）春秋季的调整。春季为园林植物生长期或开花期，体内贮存养分少，植物是处在消耗的时期，这时修剪易造成早衰，但能抑制树高生长。秋季为养分贮存期，也是根活动期，这时秋季修剪易造成刀口腐烂，植株因无法进入休眠而导致树体弱小。因此，春季可以整形修剪，但秋季要慎重。

2）冬季修剪。冬季修剪包括落叶树和常绿树的修剪。

① 落叶树的修剪。每年深秋到次年早春萌芽之前，是落叶树木休眠期，冬季调整对树冠构成、枝梢生长、花果枝的形成等有重要影响。幼树以整形为主；成形观叶树以控制侧枝生长、促进主枝生长旺盛为目的；成形观果树则着重于培养树形的主干、主枝等骨干枝，以促进早日成形，提前开花结果。冬末早春时，树液开始流动，生育机能即将开始，这时进行整形，伤口愈合快。

② 常绿树的修剪。北方常绿针叶树，从秋末新梢停止生长开始，到来年春休眠芽萌动之前，为冬季整形修剪的时间，这时养分损失少，伤口愈合快。

3）夏季修剪。夏季是树木生长期，这时树木枝叶茂盛，甚至影响到树体内部通风采光，因此需要进行夏季修剪。对于冬春修剪易产生伤流、易引起病害的树种，可在夏季进行修剪。春末夏初开花的灌木，在花期以后对花枝进行短截，可防止徒长，促进新的花芽分化，为来年开花做准备。夏季开花的花木，如木槿、木绣球、紫薇等，花后立即进行修剪，否则当年生新枝不能形成花芽，使来年开花量减少。

（4）随时修剪

观赏树、行道树应随时修剪内膛枝、直立枝、细枝、病虫枝、徒长枝，控制竞争枝，以集中营养供给主要骨干枝，使其生长旺盛。

绿篱的夏季修剪，既要使其整齐美观，又要兼顾截取插穗。

常绿树若生长旺盛，应随时修剪生长过长的枝条，使剪口下的叶芽萌发。

7. 植物激素及生长调节剂的应用

（1）植物激素

植物激素是植物体内合成的对植物生长发育有显著调节作用的微量有机物质，也称植物天然激素或植物内源激素。植物激素是植物生命活动过程中正常的代谢产物，植物个体发育的各个时期如种子萌发、营养生长、开花、结果、成熟及休眠等过程，都是由激素来调节控制的。

目前常用的植物激素有以下 5 类：

1）生长素类（IAA）。高等植物体内普遍存在的吲哚乙酸（IAA）是最早发现的植物激素，因其促进生长的效应，习惯上将其称为生长素（IAA），它有调节茎的生长速率、抑制侧芽、促进生根的作用。一般低浓度促进生长，高浓度抑制生长，甚至杀死植物。生产上用以促进插枝生长、效果显著。

2）赤霉素类（GA）。具有共同的赤霉烷结构。已发现的赤霉素类物质有 125 种，其中活性最强的是赤霉酸（GA$_3$）。赤霉素能刺激植物生长，打破休眠，形成无子果实。

3）细胞分裂素类（CTK）。细胞分裂素是一类嘌呤的衍生物，如玉米素等。细胞分裂席有促进细胞分裂、延迟衰老，解除顶端优势等作用。

4）脱落酸（ABA）。脱落酸能抑制细胞分裂和生长，具有促进叶片等器官的衰老和脱落，诱导芽和种子休眠等明显效应。

5）乙烯（ETH）。乙烯有提早果实成熟，促进器官脱落，刺激伤流，调节性别转化，有利于产生雌花等明显作用。

（2）植物生长调节剂

1）概念。植物生长调节剂是人工合成的具有生理活性、类似植物激素活性的化合物，也称为植物外源激素。多年来，人们已经人工合成并筛选出多种植物生长调节剂。植物生长调节剂在植物生产中得到广泛应用，如促进插条生根、保花保果、防止脱落、打破休眠、促进或抑制生长等。

2）类型。目前，应用较广的主要有以下几类：

① 生长促进剂。人工合成的类似生长素、赤霉素、细胞分裂素类等物质，能促进细胞分裂和伸长，新器官的分化和形成，防止果实脱落。主要有 2,4-D、吲哚乙酸、吲哚丁酸、萘乙酸、2,4,5-T、2,4,5-TP、胺甲萘（西维因）、增产灵、GA$_3$、激动素、6-BA、PBA、玉米素等。

② 生长延缓剂。能抑制茎顶端下部区域的细胞分裂和伸长生长，使生长速率减慢的化合物。生长延缓剂主要起阻止赤霉素生物合成的作用，能导致植物体节间缩短，诱导矮化，促进开花，但对叶子大小、叶片数目、节的数目和顶端优势没有影响。生长延缓剂主要有矮壮素（CCC）、B9（比久）、阿莫-1618、氯化膦-D（福斯方-D）、助壮素（调节安）等。

③ 生长抑制剂。与生长延缓剂不同，生长抑制剂主要抑制顶端分生组织中的细胞分裂，造成顶端优势丧失，使侧枝增加，叶片缩小。生长抑制剂不能被赤霉素所逆转。生长抑制剂主要有 MH（抑芽丹）、二凯古拉酸、TIBA（三碘苯甲酸）、氯甲丹（整形素）、增甘膦等。

④ 乙烯释放剂。乙烯释放剂是人工合成的释放乙烯的化合物，可催促果实成熟。最为广泛应用的是乙烯利。乙烯利在 pH 为 4 以下时是稳定的，在植物体内 pH 达到 5~6 时，它慢慢降解，释放出乙烯气体。

⑤ 脱叶剂。脱叶剂可引起乙烯的释放，使叶片衰老脱落。脱叶剂有三丁三硫代丁酸酯、氰氨钙、草多素、氨基三唑等。脱叶剂常用作除草剂。

⑥ 干燥剂。干燥剂通过受损的细胞壁使水分急剧丧失，促成细胞死亡。它在本质上属于接触型除草剂，主要有百草枯、杀草丹、草多素、五氯苯酚等。

3）植物生长调节剂的应用。应用植物生长调节剂调节控制植物生长发育的技术，也称为化控技术。这项技术已逐渐成为植物生产上不可缺少的重要措施之一。

化控技术可以影响植物生长发育的各个过程，对植物具有多种生理效应，如促进生根、控制生长、促进花芽形成、增加产量、延长或打破休眠、提高抗性、提高耐贮运力和改变性别等。

应用植物生长调节剂时应注意以下几方面：

① 不要忽视综合栽培技术。生长调节剂不是营养物质，在植物生长发育过程中，必须以合理的土、肥、水和管理等综合栽培技术为基础，才能发挥效果。

② 明确应用的必要性。植物体内含有各种内源激素，正常条件下，没有必要使用，只有植物原来的激素平衡被破坏才使用。

③ 不同对象、不同目的选择合适的药剂。要根据不同的植物和不同目的选择合适的药剂，如促进生根用 NAA、IBA，诱导萌发用 GA，抑制生长用 CCC 等。

④ 使用的合适时期。在植物生长发育的不同时期使用。

⑤ 注意合适的浓度和次数。不同药剂的有效浓度范围有广有窄，药效持续时期有长有短，浓度过低、使用次数少，可能不起作用或作用小；浓度过高、使用次数多，则可能有药害或反效果。

⑥ 注意残毒。常用的植物生长调节剂毒性低，使用后经雨水冲淋和降解作用，在果实中的残留量极少，一般是安全的，但国际上许多国家对某些植物生长调节剂有最大残留限量的规定，因此在使用时不能超过法定允许量。

⑦ 先试验，再推广。使用植物生长调节剂虽然可以调节植物生长，但滥用植物生长调节剂往往会造成无法弥补的损失。为了保险起见，应先做单株或小面积试验，再中试，最后再大面积推广。

化学调控的效果往往因环境条件、品种特性、生育期以及生理状态而异，因此，在应用植物生长调节剂之前必须查明药剂的效应以及药剂与品种、密度、肥水管理措施等产生的复合作用，而后才能确定适宜的化控技术，达到预期的效果。

城市污染与园林植物

单元教学目标

单元导读

城市环境污染对城市居民和园林植物有严重的危害，认识和掌握各种类污染物来源、成分及对人和植物的危害条件、危害症状，能够及早发现污染、应对污染。

知识目标

1．了解掌握城市环境污染的概念、类型、成分。

2．掌握城市环境污染的危害。

3．认识园林植物对环境污染的抗性及监测作用。

技能目标

1．能识别环境污染的各种来源及成分。

2．能分析植物受害的症状，并确定环境成分。

3．能简单识别环境污染物。

情感目标

1．培养自主学习能力。

2．培养观察问题与分析能力。

3．锻炼提高动手能力。

4．锻炼提高语言表达能力。

6.1

大气污染与园林植物

■ 6.1.1　大气污染

1.　大气污染的概念

大气污染是指人为排放的有害物质的浓度超过了大气及其生态系统的固有成分，破坏了大气固有成分的物理、化学及生态平衡体系，降低了大气质量，危害工农业生产、危害植物、影响人类健康的现象。

2.　大气污染源类型

1）根据污染源性质，大气污染源可分为自然污染、人为污染。自然污染源是能引起大气污染的自然因素活动，如火山爆发、沙尘暴、地质灾害等，它引起的大气污染少，且时间较短。人为污染源是引起大气污染的各类人为的生产、生活活动，如工厂、燃煤、汽车等。

2）根据污染物产生的范围，大气污染源可分为点源和面源。点源是指集中在一点或小范围内向空气排放污染物的污染源，如厂矿等工业污染源。面源是指在一定面积范围内向空气排放污染物的污染源，如居民普遍使用的炉灶、郊区农业生产过程中排放空气污染物的农田等。

3）根据污染源的特性，大气污染源可分为固定源和流动源。固定源是指污染物从固定地点排出，如钢铁厂、水泥厂等。流动源是指流动排放污染物的各种交通运输工具，与工厂相比，虽然排放量小而分散，但数目庞大、活动频繁，其排放总量也是不容忽视。

3.　大气污染物的种类及成分

（1）一次污染物和二次污染物
大气污染物根据污染特性可分为一次污染物和二次污染物。

1）一次污染物：从污染源直接排出的原始物质，进入大气后其性质的状态没发生变化，如降尘、飘尘、二氧化硫、一氧化碳、重金属等。

2）二次污染物：一次污染物与大气中原有成分或几种一次污染物间发生化学变化或光化学反应，形成与原污染性质不同的污染物，如硫酸烟雾（烟尘、二氧化硫与空气中的水蒸气）、光化学烟雾（氮氧化物和碳氢化合物的混合物）。

（2）颗粒污染物和气态污染物
大气污染物根据污染物形态可分为颗粒污染物和气态污染物（表 6-1）。颗粒污染物又分为粉尘类和重金属类；气态污染物又分为氧化物类、酸性物质类、还原性物质类、有机化合物类。气态污染物往往和空气中的水结合，形成酸雾，是酸雨的主要成分。大气污染物种类成分很多，目前引起人们注意的有 100 多种。

表 6-1　大气污染物种类及成分

类型	种类	污染物成分
气态污染物	氧化物类	CO、O_3、PAN、NO_2、Cl_2、光化学烟雾
	酸性类	SO_2、SO_3、H_2S、CO_2、硫酸烟雾
	还原性类	HF、HCl、H_2SO_4、HNO_3、HNO_2、H_2SO_3
	有机化合物类	碳氧化合物、甲醛、醚类、醇类、酚类
颗粒污染物	粉尘类	落尘、飘尘、纤维悬浮物、煤烟颗粒
	重金属类	铅、镉、铬、锌、钛、钡、砷和汞等重金属颗粒

6.1.2　大气污染的形成与危害

1. 大气污染形成的条件

城市大气污染程度取决于污染物排放量，同时还与城市及其周围的气象、地理因素等有密切关系。因为地形、地貌和气象条件，如各种环流、风速、风向等对大气污染物的沉降、扩散、输送等都有着密切关系。因此，大气污染形成与下列条件有关。

（1）污染源

大气污染的首要条件是要有污染源，即要有产生污染物的生产、生活活动，如化工厂、采矿企业、居民燃煤、汽车等生产经营、生活等活动，向大气中排放废气。大气污染的程度取决于污染物的排放量，排放量大，污染强度大，反之则弱。

（2）气候条件

形成大气污染的气候条件是要有利于污染物的沉降、聚集，不利于扩散。一般来说，在无风或微风，空气湿度大，或有逆温层的气候条件下，易发生污染物的沉降聚集，而在干燥、晴朗、有风的天气条件下，易发生污染物的扩散。

（3）地形条件

地形是大气污染形成的条件之一。地形条件决定了污染物的扩散或聚集。一般在地形开阔，地势高的地方，如岗地、台地、高原、山地等，通风良好，不易形成逆温层，有利于污染物扩散，而不利于聚集；在地形闭塞，地势狭小的山谷、沟谷、盆地、河谷、平原地带，通风不良，易形成逆温层，有利于污染物的聚集，不利于污染物的扩散，易发生大气污染。表 6-2 所列的是历史上国外的重大大气污染事件，均与有利于污染物聚集的地形有关。

2. 大气污染对人的危害

目前，大气污染的产生对城市居民的健康安全危害极大，引起许多的疾病，严重时可致人死亡（表 6-3）。

表 6-2　历史上国外重大的大气污染事件

事件时间、地点	地形及气候条件	污染源	主要污染物	危害情况
比利时马斯河谷（1932 年 12 月）	山谷、无风、有逆温层、烟雾聚集	铁厂、锌厂、金属加工厂	二氧化硫、氟化物、飘尘	死亡 60 多人，几千居民患呼吸道感染疾病
美国多诺拉（1948 年 10 月）	山谷、无风、有逆温层、烟雾聚集	铁厂、锌厂、硫酸厂	二氧化硫	43% 的居民患呼吸道疾病
英国伦敦（1952 年 12 月）	河谷平地、无风、有逆温层、烟雾聚集、湿度达 90% 以上	人口稠密，燃煤、各种工厂	二氧化硫、飘尘	4 个月内死亡 4000 多人，事件后 2 个月内又死亡 8000 多人
美国洛杉矶（1954 年）	海岸盆地、无风、有逆温层、烟雾聚集	人口多、洗车多、燃煤、燃油	汽车尾气 CO、NO_2、O_3、醛类化合物	75% 的居民患眼疾

表 6-3　大气污染对人的危害

污染成分	对人的危害
二氧化硫	视程减少，流泪，眼睛有炎症。闻到有异味，胸闷，呼吸道有炎症，呼吸困难，肺水肿，迅速窒息死亡
硫化氢	恶臭难闻，恶心、呕吐、影响人体呼吸、血液循环、内分泌、消化和神经系统，昏迷，中毒死亡
氮氧化物	闻到有异味，支气管炎、气管炎、肺水肿、肺气肿、呼吸困难，直至死亡
粉尘	伤害眼睛，视程减少，慢性气管炎、幼儿气喘病、尘肺病，死亡率增加，能见度降低，交通事故多
光化学烟雾	眼睛红痛，视力减弱，头痛、胸痛、全身疼痛，麻痹，肺水肿，严重的 1h 内死亡
碳氢化合物	皮肤和肝脏损害，致癌死亡
一氧化碳	头晕、头痛，贫血、心肌损伤，中枢神经麻痹，呼吸困难，严重的 1h 内死亡
氟和氟化氢	强烈刺激眼睛、鼻腔和呼吸道，引起气管炎、肺水肿、氟骨症和斑釉齿
氯气和氯化氢	刺激眼睛、上呼吸道，严重时引起肺水肿
重金属铅	神经衰弱，腹部不适，便秘、贫血，记忆力低下

3. 大气污染对园林植物的危害

（1）大气污染物危害植物的条件

大气污染一旦形成，必然会危害植物。这些污染气体必须从叶片气孔中进入植物体内，因而首先危害的是植物的叶片。但必须符合下面条件：①大气污染物的浓度超过了使植物受害的最低浓度，这个浓度也称临界浓度；②在临界浓度以上持续的时间超过了使植物受害的最短时间，即临界时间；③光照充足，植物的气孔开张，有利于污染气体进入，危害加强。因此，污染物对植物的危害是白天比夜晚严重。不同的大气污染物对植物产生的危害的临界时间和临界浓度是不同的，一般以敏感植物对大气污染的反应来分析判断（表 6-4）。

（2）危害症状

大气污染物不同，对植物产生的危害症状也不相同（表 6-4）。

表6-4　敏感植物对不同大气污染物反应及危害症状

污染物	临界浓度/ppm	临界时间/h	受害症状
SO_2	0.05~0.5	8	叶脉间出现失绿坏死斑，界线分明，后连成片，直至整叶
HF	0.001~0.01	2	叶尖、叶缘叶脉间出现伤斑，扩大坏死，整个叶片失绿黄化
Cl_2	0.05~0.1	6	叶脉间出现失绿坏死斑，界线不分明，后连成片，直至整叶
NH_3	40	1~2	叶脉间出现块状褐黑色伤斑，界线分明，后扩展至全叶
O_3	—	—	叶片上密布点状棕色、黄褐色斑
NO_2	3~4	8	叶脉间不规则水渍斑，白色、黄褐色或棕色
PAN	20	2~4	叶背面变为银灰色、棕色、古铜色或玻璃状，不呈点、斑状
粉尘	—	—	堵塞气孔，破坏植物的光合、呼吸和蒸腾作用

1）二氧化硫。二氧化硫在城市中分布很广、影响较大。其主要来源是燃煤。在气态污染物中，在稳定的天气条件下，二氧化硫往往聚集在低空，与水生成亚硫酸，当它氧化为三氧化硫时其毒性更大。它危害十分严重，也是构成酸雨的主要成分。

二氧化硫气体从气孔扩散至叶肉组织，进入细胞后和水反应，形成亚硫酸和亚硫酸根离子，从而对叶肉组织造成破坏，使叶片水分减少，叶绿素a与叶绿素b的含量比值变小，糖类和氨基酸减少，叶片失绿，严重时叶片逐渐枯焦，慢慢死亡。

2）氟化氢。氟化氢为无色有毒气体，具有强烈的刺激性和腐蚀性，毒性大。大气中的氟化氢主要来自于冶金工业。氟自污染源排出后很迅速地与大气中的水汽反应生成氟化氢。一般以氟化氢为大气污染的代表，也是构成酸雨的成分之一。

3）氯气。氯气具有很强的氧化性，毒性比二氧化硫大，危害程度为二氧化硫的3~5倍。

4）光化学烟雾。光化学烟雾的主要成分是臭氧，主要破坏栅栏组织细胞壁和表皮细胞，增大细胞膜的透性，使叶片失绿，叶表出现褐色、棕色或白色斑点。

5）二氧化氮。二氧化氮来源于工业生产和交通运输，汽车尾气是最主要来源。二氧化氮易与水结合形成硝酸和亚硝酸。二氧化氮具有和二氧化硫相似的腐蚀与生理刺激作用，对植物的危害也相似，也是构成酸雨的主要成分。

6）过氧乙酰硝酸酯。它是汽车尾气排放后与空气混合形成的二次污染物，具有很强的氧化性。它主要危害生长功能旺盛的中龄叶，危害的部位是叶片的背面。幼叶和老叶不危害。

7）粉尘颗粒。大气污染中的固体粉尘颗粒污染物落在植物叶片上时，堵塞气孔，妨碍光合作用、呼吸作用和蒸腾作用，危害植物。特别是在一些污染严重的地方如道路两侧的行道树、工矿企业附近。同时，尘埃中的有毒物质还可溶解渗透进入植物体，产生毒害。

粉尘颗粒是水分和有毒气体凝结的核心，可形成城市雾，影响呼吸，引发加剧支气管和肺部疾病。飘尘表面带有致癌性很强的化合物。

8）碳氧化物。碳氧化物的主要成分是一氧化碳和二氧化碳。在自然情况下浓度很小，但在城市中由于汽车尾气排放，浓度可高达数倍。二氧化碳在城市中引起温室效应，但对植物没有危害。而一氧化碳与血红蛋白结合能力比氧强200倍，对人的危害严重，对植物的危害轻，它主要是易与氧结合，而产生危害。

知识拓展

酸　雨

大气中的气体污染物与空气中的水结合形成酸，以雨、雪、雾、雹等的形式降到地表，称为酸雨。酸雨是大气污染的另一种表现，酸雨的 pH 小于 5.6。

酸雨的形成是一种复杂的大气化学和大气物理变化，主要是煤炭、石油以及金属冶炼过程中产生的硫氧化物、氮氧化物与大气中的氧和水分子发生化学反应生成有酸性的物质，溶解在雨水中，降到地面即成为酸雨。

酸雨会损伤植物叶片表皮结构，损害保卫细胞，造成叶子细胞中毒直到坏死，引起蒸发、蒸腾作用增强，对外界不利因素的敏感性增大，使植物光合效率降低，导致光合作用功能下降，影响生态系统的生产者的生产，最后是整个系统功能的降低。

自从 20 世纪 50 年代英国、法国发现酸雨以后，酸雨的范围逐渐扩大到世界各国。近年来我国上海、四川、贵州、湖南等地也降过酸雨。

6.1.3　园林植物与大气污染

1. 园林植物对大气污染的敏感性和抗性

园林植物对大气污染都有敏感性和一定的抗性。植物对大气污染的不同反应称植物的相对敏感性。而在一定程度的大气污染环境中植物仍能进行正常生长发育，称植物对大气污染的抗性。当大气出现污染时，敏感性强的园林植物会出现一定的受害症状，而抗性强的植物一般不出现受害症状，仍能正常生长发育。

不同植物种对大气污染物的抗性不同，这与植物叶片的结构、叶细胞生理生化特性有关。研究表明，植物的相对敏感性和抗性与植物叶片的构造有关。栅状组织与海绵组织的比值越大，抗性超强。叶片的气孔也左右抗性的强弱，抗性强的植物叶片的气孔数量多，叶面积小。从生理方面来说，抗性强的植物气体代谢能力弱，光合能力差。对于植物种类来说，常绿阔叶植物的抗性比落叶阔叶植物强，落叶阔叶植物的抗性比针叶树强。

植物根据对大气污染的抗性分为三级：①抗性强植物：长期在一定浓度有害气体环境中也基本不受伤害或受害轻微；在高浓度有害气体袭击后，叶片受害轻微或者受害后恢复较快的植物。②抗性中等植物：能较长时间生活在一定浓度的有害气体环境中，植株表现慢性伤害症状，（节间缩短、小枝丛生、叶片缩小、生长量下降等），受污染后恢复较慢的植物。③抗性弱（敏感）植物：不能长时间生活在一定浓度的有害气体污染环境中，受污染时，生长点干枯，叶片伤害症状明显，全株叶片受害普遍，长势衰弱，受害后生长难以恢复的植物。

表 6-5 所列一些北方园林植物的抗性，可以作为园林种植设计的参考。

表 6-5　园林植物对大气污染的抗性

污染物	敏感植物	抗性中等植物	抗性强植物
SO_2	大波斯菊、牵牛、矮牵牛、玫瑰、月季、四季海棠、中国石竹、油松、复叶槭、雪松、落叶松、樱花、贴梗海棠、杜仲、梅花	紫茉莉、石寿菊、鸢尾、蜀葵、郁金香、桃、樟子松、银杏、梧桐、华山松、枫香	美人蕉、菖蒲、石竹、菊花、文竹、含羞草、仙人掌、一品红、丁香、山茶、夹竹桃、刺槐、桧柏、侧柏、广玉兰、桂花、扁桃、果树、加拿大杨、枣树、冬青、胡颓子、月桂
HF	唐菖蒲、葡萄、杏、梅、山桃、榆叶梅、紫荆、樟树、郁金香、金丝桃、玉簪	复叶槭、桂花、甜橙、水仙、香水月季、天竺葵、接骨木、华山松、杜仲、桑树、文冠果、蓝桉、山茶、相思树	黄栌、银杏、连翘、金银花、桧柏、侧柏、胡颓子、木槿、楠木、白皮松、国槐、木麻黄、拐枣、垂柳、杜松、山楂、臭椿、紫茉莉
Cl_2	繁缕、向日葵、水杉、山核桃、枫杨、木棉、樟子松、紫椴、赤杨、池柏	女贞、玉兰、白蜡、枸杞、月季、菠萝蜜	早熟禾、银杏、轻柳、沙枣、紫藤、紫穗槐、刺槐、臭椿、桑树、丁香、皂荚、侧柏、木槿、丝棉木、细叶榕、枇杷、山桃、无花果、枳橙、蒲葵

确定植物对大气污染物的抗性有 3 种方法：①野外调查法：在野外调查不同植物受伤害的程度，划出不同抗性等级；②定点对比栽培法：在污染源附近栽种植物，根据植物受害的程度确定抗性强弱；③人工熏气法：把试验的植物置于熏气箱内，给熏气箱内通入有害气体，并控制在一定的浓度，据植物的受害程度，确定其抗性强弱。

2. 植物对大气污染的监测

在研究环境污染问题时，经常用理化仪器和生物方法测定环境中的污染物种类和浓度。生物方法主要是利用植物的敏感性对大气污染进行监测，有些植物对某些大气污染物相当敏感，也称指示植物。它们能敏感地反映出大气污染物的种类与浓度。利用指示植物监测大气污染常有下列 3 种方法：

1）指示植物法。通过指示植物对污染的反应了解污染的现状和变化。对大气污染区域的指示植物生长发育情况进行调查，根据指示植物受害后所表现出的症状或对植物的生长指标或生理生化指标进行检测，推知大气污染的种类、强度和污染历史。

2）植物调查法。在污染区内调查植物生长、发育及分布状况等，初步查清大气污染与植物之间的相互关系，主要观察污染区内现有园林植物可见症状。轻度污染区敏感植物会表现出症状；中度污染区敏感植物症状明显，抗性中等植物也可能出现部分症状；严重污染区敏感植物受害严重，甚至死亡绝迹，中等抗性植物有明显症状，抗性较强的植物也会出现部分症状。

3）地衣苔藓检测法。地衣、苔藓对环境因子变化非常敏感。而且地衣、苔藓易于栽植，可将地衣、苔藓移栽在监测区域的不同位置或栽种在花盆内，置于各检测点，观察其生长状况，了解环境的污染情况和变化。如对一磷肥厂的氟污染进行调查发现随着污染加重，地衣的属数、种数减少，地衣分布高度和原植体大小减少。

6.2

水污染与园林植物

6.2.1　水污染的概念

水污染是人类生产和生活活动排入水体的污染物超过了该物质在水体中的本底含量和水体的自净能力，使水体的物理、化学和生物特征发生不良变化，并使人类的正常生产、生活，以及自然界的生态平衡受到影响。

6.2.2　水污染的来源及分类

1. 水污染的来源

水污染根据污染物的来源主要有以下污染源：①未经处理而排放的工业废水；②未经处理而排放的生活污水；③大量使用化肥、农药、除草剂而造成的农田污水；④堆放在河边的工业废弃物和生活垃圾；⑤森林砍伐，水土流失；⑥因过度开采，产生矿山污水。

2. 水污染的分类

水污染根据污染物的性质主要分为以下几类：固体污染、有机污染、油类污染、有毒污染、生物污染和营养物质污染。

1）固体污染。主要是工业废弃物、生活废弃物、垃圾、矿渣等。

2）有机污染。主要是食物废弃物中的脂肪、蛋白质等有机物质和工业排放的有机物。

3）油类污染。主要是油脂类物质和石油原油等。

4）有毒污染。主要是无机化学毒物、有机化学毒物和放射性物质。

5）生物污染。主要是有害微生物，如病原菌、寄生性虫卵等。

6）营养物质污染。指排入水中的氮、磷、钾等营养物质。

6.2.3　水污染的危害

（1）重金属危害

重金属是固体污染物的主要成分。来源于各种金属矿山、冶炼厂、电镀厂等的废水、废渣排放。这些重金属元素使农作物受害，对人体健康有不良影响。

一般来说，重金属对植物的危害，表现症状相似。具体表现为新根伸长受抑制，主根尖端发生枝根，根系呈带刺的铁丝网状；新叶叶脉间出现黄化、白化现象；浓度较高时，叶片迅速卷曲，青枯，受害严重的植株枯死。这种青枯症状表现显著的次序是铜、镍、钴、锌、锰。

（2）油脂污染危害

油脂主要指矿物油和动植物油脂，是油类污染物的主要成分。油脂一旦进入土壤后，会破坏土壤结构和性能，并对植物造成直接危害。油分从根系渗入组织，使植物体内水分代谢发生障碍，叶尖卷曲，低位叶尖端变褐色，心叶黄白色，使植株枯萎。在水田中，油分漂浮在水面，使大气与水面隔绝，破坏正常的充氧条件。特别是石油，不仅影响农作物的生长发育，还会被作物吸收残留在植物体内，使粮食、蔬菜变味。

（3）有机污染危害

水中的有机污染物种类很多，它们的共同点是容易分解。污水中的有机物进入土壤后，在旱地氧化条件下，有机物分解迅速，变成二氧化碳和其他无机形态；分解过程消耗大量土壤中的氧气，且氧化物（如三价铁）、硫酸根、锰等被还原，分解过程中生成的氢、甲烷等气体及醋酸、丁酸等有机酸和醇类、酚类等中间产物，对植物有毒害作用，影响植物生长发育，使植株变矮，根系发黑，叶片狭小，叶色灰暗，阻碍植物对水分、养分的吸收和光合作用的进行，产量大大降低。

（4）有毒污染危害

一些无机化学毒物、有机化学毒物和放射性物质，进入植物体内后，会破坏植物的正常代谢活动，抑制植物的光合作用和呼吸作用，使植物生长受限。这些有毒物质可以转化进入植物体内，发生富集，并进入人体，对人造成危害。

（5）生物污染危害

生物污染物主要是有害微生物如病原菌、寄生性虫卵等。进入植物体内，产生病害，进入人体内，产生疾病。

（6）营养物质污染危害

大量氮、磷、钾等营养物进入水域，发生富营养化，引起不良藻类和其他生物迅速繁殖，水体溶解氧含量下降，水质恶化，生物大量死亡，如水华、赤潮。

（7）盐分污染危害

含盐量高的各种污水对植物的危害主要由高浓度的盐分所造成，其中氯化钠最为常见。高浓度的含盐污水能短时间内使植物叶片失水干枯致死；低浓度的含盐污水使植物叶色变浓，下部叶枯萎，根系腐烂变黑。

（8）酸碱危害

各种工业废水，常含较强的酸性或碱性，如造纸厂的废水碱性很强，硫化物矿、水泥厂、水坝施工现场排水等均含大量的酸、碱，进入土壤，破坏土壤的酸碱平衡和理化性状，引起某些矿质元素的缺乏，导致营养缺乏症状发生。

6.3 土壤污染与园林植物

1. 土壤污染的概念

当土壤中的有害物质含量过高，超过土壤的自净能力时，会导致土壤自然功能失调，肥力下降，影响植物的生长和发育，或污染物在植物体内积累，通过食物链危害人类健康，称为土壤污染。

2. 土壤污染的类型

根据土壤污染物的来源及污染途径可将土壤污染分为水质污染型、大气污染型、固体废物污染型、生产污染型等、综合污染型。

（1）水质污染型

土壤污染来源主要是工业废水、城市生活污水和受污染的地面水。污染途径主要为污水灌溉，污水的直接排放、渗漏都会使土壤遭受污染。污染物种类复杂，重金属、酸、碱、盐及有机物都可能造成较严重的污染。

（2）大气型污染

大气污染型的土壤污染可表现在很多方面，但以大气酸沉降（酸雨）、工业飘尘（散落物）及汽车尾气等几种情况最为普遍。

（3）固体废弃物污染型

固体废弃物包括工矿业废渣、城市垃圾（建筑垃圾、生活垃圾）和污泥等，如砖瓦、煤灰渣、玻璃、塑料、石灰、水泥、沥青等。

（4）生产型污染

这种污染主要是化肥、农药的使用不当导致的土壤污染。化肥既是植物生长必需营养元素的供给源，又是日益增长的环境污染因子。化肥中常含有不等量的副成分，重金属元素、有毒有机化合物及放射性物质等，长期施用，化肥中的副成分在土壤中积累，产生土壤污染。

（5）综合污染型

土壤污染的发生往往是多源性的。对于同一区域受污染的土壤，污染源可能来自水污灌、大气酸沉降和工业飘尘、垃圾或污泥堆肥以及农药、化肥等。土壤污染经常是综合性的。

3. 土壤污染对植物的影响

植物的生长离不开土壤，土壤是植物生长的基础。土壤污染不仅会引起土壤的组成和理化性质发生变化，其最直接的受害者是植物。植物通过从土壤中摄取营养物质来完成自己的生长发育，一旦土壤遭到污染，植物的生长也必将受到影响。

（1）重金属污染对植物的影响

土壤中溶解的重金属可通过质外体或共质体途径进入植物根系。重金属进入根细胞质后，以游离金属离子形态存在，对根细胞产生毒害作用，干扰细胞的正常代谢，破坏植物的根系，导致植物的死亡，或者影响植物对氮、磷、锌的吸收，使生长受限。研究表明，土壤受镉、铬、汞、砷、铅等元素的污染，能引起植物的生长和发育障碍；而受锰、汞、铅等元素的污染，一般不引起植物生长发育障碍，但它们能在植物可食部位蓄积，危害到人类。

（2）有机污染对植物的影响

土壤有机污染最重要的就是农药污染。尤其我国农村对农药的使用的不规范导致大量

155

农药残留进入农田土壤形成污染。农药在土壤中与植物根系接触或被吸收，引起一些植物病害或代谢疾病，甚至会导致植物死亡。农药在土壤中的积累过多，破坏了土壤的自然动态平衡，导致土壤自然正常功能失调、土质恶化、影响植物的生长发育，造成农产品产量和质量下降，并通过食物链危害人类。如某些杀虫剂对大豆、小麦、大麦等敏感植物产生影响，妨碍其根系发育，并抑制种子发芽。

除草剂也是土壤有机污染重要的方面。除草剂进入植物体内后，能抑制种子的萌发和根、茎的伸长，最终导致植物生长受阻，产量下降，甚至会使粮食作物转变成有毒作物，这对人类是一个极大的挑战。

6.4

城市光污染

1. 光污染的概念和特点

（1）光污染的概念

城市环境中光辐射超过各种生物正常生命活动所能承受的指数，从而影响人类和其他生物正常生存和发展的现象，称光污染。

（2）城市环境的光照特点

城市环境中光照条件与自然环境不同变化较大，具体表现如下：

1）强度减弱。由于城市中太阳的直射辐射减少、散辐射增多，强度减弱。原因是城市空气中悬浮颗粒物较多、空气污染严重、大气混浊度增加，到达地面的太阳直接辐射减少，散射增多，强度减弱，而且愈近市区中心，这种辐射量的变化愈大。

2）分布不均匀。由于城市建筑物的高低、方向、大小以及街道宽窄和方向不同，使城市局部地区太阳辐射的分布很不均匀，即使在同一条街道的两侧也会出现很大的差异，一栋东西走向的高大建筑物的南北两侧接受的太阳直射光是有差异的，南侧接受的太阳辐射比北侧多。南北走向的高楼两侧接受的光照状况则基本相同。

2. 光污染的形成

城市夜晚室外照明、黑光灯、荧光灯、霓虹灯、射灯等夜景照射及玻璃幕墙反射光、聚焦光等城市人工光影响植物、人体和其他生物的正常生命活动，形成光污染。

3. 光污染的类型

（1）人造白昼污染

地面产生的人工光在尘埃、水蒸气或其他悬浮粒子的反射或散射作用下进入大气层，导致城市夜空发亮，所带来的危害。

（2）白亮污染

白亮污染主要由强烈人工光和玻璃幕墙反射光、聚焦光产生，如常见的眩光污染。

（3）彩光污染

彩光污染是指歌厅、商场或建筑物外安装的黑光灯、旋转灯、荧光灯、灯箱广告等闪烁的彩色光源构成了彩光污染。

4. 光污染的危害

（1）人造白昼污染

人造白昼会影响人体正常的生物钟，并通过扰乱人体正常的激素产生量来影响人体健康。植物体的生长发育常受到每日光照长短的控制，人造白昼会影响植物正常的光周期反应。人造白昼影响昆虫在夜间的正常繁殖过程，许多依靠昆虫授粉的植物也将受到不同程度的影响。

（2）白亮污染

白色光亮污染环境下工作和生活的人，视网膜和虹膜都会受到程度不同的损害，视力急剧下降，白内障的发病率高达 45%。还使人头昏心烦甚至发生失眠、食欲下降、情绪低落、身体乏力等类似神经衰弱的症状。有些玻璃幕墙是半圆形的，反射光汇聚还容易引起火灾。烈日下驾车行驶的司机眼睛受到强烈刺激，很容易诱发车祸。茶色玻璃中含有放射性金属元素钴，它将太阳光反射到人体上，会使人受放射性污染。

为了减少白亮污染，可加强城市地区绿化特别是立体绿化，利用大自然的绿色植物建设"生态墙"，可以减少和改善白亮污染。

（3）彩光污染

彩光污染不仅有损人的生理功能，还会影响心理健康。长期处于彩光污染下，可诱发流鼻血、脱牙、白内障，甚至导致白血病和其他癌变；彩色光源让人眼花缭乱，不仅对眼睛不利，而且干扰大脑中枢神经；使人感到头晕目眩，出现恶心呕吐、失眠等症状。

科学家最新研究表明，彩光污染不仅有损人的生理功能，还会影响心理健康。黑光灯所产生的紫外线能伤害眼角膜、损害人体的免疫系统，导致多种皮肤病；闪烁彩光灯常损伤人的视觉功能，并使人的体温、血压升高，心跳、呼吸加快；荧光灯可降低人体钙的吸收能力，使人神经衰弱。

单元 7

园林植物设施环境

单元教学目标

单元导读

园林植物设施栽培是在一定的封闭空间内进行的,因此,生产者对环境的干预、调节、控制与影响,比在露地栽培时要大得多。设施栽培管理的重点,是根据园林植物的遗传特性及生物学特性对环境的要求,通过人为地调节控制,尽可能使园林植物与环境之间协调、统一、平衡,人工创造出园林植物生长发育所需的最佳综合环境条件。本单元主要介绍园林植物设施内环境的特点及设施内光、温、湿、气、土五大环境因子的综合管理措施。使读者掌握设施内光、温、湿、气、土的特点、调节方法及综合管理方式。

知识目标

1. 了解并能认识园林植物设施环境的种类。
2. 了解园林植物设施环境各因素的特点。
3. 掌握园林植物设施环境地上、地下环境管理技术。
4. 对园林植物设施环境综合管理技术有一个初步的认识。
5. 明确掌握园林植物设施环境的常见的问题及解决方法。

技能目标

1. 会对设施环境的光、温度、湿度、气体及土壤进行调控。
2. 学会无土栽培技术,会配制常用的营养液。
3. 会处理解决设施环境常见的问题。

情感目标

1. 培养自主学习能力。
2. 培养观察与分析能力。
3. 锻炼提高动手能力。
4. 锻炼提高语言表达能力。
5. 培养团队协作能力。

7.1 园林植物设施环境的种类

目前，我国使用的园林植物设施大体分为大型设施、中小型设施和简易设施 3 类。

1. 大型设施

大型园林植物设施有塑料薄膜大棚、单栋温室（日光温室）、连栋温室、智能温室等。

2. 中小型设施

中小型园林植物设施有中小型温棚、日光温室、组织培养室、改良阳畦等。

3. 简易设施

简易设施有风障、阳畦、冷床、温床、遮阳网、简易覆盖和地膜覆盖等。

7.2 园林植物设施内环境特点

■ 7.2.1 园林植物设施内光照环境特点

园林植物设施内的光照环境不同于露天。由于是人工建造的保护设施，设施内的光照条件受到建筑方位、设施结构、透光屋面大小和形状、覆盖材料特性、干洁程度等多种因素的影响。设施内的光照环境，如光照强度、光照时数、光的组成（即光质）及光的分布特点各不相同，影响着园林植物的生长发育。

1. 光照强度

园林植物设施内的光照强度一般要比自然光弱，因为自然光需透过透明屋面覆盖材料才能进入设施，在此过程中，由于覆盖材料吸收、反射，覆盖材料内面结露的水珠折射、吸收等而降低了透光率。尤其是在寒冷的冬春季或阴雨天，透光率只有自然光的 50%～70%。如果透明覆盖材料不清洁，使用时间长而染尘或老化，其透光率甚至达不到自然光的 50%。

2. 光照时数

园林植物设施内的光照时数是指受光时间的长短，光照时数因设施类型不同而不同。塑料大棚和大型连栋温室因全面透光，无外覆盖，设施内的光照时数与露地基本相同。但单屋面温室内的光照时数一般比露地的要短，因为在寒冷的季节为了防寒保温，覆盖的草席、草苫的揭盖时间直接影响着设施内受光时数。在寒冷的冬季或早春，一般在日出后才揭苫，而在日落前或刚刚日落就要盖上，1d 内植物受光的时间只有 7~8h，在高纬度地区冬季甚至不足 6h，远远不能满足植物对日照时数的需求。北方冬季生产用的塑料小拱棚或改良阳畦，夜间也有防寒覆盖物保温，但同样存在着光照时数不足的问题。

3. 光的性质

园林植物设施内光的组成也与自然光不同，主要与透明覆盖材料的性质有关。我国的主要园林植物设施多以塑料薄膜为覆盖材料，透过的光质与薄膜的成分、颜色等有直接关系。玻璃温室与硬质塑料板材的特性也影响设施内的光质。而露地栽培时，太阳光直接照在植物上，光的成分一致，不存在光质差异。

4. 光的分布

露地栽培园林植物在自然光下光分布是均匀的，而设施内则不一样。如单屋面温室的后屋面及东西北三面有墙，都是不透光部分，在其附近或下部往往会有遮阴。朝阳面的透明屋下，光照明显优于北部。单屋面温室后屋面的仰角大小不同，也会影响透光率。设施内不同部位的地面距屋面的远近不同，光照条件也不同。设施内光分布的不均匀性，使得园林植物的生长发育也不一致。

7.2.2 园林植物设施内温度环境特点

园林植物设施内热量的来源主要是太阳辐射，除加温温室外，所有保护设施白天都依靠太阳辐射增温。即使是加温温室，一般也主要是在夜间或阴（雪）天太阳辐射热量不足时进行补充加温。由于薄膜或玻璃能阻止部分的长波辐射，使热能保留在设施内，从而提高了设施内的气温。这种透明覆盖物的增温作用，称为"温室效应"。

1. 设施内的日温差

设施内的日温差是指 1d 内最高温度与最低温度之差。其最高最低温的出现时间大致与露地相似，最高温出现在午后（14 点左右），最低温出现在日出前。不同的是设施内的日温差要比露地大得多。容积小的设施（如小拱棚）尤其显著。例如，外界气温为 10℃，大棚内的温度日较差约为 30℃，而小拱棚的温度日较差可达 40℃左右。加温温室由于可以补充加温，温差较小，适宜的日温差对植物生长发育是有利的。

设施内会产生"逆温"现象，一般出现在阴天后、有晴朗微风的夜间。在有风的晴天夜间，温室大棚表面辐射散热很强，有时温室内气温反而比外界气温还低，这种现象叫做"逆温"。其原因是白天被加热了的地表面和植物体在夜间通过覆盖物向外辐射放热，而晴朗无云有微风的夜晚放热更剧烈。在微风的作用下，室外空气可以从大气逆辐射补充热量，而温室大棚由于覆盖物的阻挡，室内空气却得不到这部分补充热量，因而造成室温比室外温度还低。10 月至次年 3 月容易发生逆温现象。逆温一般出现在凌晨，日出后棚室迅速升温，逆温消除。

2. 设施内的温度分布

设施内气温的分布是不均匀的，不论在垂直方向还是在水平方向都存在着温差。在寒冷的冬季或早春，边行地带气温和地温均比内部低得多。保护设施面积越小，边行低温地带占的比例越大，温度分布越不均匀。例如宽 15m、长 50m 的大棚，低温地带占 30%，如将其加宽一倍，则低温地带约占 20%。

设施内温度的空间分布比较复杂。在保温条件下，垂直方向的温差上下可达 4℃ 以上，水平方向的温差则较小。温度分布不均匀的主要原因，主要是受阳光入射量分布不均匀、加温和降温设备的种类及安装位置、通风换气的方式、外界风向、内外气温差及设施结构等多种因素的影响。

7.2.3　园林植物设施内湿度环境特点

园林植物设施内的湿度环境包含空气湿度和土壤湿度两个方面。

1. 设施内空气湿度的特点

设施内的空气湿度是由土壤水分的蒸发和植物体内水分的蒸腾在设施密闭情况下形成的。设施内植物由于生长势强，代谢旺盛，植物叶面积指数高，蒸腾作用释放大量的水汽，在密闭条件下会使设施内水汽很快达到饱和，空气相对湿度比露地栽培要高得多。因此，高湿成为设施湿度环境的突出特点。

设施内绝对湿度的日变化与温度的日变化趋势一致。设施内部的绝对湿度基本相同，相对湿度随温度变化也发生变化，即与温度的日变化趋势相反。夜间，随着设施内气温下降，相对湿度逐渐增大，往往能达到饱和状态；日出后随着温度的升高，相对湿度开始下降，如果进行通风，绝对湿度也急剧下降。所以，设施内的空气湿度日变化较大。

设施内空气湿度变化还与设施大小有关。一般情况下高大的保护设施空气湿度小，但局部湿度差大；矮小设施内空气湿度大，但局部湿度差小；空气湿度的日变化是矮小设施比高大设施变化大。空气湿度的急剧变化对园林植物的生长发育是不利的，容易引起凋萎或土壤干燥。

2. 设施内土壤湿度的特点

由于设施的空间或地面有比较严密的覆盖材料，土壤耕作层不能依靠降雨来补充水分，土壤湿度只能由灌水量、土壤毛细管上升水量、土壤蒸发量以及作物蒸腾量的大小来决定。在中小棚中，土壤蒸发和植物蒸腾的水汽在塑料薄膜内面上结露，不断地顺着薄膜流向棚的两侧，逐渐使棚内中部的土壤干燥而两侧的土壤湿润，引起土壤局部湿差和温差，所以在中部一带需多灌水。

温室大棚的宽度较大，因而干燥部分更大一些。温室大棚与露地相比，由于温室内土壤蒸发和植物蒸腾量小，其土壤湿度比露地大。另外，施肥量多、无大量的雨水冲刷，土壤中盐类容易随着毛细管水向上移动而在地表积累，使土壤溶液浓度提高，对植物吸水极为不利。

7.2.4 园林植物设施内气体环境的特点

设施内的气体条件不如光照和温度条件那样直观地影响着植物的生长发育，因而往往被人们所忽视。通风不但对设施内温、湿度有调节作用，并且能够及时排出有害气体，同时补充二氧化碳，增强植物光合作用，促进其生长发育。

1. 设施内二氧化碳含量的特点

（1）含量变化大

设施中的二氧化碳来源于空气中的二氧化碳、植物呼吸、土壤微生物活动、有机物分解发酵、煤炭柴草燃烧等释放的二氧化碳，所以设施内夜间二氧化碳的含量比外界高。但从清晨天亮之后，植物立即开始旺盛地进行光合作用，吸收了大量的二氧化碳，造成设施内白天二氧化碳的含量比外界低。由于设施的类型、面积、空间大小、通风换气窗开关状况以及所栽培的植物种类、生长发育阶段和栽培床等条件不同，设施内二氧化碳含量日变化有很大的差异。

（2）分布不均匀

设施内各部位的二氧化碳含量分布不均匀。如晴天将温室内天窗和一侧侧窗打开，植物生育层内部二氧化碳含量降低到 $135\sim150\mu L/L$，比生育层的上层低 $50\sim65\mu L/L$，仅为大气二氧化碳标准浓度的 50%左右。但在傍晚阴雨天则相反，生育层内二氧化碳含量高，上层含量低。设施内二氧化碳含量分布不均匀，使植株各部位的产量和质量也不一致。塑料大棚横断面的中部与边区的二氧化碳含量分布也不均匀，造成大棚中部光合强度比边区大。

2. 有害气体

在比较密闭的环境中出现有害气体，其危害作用比露地栽培的影响要大得多。常见的有害气体有氨、二氧化氮、乙烯、氟化氢、臭氧等。若用煤火补充加温时，还常产生一氧化碳、二氧化硫的毒害。日光温室一般不进行加温，有毒气体主要不是来自于煤的燃烧，而往往是来自有机肥腐熟发酵过程中产生的氨气，或有毒的塑料薄膜与管道高温下挥发出来的乙烯。

3. 设施内土壤气体环境

应当保持根的正常呼吸作用，提高植物根系的活力。要求土壤有良好的通气性，土壤气体中的二氧化碳含量不可过高。一般情况下，土壤空气内二氧化碳含量比大气中高，而氧气的含量比大气中的低，但当土壤间隙小、水分多时，能使二氧化碳含量剧增、氧气含量大量减少。因此，要求土壤有良好的通气性，土壤气体中的二氧化碳含量不可过高。必须强调土壤的气体环境是植物生长发育的重要条件。

7.2.5　园林植物设施内土壤环境的特点

设施内的土壤营养状况直接影响植物的生长和品质。设施土壤的肥沃能充分供应和协调土壤中的水分、养料、空气和热能以支持植物的生长和发育。通过耕作措施使土层疏松深厚，有机质含量高，土壤结构和通透性能良好，蓄保水分，养分和吸收能力高，微生物活动旺盛等，这些都是促进植物生长发育的有利土壤环境。

设施内土壤环境的特点有如下几点。

（1）设施内土壤水分与盐分运移方向与露地不同

由于温室是一个封闭（不通风）的或半封闭（通风时）的空间，自然降水受到阻隔，土壤几乎没有受到自然降水自上而下的淋溶作用，因此土壤中积累的盐分不会被淋溶。同时设施内温度高，植物生长旺盛，土壤水分自下而上地蒸发和植物蒸腾作用比露地强，根据"盐随水走"的规律，这也使土壤表层积聚了较多的盐分。

（2）土壤易盐渍化

设施内由于大量施肥，养分残留量高，土壤盐类浓度过高，产生次生盐渍化。

设施生产多在冬、春寒冷季节进行，土壤温度比较低，施入的肥料不易分解和被植物吸收，容易造成土壤内养分的残留。生产者盲目认为施肥越多越好，往往采用加大施肥量的办法来弥补地温低、植物吸收能力弱的不足，结果适得其反，尤其当铵态氮浓度过高时危害更大。由于设施土壤的培肥反应比露地明显，养分累积进程快，因此容易发生土壤次生盐渍化，土壤养分也不平衡。

（3）土壤有机质含量高

设施内土壤有机质总量和易氧化的有机质含量高，土壤腐殖质含量高，对园林植物生长发育是有利的。

（4）设施土壤氮、磷、钾浓度变化与露地不同

由于设施内土壤有机质矿化率高，氮肥用量大，淋溶又少，所以残留量高。据调查，使用 3～5 年的温室表土，氮肥残留量可达 200mg/kg 以上，严重的达 1～2g/kg，达到盐分危害浓度上限（2～3g/kg）。设施内土壤全磷的转化率比露地高 2 倍，对磷的吸附和解吸量也明显高于露地，磷大量富集（可达 1000mg/kg 以上），最后导致钾的含量相对不足，氮/钾失衡，对园林植物的生长发育不利。

（5）土壤酸化明显

造成设施土壤酸化的原因主要是氮肥施用量过大，残留量大而引起的。土壤酸化除因 pH 过低直接危害植物外，还抑制磷、钙、镁等元素的吸收，磷在 pH 小于 6 时溶解度降低。根据实验证明，连续施用硫铵或氯化铵时 pH 下降最明显。

（6）土壤病虫害严重

由于设施内的环境比较温暖湿润，为一些土壤中的病虫害提供了越冬场所，病虫害严重，使得一些在露地栽培可以控制的病虫害在设施内难以绝迹。例如，根结线虫在温室土壤内一旦发生就很难控制。

7.3

园林植物设施环境地上部分管理

7.3.1 光的管理

设施内对光照条件的要求是光照充足和光照分布均匀。目前，我国使用的园林设施对光的管理，主要还是依靠增强或减弱设施内的自然光照，适当进行人工补光。具体有以下措施：

1. 改进设施结构，提高透光率

（1）选择适宜的建筑场地及合理的建筑方位

根据设施生产的季节和当地的自然环境，如地理纬度、海拔高度、主导风向、周边环境（如是否有建筑物、是否有水面、地面平整与否等）。

（2）设计合理的屋面坡度

单屋面温室主要设计合理的后屋面角、前屋面与地面交角及后坡长度，这样既保证透光率高也兼顾保温好。连接屋面温室屋面角要保证尽量多透光，还要防风、防雨雪，使排雨雪水顺畅。

（3）设计合理的透明屋面形状

从生产实践来看，拱圆形屋面采光效果好。

（4）骨架材料

在保证温室结构强度的前提下尽量用细材，以减少骨架遮阴，梁柱等材料也应尽可能少用，如果是钢材骨架，可取消立柱，以利于改善光环境。

（5）选用透光率高，且透光保持率高的透明覆盖材料

塑料薄膜大棚应选用防雾滴且持效期长、耐候性强、耐老化性强等优质多功能薄膜，或漫反射节能膜、防尘膜、光转换膜等。有条件的大型连栋温室，可选用 PC 板材。

2. 改进管理措施

1）保持透明屋面干洁。塑料薄膜屋面的外表面经常清扫以增加透光，内表面应通过放风等措施减少水珠凝结，防止光的折射，提高透光率。

2）增加光照时间。在保温前提下，尽可能早揭晚盖外保温与内保温覆盖物。阴天或雪天同样也要在防寒保温的前提下，揭开不透明的覆盖物，时间越长越好，以增加散射光的透光率。双层膜温室，可将内层改为白天能拉开的活动膜，以利光照。

3）合理密植，合理安排种植行向。为了减少植物间的遮阴，植株密度不可过大，否则植物在设施内会因高温、弱光发生徒长，植物行向以南北行向较好，没有死阴影。若是东

西行向，则行距要加大。单屋面温室的栽培床高度要南低北高，防止前后遮阴。

4）选用耐弱光的品种。

5）地膜覆盖。有利地面反光，以增加植株下层光照。

6）利用反光。在单屋面温室北墙张挂反光幕板，可使反光幕板前光照增加 40%～44%，有效范围可达 3m。

7）采用有色薄膜。其目的在于人为创造某种光质，以满足某种植物或某个植物发育时期对该光质的需要，获得高产、优质。但有色覆盖材料其透光率偏低，只有在光照充足的前提下改变光质才能收到较好的效果。

3. 遮光

遮光主要有两个目的：一是减弱设施内的光照强度；二是降低设施内的温度。

设施遮光 20%～40% 能使室内温度下降 2～4℃。初夏中午前后，光照过强，温度过高，超过植物光饱和点，对生育有影响时应进行遮光；在育苗过程中，移栽后为了促进缓苗，通常也需要进行遮光。遮光材料要求有一定的透光率、较高的反射率和较低的吸收率。

遮光方法有以下几种措施：①覆盖各种遮阴物，如遮阳网、无纺布、苇帘、竹帘等；②玻璃面涂白，可遮光 50%～55%，降低室温 3.5～5.0℃；③屋面流水，可遮光 25%。

4. 人工补光

人工补光的目的：①人工补充光照，以满足植物光合作用的需要。当自然光照不足时，进行补光使光照强度在植物光补偿点以上，生产上常采用荧光灯、高压钠灯；②抑制或促进花芽分化，调节开花期，需要补充光照，这种补充光照要求的光照强度较低，称为低强度补光，常用白炽灯；③照明。在北方冬季很需要补光，且要求光照强度大，为 1～3klx，所以成本较高，生产上很少采用，主要用于育种、引种和育苗。

人工补光的光源是电光源。对电光源有 3 点要求：①要求有一定的强度，使床面上光强在光补偿点以上、饱和点以下；②要求光照强度具有一定的可调性；③要求有一定的光谱能量分布，可以模拟自然光照，要求具有太阳光的连续光谱，也可采用类似植物生理辐射的光谱。

人工补光使用的灯管主要有一般日光灯、三波长日光灯、红灯、三波长太阳灯、植物生长灯、高压钠灯、低压钠灯、暖白荧光灯等。

7.3.2　温度的管理

设施内温度的调节与控制措施有保温、加温和降温 3 个方面。温度调控要求达到能维持适宜于植物生长发育的设定温度，且温度的空间分布均匀，变化平缓。

1. 保温

（1）减少贯流放热和通风换气量

温室大棚的散热有 3 个途径：一是经过覆盖材料的围护结构传热；二是通过缝隙漏风的换气传热；三是与土壤热交换的地中传热。

3 种方式下的传热量分别占总散热量的 70%～80%，10%～20% 和 10% 以下。各种散热作用的结果，使单层不加温温室和塑料大棚的保温能力较小。即使气密性很高的设施，其夜间气温最多也只比外界气温高 2~3℃。在有风的晴夜，有时还会出现室内气温反而低于外界气温的逆温现象。因此为了提高温室大棚的保温能力，常采用各种保温覆盖。

（2）保温覆盖的材料与方法

保温覆盖使用的材料与方法如图 7-1 所示。不同的覆盖方式的保温能力随保温幕材料不同而不同，具体的保温效果也不相同，如表 7-1 所示。

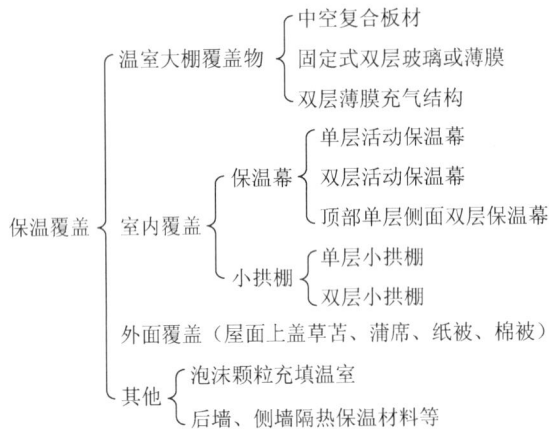

图 7-1　保温覆盖使用的材料与方法

表 7-1　保温覆盖的热节省率

保温方法	保温覆盖材料	热节省率/%	
		玻璃温室	塑料大棚
双层固定覆盖	玻璃或聚氯乙烯薄膜	40	45
	聚乙烯薄膜	35	40
室内单层保温幕	聚乙烯薄膜	30	35
	聚氯乙烯薄膜	35	40
	无纺布	40	30
	混铝薄膜	30	45
	镀铝薄膜	45	55
室内单层保温幕	两层聚乙烯薄膜	45	55
	聚乙烯薄膜＋镀铝薄膜	65	65
外面覆盖	温室用草苫	60	65

（3）增大保温比

适当降低设施的高度，缩小夜间保护设施的散热面积，有利于提高设施内昼夜气温和地温。

（4）增大地表热流量

使用透光率高的玻璃或薄膜，正确选择保护设施的方位和屋面坡度，尽量减少建材的阴影，经常保持覆盖材料干洁，以增大保护设施的透光率。减少土壤蒸发和植物蒸腾量，增加白天土壤贮存的热量，土壤表面不宜过湿，进行地面覆盖也是有效的措施。在设施周围挖一条宽 30cm 的防寒沟，深度与当地冻土层深度相当，沟中填入稻壳、蒿草等保温材料防止地中热量横向流出。

2. 加温

加温方式不同，所用的装置不同，其加温效果、可控制性能、维修管理以及设备费用、运行费用等都有很大差异。另外，热源在温室大棚内的部位配热方式不同，对气温的空间分布有很大的影响。所以，应根据使用对象和采暖、配热方式的特点慎重选择。不同采暖及配热方式的特点如表 7-2 和表 7-3 所示。

表 7-2 设施环境的采暖方式和特点

采暖方式	技术要点	采暖效果	控制性能	维修管理	设备成本	其他	适用对象
热风采暖	直接加热空气	停机后缺少保温性，温度不稳定	预热时间短，升温快	因不用水，容易操纵	比热水采暖便宜	不用配管和散热器，作业性好，燃烧空气由室内补充时，必须通风换气	各种塑料棚
热水采暖	用 60～80℃热水循环，或用热水与空气交换，将热气和热风吹入室内	加热缓慢，停机后余热多，后保温性高	预热时间长，可根据负荷的变动改变温度	对锅炉要求比蒸汽低，水质处理较容易	须用配管和散热器，成本较高	在寒冷的地方管道怕冻，必须充分保护	大型温室
热气采暖	用 100～110℃蒸汽采暖，可转换成热气和热风采暖	余热少，停机后缺少保温性	预热时间短，自动控制稍难	对锅炉要求高，水质处理不严时，输水管易被腐蚀	比热水采暖贵	可用土壤消毒，散热管较难配置适当，易局部产生高温	大型温室群，在高差大的地形上建的温室
电热采暖	用电热温床线和电暖风加热采暖器	停机后缺少保温性	预热时间短，自动控制稍难	使用方便容易	设备费用低	耗电多，生产用不经济	小型温室育苗，温室中加温辅助采暖
辐射采暖	用液化石油气红外燃烧取暖炉	停机后缺少保温性，可升高植物体温	预热时间短，控制容易	使用方便容易	设备费用低	耗气多，大量用不经济，有二氧化碳施肥效果	临时辅助采暖
火炉采暖	用地炉或铁炉烧煤，用烟囱散热取暖	封火时仍有一定的保温性，有辐射加热效果	预热时间长，烧火费力，不易控制	较容易维护，但操作费工	设备费用低	注意通风，防止煤气中毒	土温室、大棚短期加温

表 7-3 设施环境的配热方式和特点

配热方式	方式要点	采暖方式	气温分布	作业性能	其他
上部吹出	从热风机上部吹出热风	热风采暖	水平分布均一，垂直梯度大，上部高温	良好	热损失大
下部吹出	从热风机下部吹出热风	热风采暖	垂直分布均一，但水平分布不均一	良好	
地上管道	在垄间或通风处设置管道吹出热风	热风采暖、热水热气交换	可通过管道数量、长度、位置调节温度分布	保护管道	管道末端开放

续表

配热方式	方式要点	采暖方式	气温分布	作业性能	其他
头上管道	2m以上高度设置管道吹出热风	热风采暖		良好	管道末端封闭,下侧方开孔
垄间配管	在地面上10~30cm高度设管	热风采暖、蒸汽采暖	会产生固定的不均匀	较难	
周围叠置配管	在四周及天沟下集中配管	热风采暖、蒸汽采暖	管道10m内温度分布均匀	良好	热损失变大
头顶上配管		热风采暖、蒸汽采暖	管道上部形成高温,下部形成低温	良好	热损失最大

3. 降温

保护设施内最简单的降温途径就是通风,但在温度过高,依靠自然风不能满足植物生育要求时,必须进行人工降温。常用降温方法有以下几种。

(1)遮光降温法

遮光20%~30%时,室温相应可降低4~6℃。在与温室大棚屋顶相距40cm左右处张挂遮阳网,对温室降温很有效。遮阳网的质地以温度辐射率越小越好。考虑塑料制品的耐候性,一般选用黑色或墨绿色塑料遮阳网。室内用银灰色铝箔遮阳网或白色无纺布,可降温2~3℃。室内遮阳降温效果比室外遮阳差。也可在屋顶表面及立面玻璃上喷涂白色遮光物,但遮光、降温效果略差。

(2)屋面流水降温法

屋面喷水降温是将水均匀地喷洒在玻璃温室的屋面上,来降低温室内空气的温度。流水层可吸收投射到屋面的太阳辐射8%左右,当水在玻璃温室屋面上流动时,水与温室屋面的玻璃换热,吸收屋面玻璃热量,进而将温室内的余热带走;当水在玻璃屋面流动时,会有部分水分蒸发,进一步降低了水的温度,强化了水与玻璃之间的换热。另外,水膜在玻璃屋面上流动,可减少进入温室的日光辐射量,当水膜厚度大于0.2mm时,太阳辐射的能量全部被水膜吸收并带走,这一点相当于遮阴。

屋顶喷水系统由水泵、输水管道、喷头组成,系统简单,价格低廉。室温可降低3~4℃。采用此方法时需考虑安装费和清除玻璃表面的水垢污染问题。水质硬的地区需对水质作软化处理。

(3)蒸发冷却法

蒸发降温是利用空气的不饱和性水的蒸发潜热来降温,当空气中所含水分没有达到饱和时,水会蒸发变成水蒸气进入空气中,水蒸发的同时,吸收空气的热量,降低空气的温度,而空气相对湿度提高。常用的具体方法有3个。

1)湿帘排风法。在温室进风口内设10cm厚的纸垫窗或棕毛垫窗,不断用水将其淋湿,温室另一端用排风扇抽风,使进入室内空气先通过湿垫窗被冷却后再进入室内。一般可使室内温度降到湿球温度。但冷风通过室内距离过长时,室温常常分布不均匀,而且外界湿度大时降温效果差。

2)细雾降温法。在室内高处喷以直径小于0.05mm的浮游性细雾,用强制通风气流使细雾蒸发达到全室降温,喷雾适当时室内可均匀降温。

3)屋顶喷雾法。在整个屋顶外面不断喷雾湿润,使屋面下冷却了的空气向下对流。降温效果不如上述通风换气与蒸发冷却相配合的好。

在湿帘排风法和屋顶喷雾法中,当水质不好时,蒸发后留下的水垢会堵塞喷头和湿垫,需作水质处理,水质未处理时,纸质湿垫用几年即严重积垢而失效。

(4)强制通风

大型连栋温室因其容积大,需强制通风降温。

7.3.3 空气的管理

1. 空气湿度的管理

空气湿度管理的直接目的主要是防止植物沾湿和降低空气湿度。防止植物沾湿是为了抑制病害。降低空气湿度是为了促进蒸发蒸腾,控制徒长、改善植物生长势、增大着花率、促进养分吸收、防止生理障碍和病害。

(1)除湿方法

1)通风换气。设施内高湿是密闭所致。为了防止室温过高或湿度过大,在不加温的设施里进行通风,其降湿效果显著。一般采用自然通风,从调节风口大小、时间和位置,达到降低室内湿度的目的;但通风量不易掌握,且室内降湿不均匀。在有条件的情况下,可采用强制通风,可由风机功率和通风时间计算出通风量,而且便于控制。

2)加温除湿。此措施效果较好。湿度的控制既要考虑植物的同化作用,又要注意病害发生和消长的临界湿度。保持叶片表面不结露,就可有效地控制病害发生和发展。

3)覆盖地膜。覆膜前夜间空气湿度高达 95%~100%;而覆膜后,空气湿度可下降到75%~80%。

4)控制灌水量。采用滴灌或地中灌溉,节水增温减少蒸发,可以降低湿度。

5)使用除湿机。利用氯化锂等吸湿材料,通过吸湿机来降低设施内的空气湿度。

6)使用除湿型热交换器。有条件的地方可以使用这种连接吸气与排气的通风机,进入的是高温低湿的空气,而排出的是低温高湿的空气,因此可以达到除湿的目的,同时还可以补充室内的二氧化碳。另外也可以使用热泵除湿。

(2)加湿方法

大型设施进行全年生产时,到了高温季节还会遇到高温、干燥、空气湿度不够的问题,尤其是大型玻璃温室由于缝隙多,此问题更加突出。当栽培要求空气湿度高的植物时,还必须加湿以提高空气湿度。

1)喷雾加湿。喷雾器种类较多,可根据设施面积选择合适的喷雾器。喷雾加湿法效果明显,常与中午高温时的降温结合使用。

2)湿帘加湿。湿帘主要是用来降温的,同时也可达到增加室内湿度的目的。

3)温室内顶部安装喷雾系统,降温的同时也可加湿。

2. 二氧化碳含量的管理

二氧化碳的施用,必须在一定的光强和温度下进行。其他条件适宜,而只因二氧化碳不足，影响光合作用时，施用才能发挥其良好的作用。一般温室在上午随着光照的加强，二氧化碳含量因植物的吸收而迅速下降，这时应及时进行二氧化碳施肥。冬季（11 月至次年 2 月）二氧化碳施肥时间约为上午 9 时，春秋两季可适当提前。中午设施内温度过高，需要进行通风，可在通风前 0.5 h 停止，下午一般不施用。

二氧化碳肥源及其生产成本，是决定在设施生产中能否推广及应用的关键问题。二氧化碳来源有以下几种途径：

1）有机肥发酵。肥源丰富，成本低，简单易行，但二氧化碳发生量集中，也不易掌握。

2）燃烧天然气（包括液化石油气）。燃烧后产生的二氧化碳气体，通过管道输入到设施内，但成本较高。

3）液态二氧化碳。液态二氧化碳为酒精工业的副产品，经压缩装在钢瓶内，可直接在设施内释放，容易控制用量，肥源较多。

4）固态二氧化碳（干冰）。将干冰放在容器内任其自身的扩散，可起到施肥的效果，但成本较高，适合于小面积试验用。

5）燃烧煤和焦炭。燃料来源容易，但产生的二氧化碳浓度不易控制，在燃烧过程中常有一氧化碳和二氧化硫等有害气体伴随产生。

6）化学反应法。采用碳酸盐和强酸反应产生二氧化碳，我国目前应用此方法最多。

3. 有害气体的预防

（1）防止农药的残毒污染

限制使用某些残留期较长的农药品种。改进施药方法，如发展低容量和超低容量喷雾法，应用颗粒剂及缓解剂等，既可提高药效，又能减少用药量，缓解剂还可以使某些高毒农药低毒化。

（2）防止农药对植物的药害

不能将一种农药与另一种农药任意混用，不要在高温下喷药，以免引起药害；切实按面积使用药量，浓度切勿过高和药量过大。

（3）防止地热水的污染

地热水的水质随地区不同而有差异，如有的水质中含有氟化氢、硫化氢等气体常引起设施和器材的腐蚀、磨损和积水垢等，因此，在利用地热水取暖时尽量不用金属管道而采用塑料管道。千万不能用地热水作为灌溉用水，以免造成土壤污染。

（4）通风换气

经常将通风窗、门等打开，以利排除有害气体和换入新鲜气体。越是在寒冷的季节越需注意通风换气。每天清晨温度比较低，为保温，原则上不应通风，但此时是设施内空气湿度最高、有害气体最多和二氧化碳最缺少的时刻，应当打开通风口，排除有害气体，降低湿度减轻病害，换入新鲜空气以补充二氧化碳。

此外，设施应建立在远离污染源的地方，如化工厂、矿山等，避免受工业废气的污染。

7.4 园林植物地下部分环境管理

7.4.1　设施内土壤管理

1. 土壤湿度管理

在设施环境管理中，土壤湿度的管理是最重要、最严格的环节之一。土壤湿度的管理应当依据植物种类及生育期的需水量、体内水分状况以及土壤湿度状况而定。通常通过设施内灌溉来实现。

设施内的灌溉既要掌握灌溉期，又要掌握灌溉量，才能达到节水和高效利用的目的。常用的灌溉方式有如下几种：

1）淹灌或沟灌。省力、速度快。其控制方法只能从调节阀门或水沟入水量着手，浪费土地浪费水，不宜在设施内采用。

2）喷壶洒水。传统方法，简单易行，便于掌握与控制。但只能在短时间、小面积内起到调节作用，不能根本解决植物生育需水问题，而且费时、费力，均匀性差。

3）喷灌。采用全园式喷头的喷灌设备，用 $3kg/cm^2$ 以上的压力喷雾，$5kg/cm^2$ 的压力雾化效果更好，安装在温室或大棚顶部 $2.0\sim2.5m$ 高处。也有的采用地面喷灌，即在水管上钻有小孔，在小孔处安装小喷嘴，使水能平行地喷洒到植物上方。

4）水龙浇水法。采用塑料薄膜滴灌带，成本较低，可以在每个畦上固定一条，每条上面每隔 $20\sim40cm$ 有一对 $0.6mm$ 的小孔，用低水压也能使 $20\sim30m$ 长的畦灌水均匀，也可放在地膜下面，降低室内湿度。

5）滴灌法。在浇水用的直径 $25\sim40mm$ 的塑料软管上，按株距钻小孔，每个孔上再接上小细塑料管，用 $0.2\sim0.5kg/cm^2$ 的低压使水滴到植物根部。此方法可防止土壤板结，省水、省工、降低棚内湿度，抑制病害发生，但需一定设备投入。

6）地下灌溉。用带小孔的水管埋在地下 $10cm$ 处，直接将水浇到根系内，一般用塑料管，耕地时再取出；或选用直径 $8cm$ 的瓦管埋入地中深处，靠毛细管作用经常供给水分。此方法投资较大，花费劳力，但对土壤保湿及防止板结、降低土壤及空气湿度、防止病害效果比较明显。

2. 土壤气体管理

土壤气体管理一般是施用腐熟的有机肥或用植物茎秆来改进土壤的透气性，由于透气性变好，土壤的其他物理性状如保温性、保水性和透水性都会变好。施用有机物能提高土壤的保肥性和减少肥料对其 pH 的影响。孔隙多、透气性好的土壤的氧气含量高，有充分的氧气进行呼吸作用，使根系发育好，也促进了地上部的发育。

3. 土壤温度管理

温室大棚冬春季节地温低，往往不能满足植物对地温的要求。提高地温有酿热物加温、电热加温和水暖加温 3 种措施。

1）酿热物加温。它是指将马粪、厩肥、稻草、落叶等填入栽培床内，用水分控制其发酵过程产生热量的加温方式。管理上凭经验掌握，产热持续时间短，地温不易控制均匀，所以温室大棚中用得不多。

2）电热加温。使用专用的电热线，埋设和撤除都较方便，热能利用效率高，采用控温仪容易实现高精度控制等是其特点但耗电多、电费贵电热线耐用年限短所以一般多只用于育苗床。

3）水暖加温。在采用水暖采暖的温室内，在地下 40cm 左右深处埋设塑料管道，用 40～50℃温水循环，对提高地温有明显效果，并可节省燃料。用水暖加热提高地温，停机后温度维持时间长，效果较好。但应注意与地上部加温适当分开控制，以免地下部加温过多，地温过高。另外，地中加温管道周围土壤温度的分布，有向下方扩展比向上方扩展大的趋势，所以管道不宜埋设过深。进行地中加温时，土壤容易干燥，灌水量应适当增加。

4. 土壤盐渍化管理

（1）平衡施肥，减少土壤中的盐分积累，防止设施土壤次生盐渍化

过量施肥是设施土壤盐分的主要来源。在设施栽培上盲目施肥现象非常严重，化肥的施用量一般都超过植物需要量，大量的剩余养分和副成分积累在土壤中，使土壤溶液的盐分浓度逐年升高，土壤发生次生盐渍化，引起生理病害。要解决此问题，必须根据土壤的供肥能力和植物的需肥规律，进行平衡施肥。配方施肥是设施生产的关键技术之一，应大力发展。

（2）合理灌溉，降低土壤水分蒸发量，有利于防止土壤表层盐分积聚

设施栽培出现次生盐渍化并不是整个土体的盐分含量高，而是土壤表层的盐分含量超出了植物生长的适宜范围。土壤水分的上升运动和通过表层蒸发是使土壤盐分积聚在土壤表层的主要原因。灌溉的方式和质量是影响土壤水分蒸发的主要因素，漫灌和沟灌都将加速土壤水分的蒸发，易使土壤盐分向表层积聚。滴灌和渗灌是最经济的灌溉方式，同时又可防止土壤下层盐分向表层积聚，是较好的灌溉措施。

（3）增施有机肥、施用秸秆，降低土壤盐分含量

设施内宜施用有机肥，因为其肥效缓慢，腐熟的有机肥不易引起盐类浓度上升，还可改进土壤的理化性状，疏松透气，提高含氧量，对植物根系有利。设施内土壤次生盐渍化的盐分以硝态氮为主，因此，降低设施土壤硝态氮含量是改良次生盐渍化土壤的关键。施用植物秸秆是改良土壤次生盐渍化的有效措施，同时还可平衡土壤养分，增加土壤有机质含量，促进土壤微生物活动，降低病原菌的数量，减少病害。

（4）换土、轮作和无土栽培

换土是解决土壤次生盐渍化的有效措施之一，但是劳动强度大不易被接受，只适合小面积应用。轮作或休闲也可以减轻土壤的次生盐渍化程度，达到改良土壤的目的。

当设施内的土壤障碍发生严重，或者土传病害泛滥成灾，常规方法难以解决时，可采

用营养液栽培（即无土栽培）技术，使得土壤栽培存在的问题得到解决。

5. 土壤消毒

土壤里有病原菌等有害微生物和固氮菌、硝酸细菌、亚硝酸细菌等有益微生物，正常情况下这些微生物在土壤里保持一定的平衡，但长期连作由于植物根系分泌物的不同或病株的残留，引起土壤中生物条件的变化而打破了平衡状态，造成了连作障碍。因设施栽培的空间范围有限可以进行土壤消毒，以杀灭土壤病原菌和害虫等有害生物。土壤的消毒方法主要有药剂消毒和蒸汽消毒两种方法。

（1）药剂消毒

1）福尔马林（40%甲醛）。用于温室或温床土壤消毒，杀灭土壤病原菌，稀释液浓度为 50～100 倍。喷药前先翻松土壤，然后用喷雾器将福尔马林稀释液均匀喷洒在地面上再翻一番，使耕作层土壤都沾有药液，用塑料薄膜覆盖地面使福尔马林充分发挥杀菌作用，2d 后揭去盖膜，打开门窗，保持通风使福尔马林散去，15d 后才能进行耕作。

2）硫磺粉。用于温室或温床土壤消毒，杀灭土壤病原菌，在播种前或定植前 2～3d 关闭温室门窗进行熏蒸 24h 后打开门窗散去余味即可进行耕作。

3）氯化苦。氯化苦主要用于防治土壤线虫，将床土堆成高 30cm、宽 50～60cm 的长条，每隔 30cm^2 向土内 10cm 处注入药液 3～5mL，用塑料薄膜覆盖地面 7（夏季）～10d（冬季）后揭去盖膜，通风至没有刺激性气味后才能进行耕作。氯化苦对人有毒，用药时必须打开门窗，以免发生中毒。用药后密闭门窗保持室内高温，能提高药效，可以缩短消毒时间。

药剂消毒时提高室温，使土壤温度达到 15～20℃以上效果才好。大面积土壤药剂消毒可采用土壤消毒。

（2）蒸汽消毒

土壤蒸汽消毒一般使用内燃式炉筒烟管式锅炉，是土壤热处理中效果最好的方法。大多数土壤病原菌用 60℃蒸汽消毒 30min 即可杀死。在土壤或基质消毒前，需将待消毒土壤或基质疏松好，再用帆布或耐高温塑料膜覆盖密闭后，将高温蒸汽输送管直接放置到覆盖物里输汽消毒，一般每平方米土壤每小时只需要 500Pa 的高温蒸汽就可达到预期效果。由于待消毒土壤的深度、土壤的类型、天气等条件差异很大，因此具体的土壤蒸汽消毒时间与蒸汽量的大小应根据实际情况来确定。

7.4.2 园林植物无土栽培技术

无土栽培是将植物生长发育所需的各种矿物质营养元素配成营养液直接提供给植物根系，使之正常生长发育获得产品，又称为营养液栽培。其特点是以人工创造的根系环境或人工模拟自然环境来代替自然土壤环境，满足植物对无机养分、水分和空气条件的需要，且能人为地控制或调整、满足甚至促进植物的生长发育，获得很好的经济效益。无土栽培技术在园林方面主要用于培育花卉、苗木生产和美化环境。

无土栽培按照固定根系的方法，分为基质栽培和无基质栽培两类。

基质栽培中，固体基质的主要作用是支持与固定植物根系、吸收水分、调节水分和空气的关系，使基质能达到水、气协调和缓冲作用。无土栽培的基质有沙、石砾、岩棉、蛭石、珍珠岩、陶粒、泥炭、炭化稻壳、锯末等。

无基质栽培是栽培的植物没有固定根系的基质，根系直接与营养液接触。无基质栽培有雾培和营养液培养两类，以营养液培养应用广泛。雾培又称气培，是用喷雾方法将营养液直接喷到植物根系上，使营养液与空气都能充分供应，水、气矛盾得到协调。

1. 营养液的配制

（1）营养液配制的原则

营养液是将含有园林植物生长发育所需要的各种营养元素的化合物溶于水中配制而成。

营养液配制的原则是容易与其他化合物起作用而发生沉淀的盐类，在浓溶液时不能混合在一起，但经过稀释后就不会产生沉淀，此时可以混合在一起。

在制备营养液的许多盐类中，以硝酸钙最易和其他化合物起化合作用，如硝酸钙和硫酸盐混在一起易产生硫酸钙沉淀，硝酸钙的浓溶液与磷酸盐混在一起易产生磷酸钙沉淀。

在大面积生产时，为了配制方便，一般都是先配制浓液（母液），然后再进行稀释，配制时需要两个溶液罐，一个盛硝酸钙溶液，另一个盛其他盐类的溶液。此外，为了调整营养液的氢离子浓度（pH）的范围，还要有一个专门盛酸的溶液罐，酸液罐一般是稀释到10%的浓度，在自动循环营养液栽培中，这3个罐均用pH仪和EC仪自动控制。当栽培槽中的营养液浓度下降到标准浓度以下时，浓液罐会自动将营养液注入营养液槽。此外，当营养液中的氢离子浓度（pH）超过标准时，酸液罐也会自动向营养液槽中注入酸。在非循环系统中，也需要这3个罐，从中取出一定数量的母液，按比例进行稀释后灌溉植物。

浓液罐里的母液浓度，大量元素一般比植物能直接吸收的稀释营养液浓度高出100倍，即母液与稀释液之比为1：100，微量元素母液与稀释液之比为1：1000。

（2）营养液对水质的要求

1）水源：自来水、井水、河水和雨水，是配制营养液的主要水源。自来水和井水使用前对水质应做化验，一般要求水质和饮用水相当。一般降雨量达到100mm以上，且无污染方可作为水源。河水须经处理，达到符合卫生标准的饮用水程度才可使用。

2）水质：用做营养液的水硬度不能太高，一般以不超过10°为宜。

3）pH：5.5～7.5。

4）溶解氧：使用前应接近饱和。

5）NaCl含量：小于2mmol/L。

6）重金属及有害元素含量：不超过饮用水标准。

（3）营养液配方的计算

进行营养液配方计算时，因为钙的需要量大，并在大多数情况下以硝酸钙为唯一钙源，所以计算时先从钙的量开始，钙的量满足后，再计算其他元素的量。一般是依次计算氮、磷、钾，最后计算镁。微量元素用量极少，所以每个元素单独计算。

无土栽培营养液配方的计算常用3种计算方法：①百万分率（10^{-6}）单位配方计算法；②mmol/L计算法；③根据1mg/L元素所需肥料用量，乘以该元素所需的mg/L数，即可求出营养液中该元素所需用量。计算顺序如下：

1）配方中1 L营养液所需钙的数量（mg），先求出$Ca(NO_3)_2$的用量。

2）计算 $Ca(NO_3)_2$ 中同时提供的 N 的浓度数。

3）计算所需的 NH_4NO_3 的用量。

4）计算所需的 KNO_3 的用量。

5）计算所需的 KH_2PO_4 和 K_2SO_4 的用量。

6）计算所需的 $MgSO_4$ 的用量。

7）计算所需的微量元素的用量。

（4）营养液所使用的肥料

考虑成本的问题，配制营养液时的大量元素通常使用农用化肥。微量元素肥用量小，可用化学试剂配制。在微量元素中，铁尤为重要，是用量最大的，无土栽培中常因缺铁而发生生理病害。配制营养液所需的肥料及浓度如表 7-4 所示。

表 7-4　营养液配制用肥料及使用浓度

元素	使用浓度/（μL/L）	肥料
NO3-N	70～210	KNO_3，$Ca(NO_3)_2 \cdot 4H_2O$，NH_4NO_3，HNO_3
NH4-N	0～40	$NH_4H_2PO_4$，$(NH_4)_2HPO_4$，NH_4NO_3，$(NH_4)_2SO_4$
P	15～50	$NH_4H_2PO_4$，$(NH_4)_2HPO_4$，KH_2PO_4，K_2HPO_4，H_3PO_4
K	80～400	KNO_3，KH_2PO_4，K_2SO_4，KCl
Ca	40～160	$Ca(NO_3)_2 \cdot 4H_2O$，$CaCl \cdot 4H_2O$
Mg	10～50	$MgSO_4 \cdot 7H_2O$
Fe	1.0～5.0	FeEDTA
B	0.1～1.0	H_3BO_3
Mn	0.1～1.0	MnEDTA，$MnSO_4 \cdot 4H_2O$，$MnCl_2 \cdot 4H_2O$
Zn	0.02～0.2	ZnEDTA，$ZnSO_4 \cdot 7H_2O$
Cu	0.01～0.1	CuEDTA，$CuSO_4 \cdot 5H_2O$
Mo	0.01～0.1	$(NH_4)_6MoO_{24}$，$Na_2MoO_4 \cdot 4H_2O$

（5）经典配方示例

目前，世界上已发布了很多的营养配方，现列出最常用的霍格兰氏和园试配方（表 7-5 和表 7-6），以供参考。

表 7-5　霍格兰氏营养液配方

化合物名称		化合物用量		元素含量		大量元素总计
		mg/L	mmol/L	/（mg/L）		/（mg/L）
大量元素	$Ca(NO_3)_2 \cdot 4H_2O$	945	4	N 112	Ca 160	N 210
	KNO_3	607	6	N 84	K 234	P 31
	$NH_4H_2PO_4$	115	1	N 14	P 31	K 234
	$MgSO_4 \cdot 7H_2O$	493	2	Mg 48	S 64	Ca 160 Mg 48 S 64
微量元素	0.5% $FeSO_4$　溶液 0.4% $H_2C_4H_4O_2$　液	0.6mL×3 /（L·周）		Fe3.3/（L·周）		
	H_3BO_3	2.86		B 0.5		

化合物名称		化合物用量		元素含量	大量元素总计
		mg/L	mmol/L	/（mg/L）	/（mg/L）
微量元素	$MnCl_2 \cdot 4H_2O$	1.81		Mn 0.5	
	$ZnSO_4 \cdot 7H_2O$	0.22		Zn 0.05	
	$CuSO_4 \cdot 5H_2O$	0.08		Cu 0.02	
	$(NH_4)_6MoO_{24} \cdot 4H_2O$	0.02		Mo 0.01	

表 7-6　日本园试营养液配方

化合物名称		化合物用量		元素含量		大量元素总计
		mg/L	mmol/L	/mg/L		/mg/L
大量元素	$Ca(NO_3)_2 \cdot 4H_2O$	945	4	N 112	Ca 160	N 243
	KNO_3	809	8	N 84	K 234	P 41
	$NH_4H_2PO_4$	153	4/3	N 14	P 31	K 312
	$MgSO_4 \cdot 7H_2O$	493	2	Mg 48	S 64	Ca 160 Mg 48 S 64
微量元素	$Na_2Fe\text{-}EDTA$	20		Fe 3.8		
	H_3BO_3	2.86		B 0.5		
	$MnSO_4 \cdot 4H_2O$	2.13		Mn 0.5		
	$ZnSO_4 \cdot 7H_2O$	0.22		Zn 0.05		
	$CuSO_4 \cdot 5H_2O$	0.08		Cu 0.02		
	$(NH_4)_6MoO_{24} \cdot 4H_2O$	0.02		Mo 0.01		

2. 营养液的管理

营养液的管理是整个无土栽培过程中的关键技术。如果管理不当，就会直接影响植物的生长发育。

1）营养液的配方管理。植物对无机元素的吸收量因植物种类和生育阶段不同而不同，应根据植物的种类、品种、生育阶段、栽培季节进行营养液配方的管理。

2）营养液的浓度管理。无土栽培中的营养液使用一个阶段后，因溶液里的养分被植物吸收与水分蒸发等原因，营养液的浓度在不断发生变化。随着使用时间的延长，营养元素含量不断减少，必须及时检查和补充。

3）营养液温度的管理。营养液的温度直接影响植物的生长和根系对水分与养分的吸收，因此营养液的温度应当控制在根系所需要的适宜温度。

4）营养液的加氧管理。营养液必须用加氧泵适时补充氧气，不断增加溶液中溶解氧的含量，以满足植物根系呼吸的需要。

5）营养液 pH 的管理。营养液的 pH 随盐类的生理反应而发生变化，当营养液 pH 上升时可用 H_2SO_4 或 HNO_3 中和，当营养液酸度增加时可用 NaOH 或 KOH 中和。

6）营养液的消毒。虽然无土栽培根部病害比土壤栽培的要少，但是地上部的一些病菌会通过空气、水及使用器具、装置等传染，特别是营养液循环使用的过程中，如果栽培床上带有病菌，就会通过营养液传染到整个栽培床的危险，因此需要对使用过的营养液进行消毒。营养液消毒常用的方法是高温热处理，处理温度为 90℃，高温热处理需要一定的消毒设备。此外，也有用紫外线、臭氧、超声波进行营养液消毒处理的报道。

7.5

设施生产综合管理*

7.5.1 设施生产综合管理

1. 综合管理的目的和意义

设施内的光、温、湿、气、土 5 个环境因子同时存在，综合影响着植物的生长发育，它们具有同等的重要性和不可代替性，缺一不可而又相辅相成。当其中某一个因子起变化时，其他因子也会受到影响随之发生变化。例如，温室内光照充足时，温度也会升高，土壤水分蒸发和植物蒸腾加速，使得空气湿度也加大，此时若开窗通风，各个环境因子则会出现一系列的改变。生产者在进行管理时必须有全局观念，而不能只偏重于某一个方面。

设施内环境要素与植物体、外界气象条件以及人为的环境调节措施之间，相互产生着密切的作用。环境要素的时间、空间变化都很复杂。有时为了使室内气温维持在适温范围，人们或是采取通风，或是采取保温或加温等环境调节措施时，常常会连带着把其他环境要素（如湿度、二氧化碳浓度等要素）变到一个不适宜的水平。结果从植物的生长来看，这种环境调节措施未必是有效的。例如，春天为了维持夜间适温，常常提前关闭大棚保温，造成终夜高湿、结露严重，引发霜霉病等病害。清晨，为消除叶片上的露水而大量通风时，又会使室内温度不足，影响了植物的光合作用等。总之设施环境与植物间的关系是复杂的。

所谓综合环境调节，就是把关系到植物生长的多种环境要素（如室温、湿度、二氧化碳浓度、气流速度、光照等）都维持在适于植物生长的水平，而且要求使用最少量的环境调节装置（通风、保温、加温、灌水、施用二氧化碳、遮光、利用太阳能等各种装置），做到既省工又节能，便于生产人员管理的一种环境控制方法。

这种环境控制方法的前提条件是，对于各种环境要素的控制目标，必须依据植物的生育状态、外界的气象条件以及环境调节措施的成本等情况综合考虑。如对温室进行综合环境调节时，不仅考虑室内外各种环境因素和植物的生长状况，而且要从温室经营的总体出发，考虑各种生产资料的投入成本、产出产品的市场价格变化、劳力和栽培管理作业、资金等的相互关系，根据效益分析进行环境控制，并对各种装置的运行状况进行监测、记录和分析，以及对异常情况进行检查处理等，这些管理称为综合环境管理。

2. 综合环境管理的方式

综合环境管理初级阶段可以靠人的分析判断与操作，高级阶段则要使用计算机实行自动化管理。

（1）依靠人进行的综合环境管理

单纯依靠生产者的经验和头脑进行的综合管理，是其初级阶段，也是采用计算机进行综合环境管理的基础。

许多生产能手早就善于把多种环境要素综合起来考虑，进行温室大棚的环境调节，并根据生产资料成本、产品市场价格、劳力、资金等情况统筹计划、安排茬口、调节上市期和上市量，为争取高产、优质和高效进行综合环境管理，并积累了丰富的经验。

依靠人实行的综合环境管理，对管理人员的要求：①要具备丰富的知识；②要善于并勤于观察情况，随时掌握情况变化；③要善于分析思考，能根据情况做出正确的决断，集思广益；④能让作业人员准确无误地完成所应采取的措施。

（2）采用计算机的综合环境管理

现代化温室生产过程中是一个十分复杂的系统，除了受到包括生物和环境等众多因子的制约外，也与市场状况和生产决策紧密相关。各个子系统间的运行与协调，环境的控制与管理，依赖人工操作或是传统机械控制，几乎难以完成，只有通过计算机系统才能达到复杂控制和优化管理的目标。

在温室生产过程中，计算机通常在以下几方面可发挥巨大作用：①实时监测生物和环境特征；②模拟生物发育过程；③自动利用知识与推理系统进行决策分析；④对环境要素和温室辅助设备的自动控制，如通风与加温等操作；⑤制定环境控制策略，如制定以市场时效为目标的控制方案、以节能为目标的控制方案等；⑥实现灵活多样的控制方案，如机器人和智能机械的果实采收与分类应用；⑦制定面向市场的长期性生产目标等。

7.5.2 设施生产计算机管理

使用计算机进行综合环境管理，首先必须对管理项目进行分类：①有计算机信息处理装置就能进行合理的判断和管理的项；②只能靠人的经验作综合判断和管理的项；③需要人和计算机合作共同管理的项。只有区分出项目的类别，才能合理地进行管理。

采用计算机的综合环境管理系统一般具有综合环境调节、异常情况紧急处理和数据采集处理 3 种功能。由于系统配置所用的观测仪器及控制机械的数量不同，管理程序的编制水平和用户要求不同，不同机种所能管理的项目有不少差异。

1. 综合环境调节计算机系统

一般都采用通用型的程序结构，能适用多种使用情况。程序中一般只规定控制的方法（如比例控制、差值控制、时间控制等），即根据几个环境要素的相互关系规定一些计算的关系式，以及根据计算结果对各种机器进行控制的逻辑。各种具体环境要素的设定值，由用户根据要求事先输入计算机中，并根据现场情况及时变更。例如，该系统对室温的调节是通过天窗和两层保温幕的开关，以及水暖供热管道的开关来实现的。

2. 紧急处理

当室温超出用户设定的最高温度和最低温度时，系统自动报警在现场亮指示灯，并在中心管理室的主机监视器屏幕上提示故障内容或显示红色符号，停电时对数据的保护等。

3. 数据采集处理

该系统能随时以图表方式，用彩色打印机输出温室内外环境要素值及环境控制设备的运行状态，输入的设定值等。计算机综合环境管理系统的作用发挥的好坏，取决于栽培者对数据分析处理的能力。

4. 软件开发

该系统中，下位机的程序是用汇编语言编写，固化在一个只读存储器芯片中，上位机的管理程序则用 BASIC 语言编写。在积累了一定的经验后，用户自己也可以修改管理程序，提高管理的成效。

5. 硬件的结构

该系统是一个两层结构，下层是温室现场，每栋温室设置一台下位计算机综合环境控制器。控制器有单板机、数据通信板、程序芯片、模拟量和数字量输出、输入装置，各种手动、自动开关和面板组成。面板上有图像化的各种设定值按键、指示灯及数据显示窗。外围设备由各种传感器，包括室外日射量和温度、室内干湿球温度和 CO_2 浓度传感器，以及天窗开关装置、保温幕开关装置、水暖管道电磁阀开关及 CO_2 发生器等机器组成。上层是中心管理室，上位机采用 NEC9801 型 16 位通用计算机，外围有通信接口、彩色监视器和彩色打印机，上下层之间用同轴电缆串行连接。

7.6

园林植物设施常见问题及解决方法

7.6.1 设施内常见问题

1. 多年连作，土传病害严重，土壤消毒难度大

设施内植物栽培种类单一，很少实行轮作，连作现象严重，造成土壤营养元素平衡被破坏，土壤生物条件恶化，病原菌大量繁殖，土传病害一年比一年严重，因而需要对土壤进行消毒。但由于设施内土层较厚，要对整个土层进行彻底消毒是很困难的。

2. 土壤缺少雨淋冲洗，经常发生板结，造成营养障害

由于设施栽培的施肥量很大，再加上不能得到雨水冲洗，因而大量盐分在土壤表层聚集，造成土壤板结，理化性质变差。特别是硝酸盐在土壤中的积累，使土壤酸化，抑制土壤硝化细菌的活动，易受亚硝酸气体的毒害。

3. 设施栽培技术科技含量不足

设施栽培技术缺乏量化指标，经验色彩浓厚，科技含量不足，只能被动地保温、降温、遮阳、防雨，而不能主动地调节温、光、水、肥、气，这是限制设施栽培植物高产优质的主要障碍。

7.6.2 解决方法

1. 研发设施栽培专用品种

研究开发设施栽培专用品种，因地制宜地做好优良品种的引进筛选，同时应积极选育适合当地地理环境、温室栽培条件的品种。选育特性主要为耐寡光、耐低温、耐湿、耐病、耐热、单性结实良好、适于长季节栽培的设施专用品种。

2. 平衡施肥，合理灌溉

平衡施肥，减少土壤中的盐分积累；合理灌溉，降低土壤水分蒸发量，防止土壤表层盐分积聚；增施有机肥，降低土壤盐分含量。

3. 采用无土栽培技术

不用土壤而用加有养分溶液的物料（如珍珠岩、蛭石、无毒泡沫塑料等）作为植物生长介质或完全用营养液栽培植物的技术方法。无土栽培不仅生长快、产量高、质量好，而且把人类的种植活动从土壤的束缚中解放出来，为实现农业生产的工厂化、自动化打开了广阔的前景。

4. 消毒处理

在保护地设施中通过太阳能消毒、水旱轮作消毒、施用碳酸氢氨闷棚灭虫消毒、高温闷棚消毒，及时清除已积累的病虫基数和盐渍化，提供符合健康栽培的土壤环境，是设施生产中最常规且经济有效、可操作性强的控害技术措施。

5. 发展高科技的设施环境调控技术

在覆盖材料问题上，尽可能选用防老化、无滴多功能膜。大棚和日光温室的建设，至少要研究开发简易的环控技术，如夏季设施内防止热蓄积、高湿度，改善通风排气设施的研制；设施内合理的排灌水装置和地面覆盖的调控；覆盖材料的揭盖机械，逐步从低级向高级发展，开发环境调控设施工程。

单元 8

园林植物生态评价

单元教学目标

单元导读

园林植物有其重要的生态功能价值，即生态效益，包含了其生态效益、经济效益、社会效益和景观效益，并有其自身的特征。通过对园林植物进行生态评价，可以使人们认识到园林植物的价值所在，能更加明确地认识到园林植物对人类的重要作用和意义。

知识目标

1. 领会园林植物的生态功能价值、特征。
2. 了解园林植物生态评价的基础、原则。
3. 了解园林植物生态评价的步骤、方法。
4. 掌握园林植物生态评价的各类方法。
5. 了解园林植物生态评价的成果。

技能目标

1. 会对园林植物的生态功能进行评价。
2. 会对园林植物的生态功能进行估值计算。
3. 会选择各个评价参数因子并进行调查测定。
4. 会写评价报告。

情感目标

1. 培养自主学习能力。
2. 培养观察与分析能力。
3. 锻炼提高动手能力。
4. 锻炼提高语言表达能力。
5. 培养团队协作能力。

8.1

园林植物的生态功能

园林植物是有生命的绿色植物，它与其他生物是构成城市园林环境生态系统的主体，对城市环境具有十分重要的意义。它具有推动社会再生产、取得产出效益的经济功能，同时又具有净化和改善城市生态环境的生态功能和满足城市居民的文化艺术享受的社会和景观功能。

8.1.1　园林植物的经济功能

1. 食用功能

（1）果品类园林植物

园林树木中有很多种类的果实味道鲜美、富有营养。其中有的果实可以供人鲜食，有的则可干制或加工食用。北方地区常见的果品有桃、梨、杏、柿、猕猴桃、枣、李、山楂、海棠果、苹果、石榴、葡萄等，南方常见的果品有梅、银杏、无花果、山核桃、龙眼、橄榄、木菠萝、杨梅、枇杷、香蕉、椰子等。

（2）淀粉类园林植物

许多园林树木的果实、种子富含淀粉，其中淀粉质地好、产量高的树种往往称为"木本粮食树种"或"铁杆庄稼"，如栗类、枣、栎类、栲类、柿子、榆钱、荔枝、银杏等。

（3）饲料类园林植物

很多园林树木的嫩枝、嫩叶可作饲养牲畜，如柳树、胡枝子、紫穗槐、刺槐、榆、杨等；叶子用于养蚕的有桑属、柘属等。有较丰富的蜜及可以养蜂的有牡荆属、槐属、枣、豆科、蔷薇属等。

（4）油脂类园林植物

许多园林树木的果实、种子富含油脂，称作油料树，它们在人民生活和工业方面均有很重要的作用。常见的园林油料树种有松属、榧属、核桃属、山核桃属、榛属、樟属、山杏、扁桃属、桃、山桃、枫香、木蜡树、翅果油树、漆树、栾树、猕猴桃、华东楠、香椿、三花冬青、油茶等。

（5）其他

园林树木中有些种类富含糖分，可以提制砂糖，如糖槭、复叶槭、刺梨、金樱子等。有的可用于食品染色，如栀子、冻绿、苏木、木槿等。有的富含维生素，可供提制，如玫瑰、桂香柳、猕猴桃及许多蔷薇类等。有的含有特种成分可供饮用，如咖啡、可可、柿叶、茶树等。

2. 药用功能

园林植物很多可以入药，最常见的有银杏、侧柏、麻黄属、桃、山杏、杜梨、牡丹、五味子属、木兰、枇杷、梅枳等。

3. 建材用价值

适合做建筑用木材的园林植物有松、杉、柏、杨、柳、榆、槐、泡桐、栎类等。

4. 园林植物次生化合物的用途

一些园林植物的次生物质可以生产很多有商业价值的植物产品，如橡胶树、乳香、没药和用于熏香的橄榄科植物等。有些树脂可制成优良的清漆和涂料，很多染料也取自植物。另外，有些园林植物也是一些化妆品的原料，如红景天、三七、玫瑰等。

8.1.2　园林植物的生态功能

1. 改善环境

（1）改善空气质量

园林植物具有改善空气质量等功能。

1）吸收二氧化碳放出氧气。园林植物是环境中二氧化碳和氧气的调节器，在光合作用中每吸收二氧化碳 44g 可放出氧气 32g。一般来说，阔叶树种吸收二氧化碳的能力强于针叶树种。

2）分泌杀菌素。具有杀灭细菌、真菌和原生生物能力的主要树种有侧柏、柏木、圆柏、欧洲松、铅笔柏、杉松、雪松、柳杉、黄护、锦熟黄杨、尖叶冬青、大叶黄杨、桂香柳、核桃、黑核桃、月桂、欧洲七叶树、合欢、树锦鸡儿、金链花、洋丁香、悬铃术、石榴、枣、水栒子、枇杷、石楠、狭叶火棘、麻叶绣球、枸橘、银白杨，钻天杨、垂柳、栾树、臭椿及一些蔷薇属植物。

3）吸收有毒气体。空气中含有许多有毒物质，例如二氧化硫、氯气、氟化氢等，园林植物的叶片可以将其吸收解毒或富集于体内，从而减少空气中的毒物量。悬铃木、垂柳、银杏、柳杉等都有较强的吸收二氧化硫的能力；银柳、旱柳、臭椿、赤杨、水蜡、卫矛、花曲柳、忍冬等都是净化氯气的园林植物树种；柑橘类可吸收较多的氟化物而不受害；泡桐、梧桐、大叶黄杨、女贞、桦树、垂柳等均有不同程度的吸氟力；银桦、悬铃木、程柳、女贞、君迁子等均有较强的吸氯能力。

4）阻滞尘埃。园林树木的枝叶可以阻滞空气中的尘埃，它相当一个滤尘器，能够使空气变得清洁。各种树木的滞尘力差别很大，一般树冠大而浓密、叶面多毛或粗糙及分泌有油脂的黏液者均有较强的滞尘力。此外，草坪也有明显的减尘作用，它可减少重复扬尘污染。

（2）调节温度

园林植物的树冠能阻拦阳光而减少辐射热。因树冠的大小、叶片的疏密度和质地等不同，不同树种的遮阴能力亦不同。银杏、刺槐、悬铃木与枫杨的遮阴降温效果最好，垂柳、槐、旱柳、梧桐最差。当树木成片成林栽植时，不仅能降低林内的温度，而且由于林内外的气温差而形成对流的微风，可降低人体皮肤温度且有利水分的散发，从而使人们感到舒适。在冬季落叶后，由于树枝、树干的受热面积比无树地区的受热面积大，同时由于无树地区的空气流动大、散热快，因此在树木较多的小环境中，气温要比空旷处高。总的来说，树林对小环境起到冬暖夏凉的作用。城市园林绿地中的树木在夏季能为树下游人阻挡直射阳光，并通过它本身的蒸腾和光合作用消耗许多热量，从而也就降低了太阳的辐射热。

（3）调节湿度

由于树木的叶面具有蒸腾水分的作用，能使周围空气湿度增高。种植树木对改善小环境内的空气湿度有很大作用。不同的树种具有不同的蒸腾能力。选择蒸腾能力较强的树种对提高空气湿度有明显作用。

（4）改善水分质量

许多园林植物能吸收水中的有毒物质在体内富集起来，使水中的毒质降低而得到净化。有些植物可在体内将毒质分解，并转化成无毒物质。可以利用具有强度富集作用的植物来净化水质，如水中的浮萍和柳树可富集镉；水葱、灯心草等可吸收水土中的单元酚、苯酚、氰类物质，使之转化为糖甙、二氧化碳和天氢氨酸等而失去毒性。

（5）调节光照

园林植物具有良好的调节光照的作用。阳光照射到园林树林上时，有 20%～25%被叶面反射，有35%～75%为树冠所吸收，只有5%～40%透过树冠投射到林下，因此树林中的光线较暗。由于园林植物吸收的光波段主要是红橙光和蓝紫光，而反射的部分主要是绿色光，所以从光质上来讲，林中或草坪上的光线具有大量绿色波段的光。这种绿光对眼睛保健有良好的作用。尤其在夏季，绿光能使人在精神上觉得爽快和宁静。

（6）降低噪声

种植乔灌木对降低噪声有作用，较好的隔音树种有雪松、圆柏、龙柏、水杉、悬铃木、梧桐、垂柳、云杉、薄壳山核桃、鹅掌楸、柏木、臭椿、棒树、椿树、柳杉、栎树、珊珊树、海桐、桂花、女贞等。

2. 保护环境

（1）保持水土

树冠的截流、地被植物的截流，以及死地被植物的吸收和土壤的渗透作用，减少或减缓了地表径流量和流速，因而起到了水土保持作用。在园林工作中，为了涵养水源、保持水土，应选择树冠厚大、郁闭度强、截留雨量能力强、耐阴性强、生长稳定并能形成富于吸水性落叶层的树种，一般常选用柳、槭、核桃、枫杨、水杉、云杉、冷杉、圆柏等乔木和榛、夹竹桃、胡枝子、紫穗槐等灌木。在土石易于流失塌陷的冲沟处，宜选择根系发达、萌蘖性强、生长迅速而又不易生病虫害的树种，如旱柳、山杨、青杨、侧柏、杞柳、沙棘、胡枝子、紫穗槐、紫藤、南蛇藤、葛藤、蛇葡萄等。

（2）防风固沙

园林植物具有防风固沙的作用。树林的迎风面和背风面均可降低风速，以背风面降低的效果最为显著，所以应将被防护区设在防风林带背面，防风林带的方向应与主风方向垂直。在选择树种时应注意选择抗风力强、生长快且生长期长、寿命亦长的树种，最好是能适应当地气候土壤条件的乡土树种，其树冠最好呈尖塔形或柱形、叶片较小。在北方地区的防风树常用杨、柳、榆、桑、白蜡、紫穗槐、沙柳、怪柳等。

（3）其他防护作用

园林植物具有多方面的防护作用。例如，选用不易燃烧的园林树木作隔离带，既起到美化作用又有防火作用。常用的防燃防火树有苏铁、银杏、青冈栎、栲属、槲树、榕树、珊瑚树、棕榈、桃叶珊瑚、红楠、柃木、山茶、厚皮香、八角金盘等树干有厚木栓层和富含水分的树种。

在多风雪地区可以用树林形成防雪林带，以保护公路、铁路和居民区。在热带海洋地区可在浅海泥滩种植红树作防浪林。在沿海地区亦可种植防海潮风的林带，以防海潮风的侵袭。

8.1.3　园林植物的社会功能

1. 观赏功能

园林植物经过人工的设计与栽培管理，可以产生韵律感、层次感等种种艺术组景的效果，具有较大的景观观赏价值。例如，为了加强小地形的高耸感，可在小土丘的上方种植长尖形树种，在山的底部栽植矮小、扁圆形的树木，借树形的对比与烘托来增加土丘的高耸之势。又如，为了突出广场中心喷泉的高耸效果，亦可在其四周种植浑圆形的乔灌木；为了与远景联系并取得呼应、衬托效果，可在广场后方的通道两旁各植树形高耸的乔木一株，这样就可在强调主景之后又引出新的层次。至于在庭前、草坪、广场上的单株孤植树，则更可说明树形在美化配植中的巨大作用。

2. 文化教育功能

园林植物可以像建筑物、雕塑那样成为城市文明的标志，向世人传播文化。园林植物构成的绿地可以作为向人们进行文化宣传、科普教育的主要场所，能够让人们在游憩中受到教育，增长知识，提高文化素养。在城市开放空间系统中，园林植物作为人类文化、文明在物质空间构成上的投影，已经成为反映现代文明、城市历史、传统和发展成就与特征的载体。

3. 美化功能

园林植物具有形体美或色彩美，每个树种都有自己独具的形态、色彩、风韵、芳香等美的特色。这些特色又能随季节及树龄的变化而丰富和发展。因而，具有很大的美学欣赏价值。例如，春季梢头嫩绿，夏季绿叶成荫，一年四季各有不同的风姿与妙趣。以树龄而论，树木在不同的树龄时期均有不同的形貌。例如，松树在幼龄时全株团簇似球，壮龄时亭亭如华盖，老年时则枝干盘虬而有飞舞之姿。园林中的建筑、雕像、溪瀑、山石等，均需有恰当的园林树木与之相互衬托、掩映，以减少人工做作或枯寂气氛，增加景色的生趣。

4. 社会交往功能

城市园林绿地为人们的社会交往活动提供了不同类型的开放空间。园林绿地中，大型空间为公共交往提供了场所，小型空间是社会交往的理想选择，而私密性空间给最熟识的朋友、亲属、恋人等提供了良好氛围，因而，具有交往游憩价值。

知识拓展

园林植物的功能景观

1. 功能景观的含义

园林植物景观的功能是植物群体本身所固有，不以人的意志为转移的，但人们却可以利用植物的这一特性为人类生产与生活服务。

客观上植物景观具有以上各功能，但其功能的强度受树种组成结构、空间结构影响较大，因而可以应用对现有的自然或人工植物景观类型、结构与功能关系的研究成果，根据需要，人为地进行事先设计，进而构建具有某种功能最佳配置的植物景观，以满足城乡不同区域对景观功能的需求。如在化工污染区构建具有较强吸收 SO_2 等有毒气体能力的植物功能景观，在医院周围构建具有高强度的抑菌植物功能景观等。将这种事前进行功能与结构设计，构建出的以一种或几种专项功能为主、融多种功能为一体的植物景观即为植物功能景观。

2. 功能景观的作用

随着物质、文化生活水平的提高，在新城区建设、老城区改造中，人们对园林的要求已越来越多样。人类生存与生活需要绿地维持碳氧平衡、净化空气、调节气候、涵养水源、休闲保健，等等，但任何一块绿地都很难同时满足以上名目繁多的功能。因此，有重点地建设其中一项或几项功能，同时通过结构的合理配置，最终使综合功能达到最佳。这才是功能景观的功能作用。

应用功能景观建设理论与方法，可以营建目前急需的、寓美化功能于其中的污水净化生态功能景观、有毒气体净化生态功能景观；营建寓生产功能于其中的控制扬尘生态功能景观、固定沙丘生态功能景观；营建寓生态、美化或生产功能于其中的社会（游憩、保健、观光）功能景观；营建各类专项美化功能景观等。这些功能景观的营建在大区域内以维持人居环境生态系统的良性运转为主要目的，在小范围内则充分满足人类生存与生活的各种需求。

8.1.4 园林植物的生态功能的特点

园林植物的生态功能是其生态、经济、社会和景观效益的综合与统一。它具有以下基本特征：

1. 整体性

园林植物的生态功能的整体性，是从社会发展的整体利益出发来衡量的，具体表现在以下两方面。

1）衡量园林工程建设的利弊得失时，不仅要注意这种活动的局部效果和个别利益，而且更要注意其对整个社会—环境系统的效果和整体利益。

2）由于生态、经济、社会和景观 4 种效益同时存在于城市园林生态系统之中，是城市建设成果中互相联系而又具有各自特点的组成部分，因此其系统输出的都必然是这 4 个方面生态功能组成的成果系列，只是比重有所差别而已。

2. 发展的阶段性

园林植物的生态功能发展的阶段性，是由于以园林生态系统的多种功能为基础的经营活动随人类社会发展而产生和变化的。远古时代，没有园林，而森林的多种功能虽然存在，但无效益可言。以后在人类社会发展的相当长时期，森林以木材利用为特征纳入社会经济发展轨道，经济收益便充当了林业经营的主体效益；而森林经营的生态效益和社会效益，却在供给不大于需求的历史条件下难以实现。随着时代变迁，人口增加，环境资源特别是森林资源的短缺，社会发展对生态和社会需求的激增，园林植物的其他间接功能才逐步地为社会承认并在观念上转化为社会生态效益。

3. 计量的复杂性

园林植物的生态功能进行定性评价时是抽象的描述，没有说服力，进行计量评价时，由于有些生态功能可以以一种尺度、一个价值标准进行计量，但有些效益无法进行计量。因此，园林植物的生态功能计量十分复杂，成为园林生态系统研究中的世界性难题之一。

4. 人类主体性特征

这是因为园林植物的生态功能研究的出发点，在于以人为中心的社会长远利益和整体利益。这种利益离开了人类社会这个中心来研究只能是一种抽象的讨论。没有人类主体的存在和活动，园林植物的多种功能就无法转化为效益，评价也就无从谈起。

5. 多样性特征

园林植物因其存在于城市的不同位置，其效益的形态是多种多样的（表 8-1）。

表 8-1　园林植物的生态功能分析表

类型	主要功能效应（价值）
行道树（含中央隔离带）	改善环境质量、制氧、消碳、消毒、杀菌、降噪、交通安全、风景、观赏、美学
城市公园园林（含街心小园林）	制氧、消碳、消毒、杀菌、降噪、风景、景观观赏、美学、保健
防护性园林（城市森林公园、郊区景观林、河滨公园、厂矿绿化）	改善环境质量、保水、固土、制氧、消碳、消毒、杀菌、降噪、增肥、防风、固沙、风景、观赏、交往、游憩、保健、艺术享受
庭院园林（小区园林）	改善环境质量、风景、景观观赏、美化、交往、游憩、保健、艺术享受
广场园林	改善环境质量、风景、景观观赏、美化、交往、游憩、保健、艺术享受
纪念性园林	风景、观赏、美化、交往、游憩、教育、纪念、陶冶情操、宗教信仰

6. 时空分布特征

园林植物的生态功能随着时间和空间的变化在不断地变化，如树木的不同生长期或不同的立地类型，效益就有着不同情况的发挥，所以从时间和空间上把握和分析园林植物的效益显得十分重要。

8.2

园林植物的生态评价*

建立园林生态工程的目的就是根据生态经济学原理，有效地将园林植物的生态、社会、经济和景观等方面的效益分配在园林环境之中，通过人的调节作用，使园林植物环境获得最大的生态功能。园林植物的生态评价就是对园林植物的这些生态功能进行定性评定和在数量对比的基础上进行直接的价值计量分析。

8.2.1 园林植物生态评价的基础

人们在社会生产和再生产过程中占用和消耗一定量的劳动，不但会产生一定数量的对人类有用的劳动成果，即产生直接经济价值，而且在人和自然的"物质变换过程"中，与自然界进行物质和能量的交换。这种劳动过程中给生态系统的生物因素和非生物因素产生影响，并作用到整个生态系统的生态平衡，从而对人的生活和生产环境产生某种影响的效应，称为生态环境价值。

城市园林植物和环境构建成的城市园林生态系统同样是一种人类生存与发展不可缺少的服务性商品，它同其他服务性商品一样，也具有其生态环境价值。其具体表现为以下3个方面：

1. 为全社会提供的最后财富

这种财富就是园林植物的生态效益价值。它是园林生态系统经营的主产品，只不过这种产品不同于商品林所提供的各种林产品，它是无形的、看不见的。

生态效益又是全社会的，它的一种公共品。不通过市场交换而能满足公共需求的财产或服务就称为公共品或公共财产、公益设施。

公共品的两大特点：①非涉他性，即一个人消费该商品时不影响另一个人的消费；②非排他性，即没有理由排除一些人消费这些商品，如新鲜的空气、美丽的风景、优美的景观。

生态效益无须经市场机制便能提供给社会及各个消费者，而且在消费时，不会因已有消费者而降低另一群体对生态效益的使用；同时，也无法将一部分人排除在生态效益消费之外。可见，生态效益这种产品的消费不需要通过市场交换，便可享用，无须付出代价。因此它没有价格，也难以在市场上得到真正的价值承认。对于生态效益的生产者而言，亦无法确定其产品界限。这类产品若要进行经济计量评价时只能考虑采用间接计量的方法。

2. 对全社会所产生的长期受益

园林生态系统的生态效益产出具有的连续性和相对稳定性的特点。只要园林生态系统稳定发展，这种生态效益就会连续产出，影响产出多少的关键是生态系统自身结构，包括生态系统的林龄结构、树种结构和该地区自然地理的状况，这和有形林产品产出有很大不同。

生态效益产出的同时，就被相应的消费者所消费，不具有保留性，因此，这种生态效益的消费与产出具有同步性。

3. 最低限度的社会投入而又能获得最高的产出

除太阳辐射及自然降水以外，在园林生态系统经营活动过程当中，会产生两种产品——"市场产品"和"非市场产品"。其直接市场产品是指为社会提供具有一定使用价值的各种林产品，以及通过这些产品实现的总产值和社会纯收入，而防风、制氧、消毒、杀菌、美学观赏、景观功能等"非市场产品"，不能直接进入市场进行交换。表面看来，这些产品不能计算其价值，但是深入分析研究发现，这些"非市场产品"中，包含了一定的社会劳动，是一定量的劳动投入而产生的"产品"，给人们带来更多的效益，因此，可以进行评价，甚至可以计量其价值。

8.2.2 园林植物生态评价的原则

1. 各类效益相结合

园林植物生态系统是功能协调互补、循环再生、高效低耗、系统稳定持久的良性循环系统。追求整体功能健全，生态、经济、社会和景观功能效益最佳，是园林生态系统建设的重要目标，也是综合评价的重点。因而，评价过程突出了对系统功能进行全面、完整的分析，把生态、经济、社会和景观功能价值统一起来加以评价，既注重系统的整体效益，又特别突出其经济价值，寓生态、社会、景观功能效益于经济价值之中。

2. 静态评价与动态评价相结合

对于评价结果，不仅应具有系统自身不同阶段的可比性，同时还应有不同系统在同一时段上的可比性。这就要求对园林生态系统各个生态功能，不仅要进行静态的现状评价，而且要通过动态评价揭示系统功能的发展趋势，分析其结构的稳定性和应变力。

3. 定性分析与定量分析相结合

为了客观、准确、全面地把握园林生态系统发展的现状和未来，从数量、质量、时间等方面应作出了准确的规定，得出较为真实、可靠、准确的数值。对少量难以定量、难以计价或难以预测的指标或因素，则采用定性分析法，在充分占有数据资料的情况下，进行客观公正的评价。

8.2.3 评价的步骤

园林植物生态评价一般包括以下几个步骤：指标体系的建立、效益监测、评价方法与技术、评价与分析。

1. 评价指标体系的设置与建立

园林植物生态评价的内容是多方面的，同时它又受多种自然因素和人为的因素的影响，因此到目前为止还无法直接用一个数值准确地反映其各类效益的大小。为了具体计算和全面度量其各个效益的大小，常常针对不同地区、不同的技术方案和措施的不同评价对象，设置和运用一系列的指标，从某一方面、某一局部范围来反映其效益的大小，或全面地、综合地但只在一定程度上近似地反映其效益的优劣。这些相互联系、相互补充、全面评价园林生态效益的一整套指标就是园林植物生态评价指标体系。

依据生态评价的目的，所选取的各项指标应能较好地反映园林生态系统的特征，符合生态经济理论和系统分析原理。

不同的地区，其指标体系的构成不一定完全相同；即使指标体系相同，各指标权重及效益计算方法也可有所不同。各地应从当地的实际出发，科学地构建评价指标体系，选择评价参数。

2. 效益监测

对上述确定的相关评价项目指标（参数）的内容进行监测或调查，以获取相关有用的函数因变量。如年降水量、面积、体积、个体数量、生物量的年增长量、覆盖率、供氧量、增产率、杀菌量、个人支付意愿等。

3. 评价方法和标准

根据各地区不同情况确定合适的评价方法和标准。内容详见 8.2.5 节。

4. 评价与分析

根据效益监测的数据值，采用一定的方法和技术进行估值计算，计算出园林生态功能的效益值，并进行分析说明。

8.2.4 评价方法

1. 定性分析法

在充分调查、观察的情况下，根据结果，用文字、图表等客观公正的评价分析说明的方法，这种方法没有把园林生态环境效益值转化为可计量的货币值。

2. 历史比较评价法

借助历史资料对园林生态系统建立前后或不同的发展阶段的效益，按照统一的标准逐项进行对比分析的方法。

3. 整体评价方法

这是一种利用专家的经验知识，把效益用定性分析和定量分析综合起来的方法。类似于民意测验，调查人们对生态效益的认识，再综合起来，形成总的评价。

这种方法的要点是设计几个等级，并量化，赋予一定的分值，把效益的主要指标参数列入表中，调查有经验的农民、专家、行政管理人员，让他们填表选择（表 8-2），然后进行统计分析。分值越高，效益越好。对于风景旅游资源、景观价值、环境质量美学价值可用这种方法进行评价。这类评价方法的评价标准和参数可因评价项目内容而设定。

表 8-2　园林生态效益评价调查表

评价标准（等级）	参数 1	参数 2	参数 3	参数 4	参数 5	参数 6	合计
极好（3 分）							
好（2 分）							
较好（1 分）							
一般（0 分）							
较差（−1 分）							
差（−2 分）							
小计							

4. 计量评价

计量评价是指用统一的货币尺度，将园林生态功能效益值转化为货币值加以分析的方法。这是效益评价最重要的方法。通过计量评价，将园林生态环境效益价值用具体的货币资本来表示，更具有说服力。计量评价的方法主要有两大类。

（1）替代市场技术

它以影子价格和消费者剩余来表达环境效益价值的经济值，其方法有以下几种：

1）市场价值法（等效替代法）。以市场产品来替代非市场产品，用市场产品的价值来替代园林植物的生态效益，例如，防护性园林的增产效益以增加的农产品价值来替代。

2）机会成本法。该方法也称收入损失法，当存在几个相互排斥的开发方案时，必须找出一种净社会效益最大的方案，这时必须清醒地作出选择。选择的方案产生的效益以否决其他方案造成的收入损失来计算。如城市公园或园林广场的建立产生的效益值，以排除其他土地开发利用的机会造成的收入损失计算。城市园林广场的建立所产生的社会效益也可以此来计算。

3）费用支出法。园林工程实施后产生的效益值以未实施前为防止造成灾害支付的各项费用来计算。例如，防护性园林（河滨公园）保持水土的效益值可用清理河流泥沙淤积的费用来计算。

4）影子工程法。某项园林工程的实施可能会造成农林牧渔业等生产受到损失，这时可用"影子工程"来替代，就是通过一定量的投资创造出相同的生态效果所需的工程费用替代效益值。其实"影子工程"并未实施。例如，城市郊区森林公园的保持水土效益可用相关的"影子工程"（如兴修水库、淤地坝、滚水坝等水利设施工程）的费用计量。

5）旅行费用法。对于无法计价的商品来说，如风景旅游资源、景观文化教育价值、环境质量美学价值等要进行计量评价时可用这种方法估算，用消费者在观光旅游时的旅行支出费用来估算效益值。例如，郊区森林公园的生态游憩功能价值可用游客的旅行支出费用来替代。

6）相关计量法。根据不同地区的相同生态评价的结果或国内外研究的成果，结合专家的调查分析来计算效益值，也就是说可直接引用其他的结论。

（2）模拟市场技术

它以消费者支付意愿和净支付意愿来表达环境效益的经济价值，具体有以下几种方法。

1）补偿变异法（条件价值法）。对于一些难以衡量的效益或损失，又必须以货币来衡量时，则以一定的经济补偿以获得受害者的心理平衡和谅解，此时效益值或损失值以补偿的费用值来计量。例如，城市广场园林建设工程实施造成实施区内人员的拆迁，这时可用这种方法，以每人意愿接受的最低补偿额乘以需移民的人口总数来计量。对社会效益来讲，也可采用补偿变异法进行估值计算。

2）调查评价法。该方法也称直接调查法，可通过直接访问或发放问卷直接询问消费者对园林环境这一特殊商品愿意支付的最大值。例如，园林为当地居民提供了优美的环境和游憩场所，人们从中受益，为了计量可向居民调查为获得这种环境商品愿意支付多少钱，以此来计量它的效益值。

在计量评价时，每项效益指标并不一定有唯一的估值方法，可有几种方法同时适合运用，这时计算的效益值出现差别时，取值应取最低值，这是计量评价的替代性原则。值得注意的是，应用估值技术进行计量评价时，评估出的效益值远低于它的实际效益价值。

8.2.5 园林植物生态效益评价技术

园林生态效益评价是一项极其复杂的系统工程，涉及面广、评价内容多；并且不同类型园林景观的生态功能效益价值各具特点，评价的具体指标也是不同的，在评价方法选择上能进行经济估值的效益指标尽可能进行经济估值，无法进行估值的指标可用其他的评价方法进行评价。下面将介绍各类功能效益的评价技术。

1. 生态效益

园林植物的生态效益主要体现在改善环境和保护环境两个方面，进行评价时也是从这两个方面入手进行评价，但在评价时首先要对生态效益进行分解，确定评价的指标参数，并对这些参数进行调查监测，取得相应数据后才可评价，具体见表8-3。

表8-3　园林生态效益价值评价方法及技术参考一览表

效益分解	项目	主要评价方法	估值计算技术	调查监测参数及估值技术要点
涵养水源	涵养水源	计量评价、定性分析	效益值=涵水量×水库建设造价×调节系数	涵水量＝年降水量×林地面积×30%×（1－15%）×50%。式中：30%为各类损耗，15%为生理耗水，50%为无林带效应。水库调节系数为70%～75%
保持水土	固土	计量评价、定性分析	效益值 $Vg = K \cdot S \cdot G \cdot d$	K 为挖取1t泥沙的费用；S 为森林面积；G 为进入河道或水库的泥沙占总泥沙流失量（一般为 80%～90%）；d 为有林地比无林地减少的侵蚀量
	保肥	计量评价、定性分析	效益值 $Vf = d \cdot s \cdot P_{1i} \cdot P_{2i} \cdot P_{3i}$	P_{1i} 为森林土壤中 $N \cdot P \cdot K$ 含量，P_{2i} 为将 $N \cdot P \cdot K$ 折算成化肥的比例，P_{3i} 为化肥的当地时价

效益分解	项目	主要评价方法	估值计算技术	调查监测参数及估值技术要点
改良土壤	提高肥力	计量评价、定性分析	$Vf=S \cdot \sum f_{1i} \cdot f_{2i} \cdot f_{3i}$	S 为森林面积，f_{1i} 为单位养分的增加量，f_{2i} 折算肥料的比例，f_{3i} 肥料在当地的售价
改善气候	增产效益	计量评价、定性分析	效益值=净增产量×价格×系数	净增产量=产量−对照产量。式中：森林生态效益增产系数为30%，良种为50%，肥料为20%
农田防护	增产效益	计量评价、定性分析	效益值=总产量×r×价格	增产率 $r=(S-S_0)/S_0×100\%$。式中：S 为有保护的农田的平均单产，S_0 为无保护农田的平均单产
保护生物多样性	保护动物资源	计量评价、定性分析	$Vf=\sum C_i \cdot V_i \cdot 10\%$（$i=1\sim n$）	C_i 为某生物的储量，V_i 为该生物当地的收购价，10%是年允量，按野生生物的储藏量计算
维持氧气和二氧化碳平衡	固碳效益	计量评价、定性分析	$Vf=1.63×R×a$	林木产生 1t 干物质吸收 1.63t 二氧化碳，释放 1.2 t 氧气，R 为林木干物质年增量=活立木蓄积年增量×1.25（含枝叶的系数）×干物质折换率（45%），a 为工业固碳或制氧成本价格
	制氧效益	计量评价、定性分析	$Vf=1.2×R×a$	
净化环境效益	滞尘效益	计量评价、定性分析	$Vf=T×S×a$	T 为单位面积滞尘总量，S 为林地面积，a 为清除每吨尘埃的成本价格
	净化二氧化硫	计量评价、定性分析	$Vf=F×S×a$	F 为单位面积吸收二氧化硫总量，S 为面积，a 为人工清除单位二氧化碳的成本价格
	降低噪声效益	计量评价、定性分析	$Vf=N×a×Y$	N 为城市人口总量，a 为人对城市噪声适应的差值，Y 为人对降低噪声的支付意愿
防风固沙	保肥效益	计量评价、定性分析	$Vf=d \cdot s \cdot P_{1i} \cdot P_{2i} \cdot P_{3i}$	P_{1i} 为土壤中 $N \cdot P \cdot K$ 含量，P_{2i} 为将 $N \cdot P \cdot K$ 折算成化肥的比例，P_{3i} 为化肥的当地时价
	固沙护田效益	计量评价、定性分析	效益值=保护的农田数×新造农田单价	保护的农田数、当地新造农田的单位成本

2. 社会效益

社会效益是园林生态功能的一部分，因为人们对它的认识不统一，它比生态效益更难在货币尺度上加以定量评价，因此，在评价时不能全部用经济估值评价，必须结合定性评价、整体评价的方法进行。园林生态环境的社会功能价值包含了园林景观的文化教育、观赏、美学、社会交往等效益价值，而这些功能综合起来表现为游憩效益。

这一效益不好明确它是哪一种物理量，所以将单位面积森林的年效益定义为它的因变量。采用相关计量法进行评价，也可调查居民的支付意愿。

1）全面调查法：调查所有森林公园的年效益，计算平均值。

2）典型调查法：调查旅游热线和非旅游热线的森林公园年效益进行平均。

3）支付意愿调查：调查当地居民的消费支付意愿，以此来计算游憩效益值。例如，某广场从 5 月 1 日起至 10 月 15 日为游憩高峰期，日均流量为 12 000 人次，其余时间为淡季，日均流量只有 100 人次。经过调查，人均游憩的门票消费意愿为 0.5 元/人次。计算该广场的游憩效益值如下：广场游憩效益＝(168×12 000×0.5)＋(197×100×0.5)＝1 008 000＋9850＝1 017 850（元）。

社会效益评价体系及方法

1. 社会进步系数。社会进步是一个复杂而内涵丰富的概念，可用社会进步系数表示，在评估时只能进行定性的分析说明。社会进步系数是下列5项指标的连乘积：人均受教育年数，人均期望寿命，人口城镇化比例，计划生育率、劳动人口就业率。

2. 增加就业人数。指评价区内以林业生态工程资源为基础的一切从业人员，其效益值计算如下：效益值＝增加的就业人数×人均工资。

3. 健康水平的提高。采用相关计量或补偿变异法进行计量。

（1）地方病患者减少人数×人均治疗费用×调整系数（0.2～0.4）。调整系数根据日本村野厅的经验数据，国民生产人均水平低的取低值，高的取高值。

（2）通过补偿变异法和调查评价法进行计量，调查人们为了获得这种效益意愿支付的货币值。

4. 精神满足程度。由于园林工程的实施给当地居民带来由于景观改善的美学价值提高而产生的精神享受，此项效益可通过调查评价进行抽样调查，获知人们的意愿支付值。也可通过相关计量法，根据国内外经验数据进行计量。例如，日本村野厅通过调查得知森林保健游憩效益占生态效益的20.1%，以此来计量。

5. 生活质量的改善。以均居住面积的变化，定性分析评价。

6. 社会结构优化。以区域产业结构、农业结构、消费结构的变化来定性分析评价。

7. 犯罪率减少。以犯罪率减少的比例分析说明。

3. 园林景观（观赏价值）评价

（1）园林景观环境质量美学评价

1）确定评价对象。首先要确定评价区域范围，对评价区域进行调查，收集有关监测数据和评价区内的自然景观、人文景观、环境氛围、园林艺术、建筑艺术及社会服务等情况资料，根据环境质量美学要素和美学因子（表8-4）确定评价的对象。

表8-4 环境质量美学的要素和评价因子

环境质量美学评价指标	环境质量美学评价参数
自然景观	总体景观、山景、厅峰异洞、水景（江、河、湖、海、溪流、瀑布）、森林、草原、古树名木、四季景观、云雾、天空、夜景、村落田野、动物群落、自然保护区
建筑艺术	总体布局、群体构景、对景、借景、主体建筑造型与立面效果、建筑内外空间构图、建筑色彩、建筑细部装修、民族形式、古建筑保护、意境与效果
人文景观	历史古迹：碑石、摩崖雕刻、壁画、塑像、古墓、古战场、古城遗迹、考古发掘；人文：故居、革命文物、文稿手迹、书画题记、古物珍玩、风土人情、神话传说
园林艺术美	园林布局、构思与构图、园林建筑、假山怪石、园林水景、花墙洞门、小桥、林木花草、绿化种植技巧、盆景艺术、园林历史、绿化色泽和声影

续表

环境质量美学评价指标	环境质量美学评价参数
环境氛围	整洁卫生、大气质量（降尘量、飘尘、能见度、氧气含量、有害有毒成分）、水体质量（清澈透明度、能否允许人体接触）、温湿度、环境安宁（无噪声干扰）、大自然声影效果
社会服务质量	交通道路旅游服务（食、宿、行、导游）、景区容纳最佳人数、商业服务、文化艺术服务、安全、文明、礼貌

2）选择评价参数。在广泛调查的基础上，选择合理的、有代表性的美学参数进行评价。要根据表 8-4 结合当地的实际情况进行选择，参数不一定多，但一定要有代表性。

3）确定评分办法及标准。环境质量美学评价采用评分加权的方法进行评价（整体评价法），要确定评分标准。评分标准的确定有两种，一种情况是有量化数据和可进行数学统计的因子，转换成分值；第二种情况是很难进行定量统计的美学参数，将定性分析转换成计算分值。如表 8-5 和表 8-6。评分一般采用 100 分制或 10 分制。分值高表示环境美学质量好，分值低则代表环境美学质量差。

4）确定评价模式和权重。各参数的计算分值算出后，就要确定各评价参数的权重。权重的确定采用专家打分法，初权的大小可定为 0～10，最重要的定为 10，最有重要的定为 1，进行归一化处理，就可确定最后的权重系数（表 8-7）。

表 8-5　噪声参数评分标准

安静状况	评分标准
35 分贝以下	100
35～45 分贝	90～100
45～50 分贝	75～90
50～55 分贝	60～75
55～70 分贝	30～60
70 分贝以上	0～30

表 8-6　建筑艺术美（意境与效果）参数评分标准

意境与效果	评分标准
有特色、引人入胜、流连忘返	90～100
颇有特色、观瞻丰富、艺术感强	80～90
有点特色、观赏好	70～80
可供观赏、一般化	50～70
单调、无感染力	20～50
无欣赏价值	0～20

表 8-7　环境质量美学评价参数权重的确定

建筑艺术美参数	初权	最后权系数
建筑总平面布局	6.5	0.18
主体建筑造型与立面	8	0.22
建筑色彩	5.5	0.15
古建筑保护	7	0.20
意境与效果	9	0.25

环境质量美学的评价模式采用下式计算分值：

$$M = \sum C_i W_i \quad (i = 1 \sim n)$$

式中：C_i ——各美学参数的计算分值；

W_i ——各参数的最后权重系数。

5）环境质量美学分级。根据评价结果，依据表 8-8 进行环境美学分级，就可得到评价的最终结果。

表 8-8　环境美学等级划分

级别	美学效果	M 值
I	很美	90～100
II	美	75～90
III	一般	60～75
IV	差	40～60
V	很差	0～40

（2）园林景观游憩（旅游）资源评价

1）评价要素和指标。园林景观游憩资源的主要评价要素和指标如表 8-9 所示。

表 8-9　园林景观游憩资源评价要素和指标

评价要素	评价指标
景观因素	山川地貌风景、优美度、特殊度、规模度、历史文化科学价值、景象组合
环境氛围因素	环境容量、绿化覆盖率、安全稳定性、舒适性、卫生健康标准
经济地理因素	市场区位、产业经济基础、可进入交通条件、距城市远近、基础设施条件、景点离散程度
人文因素	客源市场、客流量、极限流量、旅客承载力、层次特点、吸引力
经济因素	单位面积投资、投入回收年限、产投比、经济效益
因素	供水、供电、通信、安全、卫生、饮食、住宿、购物市场、游乐场

2）评价因素定量指标的确定。下面列举杭州大学关于旅游系统的几组单项评价模型，可作为划分定量指标的参考，如表 8-10～表 8-12 所示。

表 8-10　景观价值特征评价分级

参数	权重/%	记分等级				
		8～10	6～8	4～6	2～4	0～2
要素各类	10	非常全	比较全	比较多	还多	不全
优美度	25	非常美	很美	比较美	一般	不良
特殊度	15	罕见	少见	较少	较普遍	很普遍
规模度	15	宏大	很大	较大	较小	很小
历史文化科学价值	25	极高	很高	较高	一般	不高
景象组合	10	极佳	很好	较好	一般	不好

表 8-11 环境氛围分级

参数	权重/%	记分等级				
		8~10	6~8	4~6	2~4	0~2
环境容量	40	很大	大	较大	较小	很小
绿化覆盖率	20	很高（>90%）	高（>75%）	较高（>50%）	较低（<30%）	很低（<10%）
安全稳定性	10	很好	好	较好	较差	很差
舒适性	20	极佳	优良	中等	较差	很差
卫生健康标准	10	极优	很高	较好	较差	很差

表 8-12 开发利用条件分级

参数	权重/%	记分等级				
		8~10	6~8	4~6	2~4	0~2
市场区位	20	极优	优良	中等	较差	很差
产业经济基础	10	雄厚强	好	中等	较差	很差
可进入交通条件	20	枢组齐全，快速，近便	直快干线经过，交通方便	支线经过，单一，中转	靠近支线，慢，不方便	交通线无法进入
距基地距离	15	<20km	20~60km	60~100km	100~200km	>km
基础设施条件	15	优良，齐全，充沛	配套良好	中等	不配套，较差	很差，缺乏
景点离散程度	20	<2km	2~10km	10~50km	50~100km	>100km

3）评价权重的确定（表 8-13）。

表 8-13 评价要素权重全值

评价要素	权值/%
景观价值特征	45
环境氛围	20
开发利用条件	35

4）评价结果。

对于特定的园林景观，要进行游憩资源评价，评价其价值大小，要根据表 8-9 结合实际情况选择评价要素和指标，再参考表 8-10～表 8-12 确定因子及评价分值，计算出各个要素的得分，再按照表 8-13 的权重系数，计算出园林景观游憩资源的总分值，凡总分值越大，其开发价值越大，总分值越小，开发价值越小。

（3）园林景观风景资源评价

开展园林景观风景资源评价，特别是对森林风景资源质量及开发建设评价，有利于正确评价景观资源，科学合理规划，以发挥园林景观资源的最大效益。凡是建设森林公园、景观旅游开发或其他以园林景观为主体的旅游开发建设项目，都应对景观资源质量及开发建设条件进行科学评价。

1）评价指标。

园林风景资源评价要素有 3 个方面，即风景资源质量、开发建设条件和旅游公害。各个要素在评价时又有若干个评价指标,每个评价指标又可细化为若干个评价因子(表8-14)。在具体评价时可根据当地的实际情况选择评价指标和评价因子。

表8-14　园林风景资源评价要素和指标

评价要素	评价指标	评价因子
风景资源质量评价	林景	林相、季相、古树名木、森林覆盖率、森林景观空间格局
	山景	地形态势、造形、观景效果
	水景	水体形态、格局
	天象	观赏时间及其观赏效果
	人文	数量、观赏效果及其保护价值
	景点	景点数量及其空间格局
	物种	珍稀植物、野生动物及其保护价值
开发建设条件评价	地理位置	经度、纬度、海拔高度、水系、山系、旅游范围
	交通条件	外部道路建设、旅游线路、园内道路
	服务设施	住宿、餐饮、商店、医疗、供电、邮政、通信、给排水、环保、娱乐场地、游玩设施
	环境管理措施	行政管理、立法管理、经济管理、技术管理
	知名度	可觅度
	植物经营管理	护林、防火、病虫害防治、林木抚育养护、园艺修剪、绿化管理
旅游公害评价	景观视觉质量损害	基础设施和服务设施的建设对林地景观及其他景点所产生的破坏
	大气污染	增加有害气体成分、烟尘、灰尘、煤烟燃烧和汽车尾气、扬尘
	垃圾污染	生活垃圾、煤渣等固体垃圾和废水、粪便等液体垃圾
	水体污染	与垃圾污染伴生的水体污染,主要是BOD、COD和有害物质及含菌量
	噪声污染	超负荷客流量引起的噪声污染

2)评价标准。目前,评价标准参照采用的是国家林业总局1993年起草的《中国森林风景资源质量与开发建设评价标准(草案)》和国家标准《中国森林公园风景资源质量等级评定》(GB 18005—1999)。园林风景资源评价标准如表8-15所示。

表8-15　园林风景资源评价标准

评价要素	评价指标	评价因子
风景资源质量评价	林景	林相、季相、古树名木、森林覆盖率
	山景	态势、造形、特征
	水景	体量、形态、特征
	人文景观	景物数量、保护价值
	天象	总体描述
	环境质量	环境质量
	物种	珍稀植物、野生动物数量及保护价值综合描述
开发建设条件评价	地理位置	经度、纬度、海拔高度、水系、山系、旅游范围
	外部交通	外部道路、旅游线路等总体描述
	服务设施	根据住宿、餐饮、商店、医疗、供电、通信、给排水、环保、娱乐、游玩设施等综合描述
	园内道路	各景点的通达性、道路状况总体描述
	游人规模	游人数量
	知名度	知名度

各个评价因子依据美感度、奇特度、功能因素的重要程度、保护科研价值、可览度、开发条件等进行评分，并进行等级划分（表 8-16）。

表 8-16　园林风景资源评分及等级划分

评定的等级	国家林业局（1993）			国家标准（GB 18005—1999）		
	评分分值	总得分	级别	评分分值	总得分	级别
一级	76～100	76～100	国家级	40～50	40～50	国家级
二级	51～75	51～75	省级	30～29	30～29	省级
三级	≤50	≤50	市、县级	20～29	20～29	市、县级

8.2.6　园林生态评价的成果

园林生态评价完成后应提交评价报告，以供决策部门进行决策。评价报告的编写，可参考图 8-1 所示的评价报告提纲。

```
┌──────────────────────────────────────────┐
│              园林生态评价报告               │
│                                            │
│   前言（概要说明）                          │
│   （一）评价的目的，意义                    │
│   （二）评价区的概况                        │
│   （三）评价的组织实施                      │
│       1. 机构组成                          │
│       2. 人员组成                          │
│       3. 必要设备                          │
│   （四）评价的原则，依据及步骤              │
│   （五）评价指标体系建立                    │
│       1. 评价指标体系确定原则              │
│       2. 评价指标体系确定方案              │
│       3. 结果——指标体系建立               │
│   （六）评价指标因变量的调查（调查方法、数据、统计计算）│
│   （七）评价的实施（定性分析与定量分析）    │
│   （八）评价的分析说明                      │
│   （九）结论                                │
│   （十）附录及参考资料                      │
│                                            │
└──────────────────────────────────────────┘
```

图 8-1　评价报告提纲

实　　训

实训1　种子生活力的快速测定（TTC法）

1. 目的要求

了解种子生活力的快速测定技术。

2. 方法原理

种子活力是指种子能够萌发的潜在能力或种胚具有的生命力，是决定种子品质和实用价值大小的主要依据，与播种时的用种量直接有关。测定种子活力常采用发芽实验，既在适宜条件下，让种子吸水萌发，在规定天数内统计发芽的种子的百分数。

（1）氯化三苯基四氮唑法

生活种胚在呼吸作用过程中都有氧化还原反应，而无生命活力的种胚则无此反应。当氯化三苯基四氮唑（TTC）溶液渗入种胚的活细胞内，并作为氢受体被脱氢辅酶（$NADH_2$ 或 $NADPH_2$）上的氢还原时，便由无色的 TTC 变为红色的三苯基甲腙（TTF），从而使种胚染成红色。当种胚生活力下降时，呼吸作用明显减弱，脱氢酶的活性亦大大下降，胚的颜色变化不时显，故可从染色的程度来判断种子生活力的强弱。

（2）红墨水染色法

有生活力的种子，其胚细胞的原生质具有半透性，有选择吸收外界物质的能力，某些染料不能进入细胞内，不会对种子胚色染。而丧失活力的种子其胚部细胞原生质膜丧失了选择吸收的能力，如进入细胞内使胚部染色，所以可根据种子胚部是否着色来判断种子活力。

3. 材料与器具

培养皿两套、镊子1把、单面刀片1片、切种子用垫板1块、烧杯1只、棕色试剂瓶1只、解剖针1把、搪瓷盘1个及 pH 试纸若干，1% TTC 溶液，5%红墨水。

三叶草种子。

4. 操作步骤

（1）氯化三苯基四氮唑法

1）TTC 溶液配制：取10 g TTC 溶于1L 蒸馏水或冷开水中，配制成1%的 TTC 溶液。药液 pH 为 6.5～7.5，以 pH 试纸测定。TTC 如不易溶解，可先加少量酒精，使其溶解后再加水。

2）浸种：将待测种子在 30～40℃温水中浸泡 6h，以增强种胚的呼吸强度，使显色迅速。

3）显色：取吸胀的种子 200 粒，分置于两只培养皿中，每皿 100 粒，其中一只培养皿加适量 TTC 溶液，以浸没种子为度，然后放入 35℃的恒温箱中保温 3～4h。倾出药液，用自来水冲洗多次，至冲洗液无色为止。立即观察种胚着色情况，判断种子有无生活力，凡被染成红色的为活种子，将判断结果记入表中。将另一半在沸水中煮 5min 杀死种胚，做同样染色处理，做对照观察。

TTC 染色法测定种子生活力记载表

方法	种子名称	供试粒数	有生活力种子粒数	无生活力种子粒数	有生活力种子占供试种子的比例/%

（2）红墨水染色法

1）浸种：同 TTC 法。

2）染色：取已经吸胀的种子 200 粒，沿胚的中线切为两半，将一半置于培养皿中，加入 5%红墨水（以淹没种子为度），染色 10～15min，温度高，时间可短些。

3）观察：染色后倒去红墨水；用水冲洗多次，至冲洗液无色为止。检查种子活力。凡种胚不着色或者色很浅的为活种子；凡种胚与胚乳着色程度相同均为死种子。可用沸水杀死的种子做对照观察。

5. 计算

计算活种子的比例，如果可能的话与实际发芽率作一比较，看结果是否相符。

注意：①TTC 溶液最好现配现用，如需贮藏则应贮于棕色瓶中，放在阴凉黑暗处，如溶液变红则不可再用。②染色温度一般以 25～35℃为宜。③判断种子生活力的标准：有生活力的种子应具备胚发育良好、完整，整个胚染成鲜红色；子叶有一小部分坏死，其部位不是胚中轴和子叶连接处；胚根尖虽有小部分坏死，但其他部位完好。无生活力的种子应具备胚发育不良，未成熟，全部或大部分不染色或胚染成很淡的紫红色，或淡灰红色；子叶不染色或丧失机能的组织超过 1/2，子叶与胚中轴的连接处或在胚根上有坏死的部分；胚根受伤，胚根不染色部分不限于根尖。

实训 2　植物呼吸速率广口瓶测定法

1. 目的要求

掌握广口瓶法测定植物呼吸速率的原理与方法，学会运用呼吸速率测定比较植物材料间呼吸作用相对强弱的方法。

2. 方法原理

呼吸速率是植物生命活动强弱的重要指标之一，常用于植物生理研究及植物生产实践等方面。测定呼吸速率的方法主要是测定 CO_2 的释放量或 O_2 的呼吸量两类方法。本实验用广口瓶法测定植物的呼吸速率。

在密闭容器中加入一定量碱液 [一般用 $Ba(OH)_2$]，上面悬挂植物材料，植物材料呼吸放出的 CO_2 可为容器中 $Ba(OH)_2$ 吸收，然后用草酸滴定剩余的碱，从空白和样品两者消耗草酸溶液之差，可计算出呼吸释放出的 CO_2 量，其反应如下：

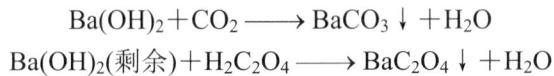

$$Ba(OH)_2 + CO_2 \longrightarrow BaCO_3 \downarrow + H_2O$$
$$Ba(OH)_2(剩余) + H_2C_2O_4 \longrightarrow BaC_2O_4 \downarrow + H_2O$$

3. 材料与用品

发芽的植物种子或其他植物材料，广口瓶测呼吸装置 1 套、电子天平、酸式和碱式滴定管各 1 支及滴定管架 1 套等。

4. 试剂

（1） $1/44$ mol·L^{-1} 草酸溶液

准确称取结晶 $H_2C_2O_4·2H_2O$ 2.865 1g 溶于蒸馏水中，定容至 1000 mL，每 mL 相当于 1mg CO_2。

（2） 0.05 ml·L^{-1} 氢氧化钡溶液

准确称取 $Ba(OH)_2$ 8.6g 或 $Ba(OH)_2·8H_2O$ 15.78g 溶于 1000mL。蒸馏水如有浑浊，待溶液澄清后使用。

（3）酚酞指示剂

称取 1g 酚酞，溶于 100 mL 95% 乙醇中，贮于滴瓶中。

5. 操作步骤

（1）呼吸装置的制备

取 500 mL 广口瓶 1 个，加一个三孔橡皮塞。一孔插入一装有碱石灰的干燥管，使其吸收空气中的 CO_2，保证在测定呼吸时进入呼吸瓶的空气中无 CO_2；一孔插入温度计；另一孔直径约为 1cm，供滴定用，平时用一小橡皮塞塞紧。在瓶塞下面装一小钩，以便悬挂用尼龙窗纱制作的小篮，供装植物材料用。

（2）空白滴定

拔出滴定孔上的小橡皮塞，用碱滴定管向瓶内准确加入 0.05 mol·L^{-1} $Ba(OH)_2$ 溶液 20mL，再把滴定孔塞紧，充分摇动广口瓶几分钟。待瓶内 CO_2 全部被吸收后，拔出小橡皮塞加入酚酞 3 滴，把酸滴定管插入孔中，用 $1/44$ mol·L^{-1} 草酸溶液空白滴定，至红色刚刚消失为止，记下草酸溶液用量（mL），即为空白滴定值（V_0）。

（3）溶液样品滴定值测定

倒出废液，先用自来水，再用新煮沸（为驱赶水中 CO_2）并冷却的蒸馏水洗净广口瓶，重加 20 mL $Ba(OH)_2$ 溶液于瓶内，取待测样品 3～5g，同时准确称其质量（m），装入小篮中，打开橡皮塞，迅速挂于橡皮塞的小钩上，塞好塞子，加样操作时，应设法防止室内空气和口中呼出的气体进入瓶内，开始记录时间。经 20～30min，期间轻轻摇动数次，使溶液表面的 $BaCO_3$ 薄膜破碎，有利于 CO_2 的充分吸收。到预定时间后，轻轻打开瓶塞，迅速取出小篮，立即重新塞紧。充分摇动 2min，使瓶中 CO_2 完全被吸收，拔出小橡皮塞，加入酚酞 3 滴，用草酸滴定如前。记下草酸用量（mL），即为样品滴定值（V_1）。

（4）计算呼吸速率

$$呼吸速率＝\frac{(空白滴定值－样品滴定值)×CO_2毫克数/草酸的毫升数}{植物组织鲜重（或干重）×时间}$$

式中，滴定值以 mL 计算，植物组织质量以 g 计算，时间以 h 计算。

6. 注意事项

实训课中由于人数多，室内空气中的 CO_2 浓度不断升高，是本实训最大的误差源。如果先做样本测定，后做空白滴定，测定结果甚至会出现负值。克服的办法可将广口瓶装满水，在室外迎风处将水倒净，换上室外空气，若用自来水，还须应用无 CO_2 蒸馏水或煮沸过的冷开水洗涤广口瓶，塞好橡皮塞，带回室内进行加液、滴定操作。进行样本测定时也可在室外将装有萌发种子的小篮挂入瓶中瓶塞下的小钩上，并开始计时。操作要注意不要让口中呼出的气体进入瓶中。

7. 实训作业

1）影响植物呼吸速率的因素有哪些？

2）在呼吸速率测定中哪些步骤容易出现误差？应当怎样避免？

3）根据实训要求，计算呼吸速率，填写呼吸速率测定记载表，并对不同状态植物种子的呼吸速率进行比较。

呼吸速率测定记载表

温度：_____　　　　测定人：_____　　　　测定日期：_____年___月___日

材料名称	处理方式	材料质量/g	反应时间/ min	草酸用量/mL		呼吸速率 /(mg$_{co_2}$ · g^{-1} · h^{-1})
				空白滴定值	样品滴定	

实训 3　植物春化现象的观察

1. 目的要求

掌握植物春化作用的观察方法，进一步加深对植物春化作用知识及其调控技术的理解和应用。本实训以冬小麦春化作用的观察为例。

2. 方法原理

冬性植物（如冬小麦、百合、牡丹等）在其生长发育过程中，必须经过一段时间的低温，生长锥才能开始分化。因此可以通过检查生长锥分化情况（以及对植株拔节、抽穗的观察）来确定是否已通过春化。这在生产和科研中有一定的应用价值。

3. 材料药用品

冰箱、解剖镜 1 台、镊子 1 把、解剖针 1 支、载玻片 2 片及培养皿 5 套等。

4. 操作步骤

（1）春化处理

选取一定数量的冬小麦种子（最好用强冬性品种），分别于播种前 50d、40d、20d 和 10d 吸水萌动，置于培养皿内，放在 0~5℃的冰箱中进行春化处理。

（2）播种

于春季（约在 3 月下旬或 4 月上旬）从冰箱中取出经不同处理时间的小麦种子和未经低温处理但使其萌动的种子，同时播种于花盆或实验地中。

（3）视察记录

麦苗生长期间，各处理间进行同样肥水管理，随时观察植株生长情况。当春化处理时间最长的麦苗出现拔节时，在各处理中分别取一株麦苗，用解剖针剥出生长锥，并将其切下，放在载玻片上，加 1 滴水，然后在解剖镜下观察，并绘简图。比较不同处理的生长锥有何区别。

继续观察植株生长情况，直到处理时间最长的麦株开花时，将观察情况记入表中。

植株春化处理生长情况记载表

观察日期	春化时间及植株生育情况记载					
	50d	40d	30d	20d	10d	未春化

5. 实训作业

1）春化处理天数的多少与冬小麦抽穗时间的早晚有无差别？为什么？

2）研究春化现象在农业生产中有何意义？举例说明。

实训 4　生长调节剂调节菊花花株高的实验

1. 目的要求

掌握植物营养生长特点及植物生长调节剂应用的基础上，掌握用植物生长调节剂调节植物株高的原理与技术。

2. 方法原理

菊花是我国传统的名花，但由于需要不同，人们对其植株高度的要求也不同。作为切花时希望植株较高，作为盆栽时又希望植株矮小紧凑。促进茎的伸长是赤霉素生理作用之一，而比久（B_9）能够抑制植物体内赤霉素的生物合成。合理地利用这两种生长调节剂，就能够有效地控制株高，满足需要。

3. 材料与用品

菊花苗或将要现蕾的盆栽菊花，$6mg \cdot L^{-1}$ 或 $150mg \cdot L^{-1}$ 的赤霉素溶液、$150mg \cdot L^{-1}$ 的比久溶液及洗洁精等，花盆、喷壶、烧杯及容量瓶等。

4. 操作步骤

（1）材料处理

上盆后的菊花苗，分成三组，第 1 组在上盆后的 1～3d 及 3 周后各喷施 $6mg \cdot L^{-1}$ 的赤霉素溶液 1 次；第 2 组于上盆后第 10d 起，每 10d 喷 1 次 $150mg \cdot L^{-1}$ 的比久，一共喷 4 次；第 3 组喷清水作对照。

（2）观测记录

在菊花开花后，测量株高，记录数据填于记录表中。

植物生长调节剂调节菊花株高观测记录表

| 组别 | 处理 | | 株高 | | | 观测时间 | 观测人 |
	方法	时间	单株高度		平均		
1							
2							
3							

5. 实训作业

比较两种处理效果的不同，解释赤霉素促进株高及比久抑制株高的原因。

实训 5 植物生长调节剂诱导植物插条发生不定根的实验

1. 目的要求

掌握植物生长调节剂诱导植物不定根的基本原理和方法。

2. 方法原理

用植物生长调节剂（生长素类、生长延缓剂等）处理插条，可以促进细胞恢复分裂能力，诱导根原基发生，促进不定根发生。容易生根的植物经处理后，发根提早，成活率提高；对木本植物进行插条处理，可提高生根率；移栽的幼苗被生长调节剂处理后，移栽后的成活率提高，根深苗壮。本实验通过测定植物生长的重要生理指标——根的活力，来了解生长调节剂促进不定根发生的作用。

3. 材料与器具

供试植物材料、电子天平、烘箱、分光光度计等。

4. 试剂

1）称取 1000 mg·L^{-1} 吲哚丁酸（IPA）溶液，称取 100mg IPA，加 90% 酒精 0.2 mL 溶解，用蒸馏水定容至 100mL。

2）1000 mg·L^{-1} 多效唑溶液称取 2g 5% 多效唑原粉，加水定容至 100 mL。

3）脱落酸、细胞分裂素类、乙烯、油菜内酯及水杨酸等其他植物生长调节剂。

5. 实训内容

1）考虑选用生长素类、多效唑（或脱落酸、细胞分裂素类、乙烯、油菜内酯及水杨酸）等植物生长调节剂，通过改变各施用药浓度的大小、处理插条的时间与处理方法，证实不同种类的植物生长调节剂对植物插条不定根发生的影响。

2）选用各种植物材料，考虑材料的年龄与取材部位，用植物生长调节剂处理，以了解其促进插条生根的作用与插条的种类及生理的关系。

3）用生长调节剂处理的植物插条，在不同培养条件下（光照、温度、湿度及培养基质等），观察其不定根发生的情况。

4）在上述条件下，研究分析不定根发生过程中根系活力的变化，以认识生长调节剂的作用原因。

6. 方法步骤

1）按照实训内容，配制植物生长调节剂溶液（一般为 500mg·L^{-1} 或 1 000mg·L^{-1}），然后稀释成 3～5 个浓度，如 100mg·L^{-1}，200mg·L^{-1}，300mg·L^{-1}。

2）从室外取菊花或其他植物材料，注意插枝的生理状态（如果植物材料是灌木，需注意取材的枝条部位）。从茎顶端或枝条上端向下 10～15cm 处剪去植株地下部分，去除花，保留 1～2 片叶片（如果叶片面积较大，可以保留半片叶）。

3）将插枝基部 2～3cm 浸泡在植物生长调节剂溶液中，另外用相同体积水浸泡插条为对照，记录浸泡时间，然后换水。

4）将插条放置在阳台或走廊的弱光通风处培养（室温为 20～35℃），培养期间注意加水至原来的高度。

5）插条用水培养 10～20d 后，统计其基部不定根发生的数目、每个插条的生根数目、生根的范围。然后用刀片切下不定根，每个处理取一部分枝条的根进行根系活力测定，其余枝条的根在电子天平上称其鲜重，放置培养皿内，于烘箱 60～80℃烘 2h，取出，冷却后称重；继续烘干，直至重量不发生变化。

7. 实训作业

1）调查记载插条下端切口明显膨大所需时间。
2）调查记载长出幼根所需时间，幼根数量、状态（粗壮、细、弱），发根部位。
3）用烘干称重法测定根系重量和相对含水量。
4）用 TTC 法测定根系的活力。

实训 6　植物蒸腾强度快速称重测定法

1. 目的要求

学会用快速称重法测定植物蒸腾强度的操作技术。

2. 方法原理

蒸腾速率是指单位时间、单位面积（单位鲜重）所散失的水量。离体的植物叶片，由于蒸腾失水而减轻质量，快速称重法可准确地测出单位时间内单位叶片的质量变化，根据公式算出该植物叶片的蒸腾速率。

3. 材料用品

不同植物（或同一植物不同部位）的新鲜叶片、分析天平、剪刀、秒表、白纸及扭力天平等。

4. 操作步骤

1）在测定植株上选一枝条（重约 20g），剪下后立即放在扭力天平上称重，记录质量及起始时间，并把枝条放回原来的环境中。

2）过 3～5min 后，取枝条进行第二次称重，准确记录 3min 或 5min 内的蒸腾失水量和蒸腾时间。

注意： 称重要快，要求两次称的质量变化不超过 1 g，失水量不超过 10%。

3）用叶面积仪（或透明方格纸、质量法）测定枝条上的总叶面积（cm^2），按下式计算蒸腾速率：

$$蒸腾速率（g \cdot m^{-2} \cdot h^{-1}）=\frac{蒸腾失水量（g）}{叶面积（cm^2）×测定时间（h）}$$

4）不便计算叶面积的针叶树类等植物，可以鲜重为基础计算蒸腾速率。即于第二次称重后摘下针叶，再称枝条重，用第一次称得的质量减去摘叶后的枝条重，即为针叶（蒸腾组织）的原始鲜重，可用下式计算蒸腾速率（每克叶片每小时蒸腾水分的质量）：

$$蒸腾速率（mg \cdot g^{-1} \cdot h^{-1}）=\frac{蒸腾失水量（mg）}{组织鲜重（g）×测定时间（h）}$$

5. 实训作业

1）测定蒸腾速率为何要考虑到天气情况？

2）记录实训结果，计算植物的蒸腾速率并填入表中。

蒸腾速率测定记载

植物名称	取材部位	重复	开始时间	叶面积/cm²	测定时间/min	蒸腾水量/g	蒸腾速率	当时天气	备注

实训 7　日照时数的观测

1. 目的要求

了解日照仪器的构造和原理，学会日照计的安装和使用，掌握日照时数的观测方法。

2. 仪器、材料、药品

乔唐式日照计（又称暗筒日照计）、日照纸、深色玻璃瓶、脱脂棉、15W 红色灯泡、红布、铁氰化钾、柠檬酸铁绞。

3. 方法步骤

测定日照时数多用乔唐式日照计，它是利用太阳光能过仪器上的小孔射入筒内，使涂有感光药剂的日照纸上留下感光迹线长度来判定日照时数。

（1）乔唐式日照计的构造与安装

乔唐式日照计由金属圆柱筒和支架底座等组成。圆筒的筒口带盖，两侧各有一个进光孔，两孔前后位置错开，以免上、下午的日影重合。圆筒的上方有一隔光板，把上午、下午日光分开。筒口边缘有白色标记线，用来确定筒内日照纸的位置。圆筒下部有固定螺钉，松开可调节暗筒的仰角。支架下部有纬度刻度盘和纬度记号线。圆筒内装一金属弹性压纸夹，用以固定日照纸。仪器底座上有 3 个等距离的孔，用以固定仪器。

乔唐式日照计应安置在终年从日出到日落都能受到阳光照射的地方。若安装在观测场内，要先稳固地埋好一根柱子，柱顶安装一块水平而又牢固的台座，把仪器安装在台座上，要求底座水平，筒口对准正北，将底座固定，然后转动筒身使纬度刻度线指向当地纬度值。

（2）日照纸涂药

日照记录纸是涂有感光药的日照纸，配制涂药时，按 1：10 配制显影剂铁氰化钾（又称赤血盐$[K_3Fe(CN)_6]$）水溶液；按 3：10 配制感光剂柠檬酸铁铵（又称枸橼酸铁铵$[Fe_2(NH_4)(C_6H5O_7)_3]$）。把两种水溶液分别装入暗色瓶中。应注意柠檬酸铁铵是感光吸水性较强的药品，注意防潮；铁氰化钾为毒药，应注意安全，宜放在暗处妥善保管。

日照纸涂药应在暗处或夜间弱光下（最好是红光下）进行。涂药前，先用脱脂棉把日照纸表面逐张擦净，使纸吸收均匀；再用蘸有上述两种等量混合药水的脱脂棉均匀涂在日照纸上。涂药的日照纸应严防感光，可置于暗处阴干后暗藏备用。涂药后应洗净用具，用过的脱脂棉不可再次使用。

（3）换纸和整理记录

每天在日落后换纸，即使全天阴雨，无日照记录，也应照样换下，以备日后查考。上纸时，注意使纸上 10:00 时线对准筒口的白线，14:00 时线对准筒底的白线；纸上两个圆孔对准两个进光孔，压纸夹交叉处向上，将纸压紧，盖好筒盖。换下的日照纸，应依感光迹线的长短，在其下描画铅笔线。然后，将日照纸放入足量的清水中浸漂 3～5min 拿出（全天无日照的纸，也应浸漂）；待阴干后，再复验感光迹线与铅笔线是否一致。如感光迹线比铅笔长，则应补上这一段铅笔线，然后按铅笔线计算各时日照时数（每一小格为 0.1h），将各时的日照时数相加，即得全日的日照时数。如果全天无日照，日照时数应记 0.0。

（4）检查与维护

首先，每月检查一次仪器的水平、方位、纬度的安置情况，发现问题，及时纠正。其次，日出前应检查日照计的小孔，有无被小虫、尘土等堵塞或被露、霜等遮住。

4. 实训作业

1）熟悉日照计的结构、性能、安装及作用方法。
2）统计某日的日照时数（实照时数）和计算该日的日照百分率。
3）引进行日照观测并将观测结果记入表中。

日照时数观测表

时间	日照时数	时间	日照时数	时间	日照时数
4:00～5:00		10:00～11:00		16:00～17:00	
5:00～6:00		11:00～12:00		17:00～18:00	
6:00～7:00		12:00～13:00		18:00～19:00	
7:00～8:00		13:00～14:00		19:00～20:00	
8:00～9:00		14:00～15:00			
9:00～10:00		15:00～16:00			

实训 8　光照度的观测

1. 目的要求

掌握照度计的使用方法，明确光对园林植物生长发育和形态结构的影响。

2. 仪器与用具

照度计、测高器、围尺、皮尺、铅笔、记录板等。

3. 照度计及其使用

光照度用照度计测定。照度计由硒光电池和微电表组成。硒光电池装在圆形有柄的胶木盒内，观测时将光电池放在所要观测的部位，受光后就产生电流，电流的强弱决定于光强的大小。光电池用电线连接到微电表，微电表的指示度就是光照强度的读数。光电池附有相应的滤光器，当光照很强时，必须将滤光器放在光电池上，并将开关调至相应的倍数挡上，再进行读数。在观测时，光电池要水平放置，并要在应测高度有代表性的部位。每次测光时，光电池的放置位置不要变动，否则会影响观测结果。

4. 实训内容

1）观测园林植物在不同光照条件下的生长发育情况。
① 比较强光和弱光条件下园林植物的形态特征和开花结实状况。
② 比较园林植物不同部位的开花结实状况和叶片的形态结构。
③ 观测受单向光照射条件下园林植物的形态及生长发育状况。
2）观测喜光植物和耐阴植物在叶片形态、构造、着生状况等方面的区别。
3）用照度计测定不同光环境条件的光照度，并进行比较。

5. 实训作业

1）对观察的作业资料进行整理，分别用表格形式将其区别列出比较。
2）应用已学的知识，说明光环境对园林植物生长发育的影响。
3）根据上述结果写实习报告。

实训 9 降水和蒸发的观测

1. 目的要求

了解测定降水和水面蒸发的仪器结构和使用方法；学会进行降水量和蒸发量的观测。

2. 仪器、用具、材料

雨量器、虹吸式雨量计、专用量杯。自记纸、自记墨水。小型蒸发皿、蒸发罩。

3. 雨量器、雨量计及蒸发器的使用

测定降水量的仪器有雨量器和雨量计，测定蒸发量的仪器有小型蒸发器。

（1）雨量器

1）构造。雨量器是用来测定一段定时段内的液体和固体降水量的仪器，它的构造由口径为20cm承水器、漏斗、储水筒（外筒）、储水瓶组成，并配有与其口径成比例的专门雨量杯，雨量杯刻度每一小格表示0.1mm，每一大格表示1.0mm。

2）安装。雨量器安置在观测场内固定架子上，器口保持水平，口沿距地面高70cm。冬季积雪较深地区，应在其附近装一能使雨量器口距地高度达到1.0~1.2m的备用架子。当雪深超过30 cm时，应把仪器移至备用架子上进行观测。

冬季降雪时，须将漏斗和储水瓶取走，直接用承雪口和储水筒承接降雪。

3）观测和记录。有降水时每天8:00、20:00进行观测，观测时要换取储水瓶，将储水瓶内的水缓缓倒入专门量杯中量取，量取时量杯要保持水平，精确至0.1mm。在很大的阵性降水后，或在气温较高的季节，降水停止后，应及时进行补充观测。冬季下雪时，改用承雪口和储水筒直接测定。观测时用备用储水筒去换取已盛有雪的储水筒，盖上盖子带回室内，待雪化后用量杯量取；也可加一定的温水，使雪融化后再用量杯量取，但应记住从量得数值中扣除加入的温水水量。

无降水时，降水毫不做记录。不足 0.05mm 降水量记 0.0。

4）维护。每次巡视仪器时，注意清除承水器、储水器内的昆虫、树叶等杂物；定期检查雨量器的高度、水平，发现不符合要求的应及时纠正；承水器的刀刃要保持正圆，避免碰撞变形。

（2）虹吸式雨量计

1）构造。虹吸式雨量计是用来连续记录液体降水量和降水时间的仪器。它的构造由承水器、浮子室、自计钟、虹吸管等组成。当雨水由承水器进入浮子室后，室内水面就升高，浮子和笔杆也随着上升。笔尖在自记纸上划出相应的曲线就表示降水量、降水时间和降水强度。当笔尖达到自记纸上限时（一般相当于 10mm 或 20mm 的降水量）浮子室内的水就从虹吸管排出，流入管下的盛水器中，笔尖就回到 O 线上。若仍有降水，笔尖又随之上升画线。自计曲线的坡度表示降水强度的大小。

2）安装。将仪器安装在观测场水泥或木底座上，承水器口距地高度以仪器自身高度为准。器口保持水平，用三根纤绳拉紧。

3）观测与记录。从自记纸上读取降水量，每一小格表示 0.1mm。一日内有降水时（自记迹线上升≥0.1mm），必须换自计纸，一般于每日 8:00 进行换纸。无降水时，自记纸也可用 8～10d，但应在每日换自记纸时加注 1mm 水量，使笔尖抬高位置，避免迹线每日重叠。

4）维护。初结冰前应把浮子室内的水排尽，冰冻期长的地区应将内部机件拆回室内。其他维护同上述雨量器。

（3）小型蒸发器

1）构造。小型蒸发器是用来测定水面蒸发的仪器。它是一只口径为 20cm，高约 10cm 的金属圆盆，器旁有一倒水小嘴，口缘镶有内直外斜的刀刃形铜圈，为防鸟兽饮水，器口上附有上端向外张开成喇叭状的金属网圈。

2）安置。蒸发器应安置在观测场内终日受日光照射的地方，安置地点竖一圆柱，柱顶安一圆架，将蒸发器安放在其中。蒸发器口缘保持水平，距地面高度为 70cm。冬季积雪较深地区的安置同雨量器。

3）观测与记录。每天 20:00 观测一次，用专门量杯先测量前一天 20:00 注入的 20mm 清水（即今日原量），经过 24h 蒸发后剩余的水量，记入观测簿余量栏。然后倒掉余量，重新量取 20mm 清水注入蒸发器内，并记入次日原量栏。蒸发量计算公式如下：

$$蒸发量＝原量＋降水量－余量$$

冬季结冰时可改用称量法测量。将蒸发器内注入 20mm 清水后称其质量（即今日原量），经过 24h 蒸发后再称其质量，称为余量，二次质量之差即为蒸发量。其计算公式为

$$蒸发量＝[原量（g）－余量（g）]/3.14$$

4）维护。每天观测后均应清洗蒸发器（洗后要倒净余水）并换用干净水，其他维护同雨量器。

4. 实训内容

1）对照仪器熟悉其结构、性能及使用方法。
2）进行降水量、蒸发量的测定。
3）降水自记记录的整理。

5. 实训作业

1）将降水量和蒸发量的观测结果记录于相应表中。

降水量（定时）记录

年　月　日	8:00	20:00	合计

蒸发量（小型）记录

年　月　日	原量	余量	降水量	蒸发量

2）固态降水和液态降水的降水量观测方法有何不同？
3）结冰与不结冰时蒸发量观测方法有何不同？
4）根据上述结果写实习报告。

实训 10　不同水环境条件下园林植物形态结构特征的观察

1. 目的要求

明确水环境对园林植物根系、叶形态构造的影响以及园林植物对水环境的适应。

2. 仪器、用具、材料

显微镜、放大镜、镊子、刀片、载玻片、蒸馏水、土壤锹、方格计算纸等。水生、湿生、旱生植物叶切片，或新采集的水生、湿生、旱生植物叶切片和根系等。

3. 实训内容

1）采集不同水环境条件下园林植物的叶片，进行观察，比较叶片大小、厚薄、颜色深浅，有无角质层、蜡质或茸毛等。
2）在显微镜下观察旱生、温生、水生植物叶的切片内部组织，如气孔形态、数量和位置、栅栏组织发达程度等。如无现成切片，可以选用当地新鲜材料制作徒手切片。
3）观察比较旱生植物、湿生植物和水生植物根系形态及其分布特点。

4. 实训作业

1）绘制旱生、湿生和水生植物叶片形态及构造图。

2）绘制旱生、湿生和水生植物根系形态及分布状况图。

3）列表比较旱生、湿生和水生植物形态特征。

旱生、湿生和水生植物叶及根系形态特征比较

部位	形态构造特征	旱生植物	湿生植物	水生植物
叶	大小			
	薄厚			
	颜色			
	角质层			
	蜡质			
	茸毛			
叶切片	气孔大小			
	气孔数目			
	下陷情况			
	栅栏组织			
根系	根系类型			
	发达程度			
	根毛多少			
	分布状况			

4）根据上述结果写实训报告。

实训 11　风 的 观 测

1. 目的要求

了解测风仪器的构造，掌握仪器的正确使用方法。

2. 仪器

EL 型电接风向风速计、轻便风向风速表。

3. 方法步骤

气象台站一般都用 EL 型电接风向风速计，野外流动观测多用轻便风向风速表，若没有测定风向风速的仪器或仪器发生故障时，可用自测法观测。

（1）EL 型电接风向风速计

1）仪器的结构。EL 型电接风向风速计由感应部分、指示器、记录器组成。

2）仪器的安装。仪器安装前需进行运转试验，只有运转正常才可以进行安装。感应器应安装在牢固的高杆或塔架上，附设避雷装置。风速感应器（风杯中心）距地 10～12m 高（将三角铁底座固定在杆顶，感应器中心轴垂直，指南杆指向正南，指示器、记录器平稳地安放在室内桌面上，用电缆与感应器相连接，使用的电源可以是交流电（220V）或干电池（12V）。

3）观测和记录。打开指示器风向、风速开关，观测 2min 风速指针摆动的平均位置，读取整数记录。风速小时把风速开关拨在"20"挡上，读 0～20m/s 标尺刻度；风速大时开关拨到 40 挡上，读 0～40m/s 标尺刻度。观测风向指示灯，读取 2min 的最多风向，用十六方位记录。静风时，风速记为"0"，风向记为"C"；平均风速超过 40m/s，则记为＞40。

从记录器部分的自记纸上可知各时风速、各时风向及日最大风速。

（2）轻便风向风速表

1）仪器的结构。轻便风向风速表由风向部分（风向标、方位盘、制动小套）和风速部分（十字护架、风杯、风速表主机体）和手柄 3 部分组成。

2）观测和记录。观测时，观测者手持仪器，高出头部并保持垂直，风速表刻度盘与当时风向平行，观测者应站在仪器的下风方。将方位盘的制动小套管向下拉并向右转一角度，启动方位盘，注视风向指针约 2min，记录其最多风向。

在观测风向时，待风杯旋转约 0.5min 后，随即按下风速按钮，启动仪器。待 1min 后指针自动停止，读出指针所指刻度，将此值从风速检定曲线图中查出实际风速，取一位小数，即为所测的平均风速。观测完毕，将方位盘制动小套向左转一角度，小套管借助弹力，固定好方位盘。

（3）维护

1）保持仪器清洁、干燥，若被雨雪打湿，使用后必须用软布擦拭干净。

2）避免碰撞和震动，非观察时间，仪器要放在盒内，不能用手摸风杯。

3）平时不要随便按风速按钮，计时机构开始工作后，不得再按该按钮。

4）各轴承和紧固螺母不得随意松动。

5）仪器使用 120h 后必须重新检定。

（4）目测法

根据炊烟、旗帜、布条展开的方向及人的感觉，按八方位法估计风向；根据风对地面或海面物体的影响而引起的各种现象，按风力等级表估计风力，并记录其相应风速的中数值。目测风向风力时，观测者应站在空旷处，多选几个物体，认真地观测，以尽量减少主观的估计误差。

风力等级表

风力等级	名称	海面和渔船征象	陆上地面物征象	相当风速/（m/s）	
				范围	中数
0	无风	静	静，烟直上	0.0～0.2	0.1
1	软风	有微波，寻常渔船略觉摇动	烟能表示风向，树叶略有摇动	0.3～1.5	0.9
2	轻风	有小波纹，渔船摇动	人面感觉有风，树叶有微响，施旗开始飘动，高草开始摇动	1.6～3.3	2.5
3	微风	有小波，渔船渐觉簸动	树叶及小枝摇动不息，应旗展开	3.4～5.4	4.4
4	和风	浪顶有些白色泡沫，渔船满帆时，可使船身倾于一侧	能吹起地面灰尘和纸张，树枝摇动	5.5～7.9	6.7
5	清风	浪顶白色泡沫较多，渔船缩帆	有叶的小树摇摆，内陆的水面有小波	8.0～10.7	9.4
6	强风	白色泡沫开始被风吹离浪顶，渔船加倍缩帆	大树枝摇动，电线呼呼有声，撑伞困难	10.8～13.8	12.3

续表

风力等级	名称	海面和渔船征象	陆上地面物征象	相当风速/（m/s）	
				范围	中数
7	劲风	白色泡沫离开浪顶被吹成条纹状，渔船停泊港中	整树摇动，大树技弯下来，迎风步行感觉不便	13.9～17.1	15.5
8	大风	白色泡沫被吹成明显的条纹状，进港的渔船停留不出	可折毁小树枝，人迎风前行感觉阻力甚大	17.2～20.7	19.0
9	烈风	被风吹起的浪花使水平能见度减小，机帆船航行困难	瓦屋屋顶被掀起，大树枝可折断	20.8～24.4	22.6
10	狂风	被风吹起的浪花使水平能见度明显减小，机帆船航行颇危险	陆上少见，树木可被风吹倒，一般建筑物遭破坏	24.5～28.4	26.5
11	暴风	吹起的浪花使水平能见度显著减小，机帆船遇之极危险	陆上少见，大树可被吹倒，一般建筑物遭严重破坏	28.5～32.6	30.6
12	台风	海浪滔天	陆上绝少，其摧毁力极大	>32.6	>30.6

4. 实训作业

独立完成风的测定并记录当地当时风的等级、风向与风速等。

实训 12 土壤样品的采集与处理

1. 目的要求

土壤样品的采集与处理是土壤分析工作中的一个重要环节，它是关系到分析结果是否正确、可靠的先决条件。通过实训，使学生初步将掌握耕作层土壤混合样品的采集与处理方法。

2. 仪器用具

小铁铲或土钻、塑料袋、标签、铅笔、钢卷尺（1.5m）、木棒、镊子、18 目（1mm）土壤筛、60 目（0.25mm）土壤筛、广口瓶、木板或盛土盘、晾土架等。

3. 方法步骤

（1）耕作层土壤混合样品的采集

1）选点与布点。根据不同的土壤类型、地形、前茬及肥力情况，分别选择典型地块，提高样品代表性。耕作层混合土样的采集必须按照一定的路线和"随机、多点、均匀"的原则进行。布点形式以蛇形较好，只有在地块面积小、地形平坦、肥力均匀的情况下，才用对角线或棋盘式采样。采样数目一般可根据采样区域大小和土壤肥力差异情况，采集 5～20 个点。

2）采土。在确定采样点后，首先除去地面落叶杂物并将表土 2～3mm 刮去，每一点采取的土样，深度要一致，上下土体要一致，一般为 20cm 左右。而对于株型比较大、根系分布比较深的果树和林木，采样的深度可分两层，即 0～20cm 和 20～40cm，也可根据特殊要求再增加层次和深度，但一般不要超过1m。

采样的部位也因分析目的的不同而不同，要了解果木、林地土壤的基本肥力情况可以在株、行间取土；为了研究施肥，应在树冠垂直向下的地方采样。

在每个采样点采土时用土钻或小土铲，打土钻时要垂直插入土内，如用小土铲取样，可用小土铲切取上下厚薄一致的薄片。然后将采集的各点样品集中起来，混合均匀。每个混合样品的质量，一般在1kg左右。土样过多时，可将全部土样放在干净的盘子或塑料布上，用于捏碎混匀后，再用四分法将对角上多余的土弃去，直至达到所需的数量为止。

采好的土样可装入塑料袋中，并立即书写标签，一式两份，一份放入袋内，一份贴在袋外。标签上用铅笔写明采样地点、深度、样品编号、日期、采样人、土壤名称等。

（2）土壤样品的处理

从野外采回的土壤样品，首先应剔除土壤中的侵入物体，除速测养分、还原性物质测定外，一般应及时将土样进行处理。

1）风干。采回的土壤样品应立即捏成碎块，剔除侵入物体后，铺在晾土架、木板或盛土盘中，摊成2~3cm厚的薄层，进行晾干。风干应在阴凉、通风、干燥的室内进行，严禁曝晒或受酸、碱等气体及灰尘的污染。如果捡出的石子、结核物较多，应称重，并折算出含量百分率。风干过程要注意翻动。

2）磨细与过筛。将风干后的土样平铺在木板或塑料板上，用木棍碾碎，边磨边筛，直到全部通过18目筛为止；过筛后的土样经充分混匀后，分成两份：一份供质地、pH、吸湿水、速效养分等测定用；另一份继续磨细全部通过60目筛，供测定有机质、全氮含量用。

3）装瓶贮存。过筛后的土样充分混匀后，装入有磨口塞的广口瓶中，内外各具一张标签。标签上写明土样编号、采样地点、采样深度、筛号、采样人、采样日期等。处理好的土样应避免阳光、高温、潮湿或酸、碱气体的影响与污染。一般土样应保存至少1年，以备测定结果的核查之需。

4．实训作业

1）土样的采集和制备过程中应注意哪些问题？

2）为什么不能直接在磨细通过1mm筛孔的土样中筛出一部分作为60目土样呢？

3）一般耕作层养分测定土样，取土深度应为多少？

实训13　土壤水分的测定

1．目的要求

掌握烘干法和酒精燃烧法测定土壤水分含量的原理和方法。

2．仪器用具

分析天平、铝盒、烘箱、干燥器、天平（0.01g）、蒸发皿、95%酒精、量筒或量杯、小刀或铁丝、火柴、土壤含水量测定记录表。

3. 测定方法

（1）风干土样吸湿水的测定（烘干法）

1）方法原理。在（105±2）℃温度下，风干土样的吸湿水从土粒表面蒸发，结构不会破坏。土壤中有机质含量一般不多，除极少部分受烘烤引起变化外而不致分解，故用烤箱测得的水分已能达到土壤分析的准确性和精确度。

将土样置于（105±2）℃下烘干至恒重。由烘干前后质量之差计算出土壤水分的百分数。

2）操作步骤。

① 取有编号带盖的铝盒，洗净，烘干，放入干燥器中冷却至室温，然后在分析天平上称重，记入 W_1。注意盖号、底号必须相同，切勿调乱。

② 称取风干土样 5g 左右，均匀平铺在铝盒中，称重记入 W_2。

③ 打开铝盒盖子，放入恒温烘箱中，在（105±2）℃的温度下烘 6～8h。

④ 取出铝盒，加盖，放入干燥器中冷却至室温，称重记入 W_3。

3）计算结果：

$$土壤水分＝(风干土重－烘干土重)/烘干土重×100\%$$

即
$$W＝(W_2－W_3)/(W_2－W_1)×100\%$$

$$水分系数(x)＝烘干土重/风干土重＝W_3－W_1/W_2－W_1$$

在土壤分析工作中，风干土、烘干土、水分系数和水分含量间的换算公式如下：

$$风干土＝烘干土重/x＝烘干土重×(100＋W)/100]$$

$$烘干土重＝风干土重×水分系数$$

（2）自然含水量的测定（酒精燃烧法）

1）酒精燃烧法原理。利用酒精在土壤中燃烧放出的热量，使土壤中水分迅速蒸发干燥。由燃烧前后质量之差计算出土壤含水量。

2）测定步骤：

① 取干燥的蒸发皿，称重 W_1。

② 称取自然湿土 10g，置于蒸发皿中，称重 W_2。

③ 加入酒精约 10mL，使土壤为酒精饱和，点燃酒精，将燃尽时用小刀或铁丝搅动，使受热均匀燃尽。

④ 至室温后，再加入 3～5 mL 酒精，点燃，进行第二次燃烧，重复 2～3 次可达恒重，取下称重 W_3。

3）计算结果：

$$土壤水分＝(湿土重－烘干土重)/烘干土重×100\%$$

土壤含水量测定记录表

土壤编号_____ 测定方法：_____ 测定结果：_____

铝盒号	铝盒重/g	（铝盒＋湿土重）/g	（铝盒＋干土重）/g	土壤水分/g
1				
2				
3				
平均值				

4. 实训作业

1）土壤常规分析时为什么先测定吸湿水？
2）根据测定结果写实训报告。

实训 14　土壤质地的测定

1. 目的要求

了解简易比重计法测定土壤质地的原理和方法，掌握简易比重计法测定土壤质地和手测法测定土壤质地的技能。

2. 测定方法

1）方法原理。一定量的土粒经物理、化学处理后分散成单粒，将其制成一定容积的悬液，使分散的土粒在悬液中自由沉降。由于土粒大小不同，沉降速度也不一样，因此不同时间、不同深度的悬液表现不同的密度。在一定时间内，待某一级土粒下降后，用特制的甲种比重计可测得悬浮在比重计所处深度的悬液中的土粒含量（g/L）。经校正后可计算出各级土粒的质量百分数，然后查表确定质地名称。

2）仪器用具：沉降筒（1L）特制搅拌棒、甲种比重计、温度计、天平。

3）试剂：

① 0.5mol/L：NaOH 溶液：称取 20g 化学纯 NaOH，加蒸馏水溶解后定容至 1L，摇匀。

② 0.5mol/L：$1/2(NaC_2O_4)$溶液：称取 33.5g 草酸钠，加蒸馏水溶解后定容至 1L，摇匀。

③ 0.5mol/L：$1/6(NaPO_3)_6$溶液：称取 51g 六偏磷酸钠，加蒸馏水溶解后定容至 1L，摇匀。

4）方法步骤。

① 称取通过 1mm 孔径土样 50 g 于 400 mL 烧杯中，用下列分散剂分散土样：

石灰性土壤 50g 加 0.5mol/L：$1/6(NaPO_3)_6$溶液 50mL。

中性土壤 50g 加 0.5mol/L：$1/2(Na_2C_2O_4)$溶液 50mL。

酸性土壤 50g 加 0.5mol/L：NaOH 溶液 50mL。

加入化学分散剂后，还需对样品用带橡皮头的玻璃棒小心研磨 15min，将分散土样全部倒入沉降筒中，并用水多次将烧杯中的土样全部洗入量筒中，稀释至 1L。

② 测定悬液密度：将制好的悬浮液搅拌几次，并测定其温度，按小于粒径沉降时间表所列温度、时间和粒径的关系，根据当时的悬浮液和待测的粒径最大值，选定测比重汁读数的时间，用特制的搅拌棒再将悬浮液搅拌 1min（以上下各为 30 次），搅拌停止，即刻开始计时。待查的时间到达之前，提前 30s 将比重计轻轻放入悬液中，勿搅动悬液，待静止时间一到，比重计稳定后即读数，记录读数。

小于粒径沉降时间表（简易比重法）

温度/℃	<0.05 mm			<0.01 mm			<0.005 mm			<0.001 mm		
	h	min	s	h	Min	s	h	min	s	h	min	s
4		1	32		43		2	55		48		
5		1	30		42		2	50		48		
6		1	25		40		2	50		48		
7		1	23		38		2	45		48		
8		1	20		37		2	40		48		
9		1	18		36		2	30		48		
10		1	18		35		2	25		48		
11		1	15		34		2	25		48		
12		1	12		33		2	20		48		
13		1	10		32		2	15		48		
14		1	10		31		2	15		48		
15		11	8		30		2	15		48		
16		1	6		29		2	5		48		
17		1	5		28		2	0		48		
18		1	2		27	30	1	55		48		
19		1	0		27		1	55		48		
20		1	58		26		1	50		48		
21			56		26		1	50		48		
22			55		25		1	50		48		
23			54		24	30	1	45		48		
24			54		24		1	45		48		
25			53		23	30		40		48		
26			51		23			35		48		
27			50		22			30		48		
28			48		21	30		30		48		
29			46		21			30		48		
30			45		20			28		48		
31			45		19	30		25		48		
32			45		19			25		48		
33			44		19			20		48		
34			44		18	30		20		48		
35			42		18			20		48		
36			42		18			15		48		

5）计算。

① 根据含水量将风干土换算成烘干土重：

$$烘干土重（g）=\frac{干土重(g)}{(100＋水分\%)}\times100$$

② 对比重计的读数进行必要的校正：

分散剂校正值（g/L）＝分散剂体积（mL）×分散剂溶液的浓度（mol/L）

×分散剂的摩尔质量（g/mol）×10^{-3}

温度校正值查下表。

甲种土壤比重计温度校正值表（20℃）

温度 J"C	校正值	温度 J"C	校正值	温度 J"C	校正值
6.0～8.5	−2.2	18.8	−0.4	26.5	+2.2
9.0～9.5	−2.1	19.0	−0.3	27.0	+2.5
10.0～10.5	−2.0	19.5	−0.1	27.5	+2.6
11.0	−1.9	20.0	0	28.0	+2.9
11.5～12.0	−1.8	20.5	+0.15	28.5	+3.1
12.5	−1.7	21.0	+0.3	29.0	+3.3
13.0	−1.6	21.5	+0.45	29.5	+3.5
13.5	−1.5	22.0	+0.6	30.0	+3.7
14.0～14.5	−1.4	22.5	+0.8	30.5	+3.8
15.0	−1.2	23.0	+0.9	31.0	+4.0
15.5	−1.1	23.5	+1.1	31.5	+4.2
16	−1.0	24.0	+1.3	32.0	+4.6
16.5	−0.9	24.5	+1.5	32.5	+4.9
17	−0.8	25.0	+1.7	33.0	+5.2
17.5	−0.7	25.5	+1.9	33.5	+5.5
18.0	−0.5	26.0	+2.1	34.0	+5.8

校正后比重计读数（g/L）＝比重计原读数−(分散剂校正值＋温度校正值)

③ 结果计算：

$$小于\ 0.01mm\ 粒径土粒含量＝\frac{校正后读数}{烘干土重(g)}×100\%$$

④ 查相关内容得知土壤的质地种类。

3. 手测法（指感法）

1）测定原理。指感法测定土壤质地就是凭手的感觉来判断土壤颗粒的粗细程度，确定土壤质地类型。手测质地的方法是根据土壤的两种特性——黏结性和可塑性的程度与黏粒含量多少成正比，根据上述原理干测法测质地是以土块表现的黏结性、坚实度、易碎程度等确定土壤质地名称，而湿测法则是使土粒充分湿润达到可塑范围时，按其可塑性大小划分质地名称。

2）操作步骤。干测法是取玉米粒大小干土放在拇指与食指挤压，根据挤用时手指的感觉，用力大小反破碎情况来判断土壤的质地。

湿测法是取少量土置于手掌中，加水至湿润，充分搓揉至不感觉有复粒存在，再继续搓揉使土壤不沾手为度。再将土团成球，搓成条，弯曲成环，并看有无裂缝来判断土壤质地。

① 沙土：干时沙土呈单粒分散，一般不呈块，偶尔见到小块，用手一触即碎。用手捏时有十分粗糙刺手的感觉，湿时不能成条。

② 沙壤土：土块在手掌中研磨时有沙的感觉，但无刺手的感觉，土团挤压易碎。湿时可勉强成球，表面不平，当成条时易断裂成碎块。

③ 轻壤土：干时成块的较多。土块用手挤压时要稍用力才能压碎。湿时有微弱的可塑性，能成球，表面较光滑，能成细条，提取易断。

④ 中壤土：干时大多成土块，要用相当大的力才能将土块压碎。手捏时感到沙粒与黏粒含量大致相等。湿时可压成较长的薄片，片面平整，无反光，可成条，成圆环时易产生裂缝而断裂。

⑤ 重壤土：干燥时是硬土块，手指要用大力才能压碎土块。手捏时感觉有粉沙和黏粒很少。湿时可塑性好，可压成薄片，片面光滑，有弱的反光。易成细条，能弯成圆环，压扁时会断裂。

⑥ 黏土：干时成硬土块，手指用力再大也难压平。手捏时有均匀的粉末易粘在指纹中，湿时黏土可塑性好，压成薄片有弱的反光，可搓成细条弯成小圆环，压扁时无裂缝。

4. 实训作业

1）试用两种方法对同一土样进行测定，对比一下结果是否一致？

2）根据测定结果，判断本地土壤属于哪种质地，并写出实训报告。

实训 15　土壤容重的测定和土壤孔隙度的计算

1. 目的要求

掌握利用环刀法测定土壤容重及土壤孔隙度的计算方法。

2. 试验原理

采用重量法原理。先称出已知一定容积的环刀重，然后带环刀到田间取原状土，立即称重，测定其自然含水量，通过前后差值换算出环刀内的烘干土重，求得容重值，再利用公式换算出土壤孔隙度。

3. 仪器用具

环刀（容积 $100cm^3$）、天平（0.01g）、电烘箱、小铁铲、铝盒、小刀、干燥器、小尺。

4. 操作步骤

1）在天平上称量空环刀（带盖）和铝盒的重量（精确到 0.01g），并记录其值 G。

2）选择适当的测定地点，将地面的石块、杂草除掉。将已知质量的环刀平放在欲测定的原状土壤上，垂直下按，直到环刀与地面水平为止，使土壤充满环刀。注意：环刀插入土时要平稳，用力一致，不可使土壤动摇而破坏其自然状态。

3）用铁铲铲去环刀四周的土壤，将环刀轻轻取出，用小刀小心地削去环刀两端多余的土壤，两端立即加盖，带回实验室称重（精确到 0.01g）。

4）称环刀和湿土的重量，记录其值 M。

5）从已经称重后的环刀中取湿土 20g 放入已称重的干净铝盒内，用酒精燃烧法测定土壤含水量（$W\%$），从而计算出土壤容重。

5. 计算结果

（1）土壤容重的计算

$$d=(M-G)\times100/[\,V\times(100+W)]$$

式中：d——待测土壤的容重（g/cm^3）；

　　M——环刀＋湿土重（g）；

　　G——环刀重（g）；

　　V——环刀容积（cm^3）；

　　W——土壤含水量（%）。

此方法测定应不少于 3 次重复，允许绝对误差＜0.03 g/cm^3，取算术平均值。

（2）土壤孔隙度的计算

$$土壤总孔度(P_1)=(1-d/D)\times100\%$$

式中：d——所测定土壤的土壤容重（g/cm^3）；

　　D——土粒密度（取平均值 2.65 g/cm^3）。

$$土壤毛管孔隙度(P_2)（\%）=W\times d$$

$$土壤非毛管孔隙度(P_3)（\%）=P_1-P_2$$

6. 实训作业

1）为什么取出带湿土的环刀时要修理土壤与环刀上、下沿相平？如果高出或低于上下沿，会对测定结果有何影响？

2）根据测定结果和计算结果写实习报告。

实训 16　土壤 pH 的制定

1. 目的要求

明确测定土壤酸碱度的意义及了解测定原理，初步掌握土壤酸碱度的测定方法。

2. 测定方法

（1）电位测定法

1）测定原理。用水浸提或盐溶液提取土壤水溶性或代换性氢离子，再应用指示电极（玻璃电极）和另一参比电极（甘汞电极）测定该浸出液的电位差。由于参比电极的电位是固定的，因而电位的大小取决于试液中的氢离子活度，在酸度计上可直接读出 pH。

2）仪器用具。酸度计、高型烧杯、量筒、天平（0.01g）、搅拌器、洗瓶、滤纸。

3）试剂配制。

① pH 4.01 标准缓冲液：称取经 105℃，烘干 2～3h 的苯二甲酸氢钾（KHC$_8$H$_4$O$_4$)10.21g。用蒸馏水溶解后稀释定容 1L，即为 pH4.01，浓度为 0.05 mol/L 苯二甲酸氢钾溶液。

② pH 6.87 标准缓冲液：称取经 120℃烘干的磷酸二氢钾（KH$_2$PO$_4$，分析纯）3.39g 和无水磷酸氢二纳（Na$_2$HPO$_4$，分析纯）3.53g，溶于蒸馏水中，定容至 1L。

③ pH9.18 标准缓冲液：称取 3.80 g 硼砂（$Na_2B_4O_7 \cdot H_2O$，分析纯）溶于无 CO_2 蒸馏水中，定容至 1 L。

④ 1 mol/LKCl 溶液：称取化学纯氯化钾（KCl）74.6g 溶于 400 mL 蒸馏水中，用 1mol/L 的 HCl 溶液调节 pH 至 5.5～6.0 内，然后稀释至 1L。

⑤ 0.01 mol/L 氯化钙溶液：称取化学纯氯化钙（$CaCl_2 \cdot 2H_2O$）147.02g 溶于 200mL 蒸馏水中，定容至 1L，即为 1.0 mol/L 氯化钙溶液。吸取 10 mL 氯化钙溶液于 500 mL 烧杯中加蒸馏水 400mL，用少量氢氧化钙或盐酸调节 pH 为 6 左右，然后定容至 1L 即为 0.01mol/L 氯化钙溶液。

4）操作步骤。

① 土壤水浸提液 pH 的测定：称取过 1mm 筛孔的风干土样 25.0g 于 50mL 高型烧杯中，用量筒加入无二氧化碳的蒸馏水 25mL，放在磁力搅拌器上剧烈搅拌 1～2min，使土粒充分分开，放置 30min，用 pH 计测定。

② 土壤盐浸提液 pH 的测定：土壤用盐浸提液测定时，将酸性土壤采用 1 mol/L 氯化钾，中性和碱性土壤采用 0.01mol/L 氯化钙溶液代替无二氧化碳蒸馏水外，其余操作步骤与水浸提取液相同。

③ 根据土壤酸碱度的不同，可以采用相应的标准缓冲液进行测定。

5）注意事项。

① 玻璃电极的使用：干放的电极使用前，在 0.1 mol/L 盐酸溶液中或蒸馏水中浸泡 12～24h，使之活化；使用时轻轻震动电极，溶液流入球泡部分，防止气泡产生；玻璃电极表面不能沾染油污，忌用浓硫酸或铬酸洗液清洗玻璃电极表面。

② 饱和甘汞电极的使用：由电极侧补充饱和 HCl 溶液和 HCl 固体颗粒；使用时将电极口侧的小橡皮塞拔下，让 KCl 溶液维持一定的流速；不要长时间浸在待测液中，以防流出的 KCl 污染待测液。

③ 水土比例：一般土壤悬液越稀测得的 pH 越高，通常是稀释到 10∶1 时，pH 增加 0.3～0.7，其中碱性土壤稀释效应更大。为了能相互比较，接近真实值，采用的水土比例一般为酸性土 2.5∶1 或 1∶1，碱性土壤 1∶1。

（2）混合指示剂比色法

1）方法原理。利用指示剂在不同 pH 的溶液中可显示不同颜色的特性，根据指示剂显示的颜色确定溶液的 pH。

2）仪器用具。白瓷比色板、玛瑙研钵、玻棒。

3）试剂配制。

① pH 4～8 混合指示剂：称取溴甲酚绿、溴甲酚紫及甲酚红三种指示剂各 0.25 g 于玛瑙研钵中，加 0.1 mol/L 氢氧化钠溶液 15mL 及 5mL 蒸馏水，摇匀，再用蒸馏水稀释至 1L，变色范围如下：

pH 4～8 混合指示剂变色范围

pH	4.0	4.5	5.0	5.5	6.0	6.5	7.0	8.0
颜色	黄	绿黄	黄绿	草绿	灰绿	灰蓝	蓝紫	紫

② pH 4～11 混合指示剂：称取 0.2g 甲基红、0.4g 溴甲酚蓝、0.8g 酚酞，在玛瑙研钵中混合均匀，溶于 400mL95%酒精中加入蒸馏水 580mL，再用 0.1mol/LNaOH 溶液调至 pH7，用 pH 计校正，最后定容至 1L，变色范围如下：

pH 4～11 混合指示剂变色范围

pH	4	5	6	7	8	9	10	11
颜色	红	橙	枯草黄	草绿	绿	暗绿	蓝紫	紫

4）操作步骤。取黄豆大小的土壤样品置于白瓷比色盘穴中，加指示剂 3～5 滴，以能湿润样品而稍有余为宜，用玻璃棒充分搅拌，稍澄清，倾斜瓷盘，观察溶液颜色，确定 pH。

3. 实训作业

根据测定计算结果填表，并写出实训报告。

土壤 pH 测定记录表

土壤编号：＿＿＿＿＿＿＿＿＿＿＿＿＿　　　　　　　水土比：＿＿＿＿＿＿＿＿＿＿＿＿＿

方法	比色法（pH）	电位法（pH）	电位法（pH）
	指示剂法	H_2O	KCl
1			
2			
3			
平均值			

实训 17　土壤水解氮的测定

1. 目的要求

要求通过实训，掌握土壤水解氮的测定方法——扩散法。

2. 方法原理

用一定浓度的碱液水解土壤样品，使土壤中的有效氮碱解并转化为氨而不断扩散逸出，逸出的氨被硼酸吸收后，再用标准酸溶液滴定，根据消耗酸溶液的量，就可计算出土壤碱解氮的含量。

3. 仪器用具

天平（0.01g）、恒温箱、扩散皿、半微量滴定管（10mL）、皮头吸管（10mL）、移液管（10mL）。

4. 试剂

（1）1.8mol/L NaOH 溶液
称取分析纯氢氧化钠 72.0g 溶于蒸馏水中，冷却后稀释 1L。

（2）碱性胶液

取 40g 阿拉伯胶和 50 mL 水同放于烧杯中，调匀，加热 60～70℃，搅拌溶解后放凉。加入 40mL 甘油和 20mL 饱和 K_2CO_3 水溶液，搅匀，放凉。离心除去泡沫和不溶物，将清液贮于玻璃瓶中备用（最后放置在盛有浓硫酸的干燥器中以除去氮）。

（3）2%硼酸指示剂混合剂

称取分析纯硼酸 20g，用热蒸馏水（约 60℃）溶解，冷却后稀释至 1000mL。再用稀盐酸或稀氢氧化钠调节 pH 至 4.5。使用前每 1000mL 硼酸溶液中加 20mL 甲基红-溴甲酚绿混合指示剂，硼酸溶液呈紫红色。

（4）甲基红-溴甲酚绿混合批示剂

称取溴甲酚绿 0.5g 及甲基红 0.1g，放入玛瑙研钵中研细，溶于 100mL 乙醇中，再用稀盐酸或稀氢氧化钠调节 pH 至 4.5。

（5）0.01 mol/L 盐酸标准液

量取 84mL 浓盐酸，用蒸馏水定容至 1L，此液为 1mol/L 盐酸溶液，吸取 0.01mol/L 盐酸标准液 10mL。用 0.002 mol/L $1/2Na_2B_4O_7$ 标准液标定。

（6）锌-硫酸亚铁还原剂

称取经磨细并通过 0.25mm 筛孔的化学纯硫酸亚铁 50.0g 及化学纯锌粉 10.0g 混合贮于棕色瓶子中。

5. 操作步骤

1）称取通过 1mm 筛孔的风干土样 2.00g 左右，放入扩散皿外室，在扩散皿外室内加入 1g 锌-硫酸亚铁还原剂，轻轻旋转扩散皿使样品铺平。

2）在扩散皿室内加入 2%硼酸批示混合液 2mL（应为紫红色若出现蓝色应吸出变蓝的硼酸液，再重新加 2mL 2%硼酸指示剂混合液）。

3）在扩散皿外室边缘涂碱性胶液（禁止将碱性胶液滴入扩散皿内室），盖毛玻璃并旋转数次，使毛玻璃与扩散皿边缘完全黏合。

4）慢慢转开毛玻璃一边，使扩散皿外室在毛玻璃上有缺口露出，用移液管加入 1.8mol/L NaOH 溶液 10mL 于扩散皿外室，立即将毛玻璃盖严，并用橡皮筋固定毛玻璃，水平地旋转扩散皿，使土壤与碱液充分混均匀，随后放入 40℃的恒温箱保温 24h。

5）取出扩散皿，用盛有 0.01 mol/L 盐酸标准溶液半微量滴定管滴定扩散皿内室，溶液由蓝色微红色即为终点，记录所用滴定管中标准溶液的体积 V（mL）。

6）同时作空白测定，除不加土样外，其余操作相同，记录滴定空白所需盐酸标准液的体积 V_0。

6. 计算机结果

$$土壤水解性氮（mg/kg）=C_{HCL}×(V-V_0)×14×10^3/m$$

式中：V——滴定样品消耗盐酸标准溶液体积（mL）；

V_0——滴定空白消耗盐酸标准溶液体积（mL）；

C_{HCL}——盐酸标准溶液的浓度（mol/L），14 为 1 mol 氮的质量（g）；

10^3——把土样中氮换算成 mg/kg 的系数；

m——烘干土样的质量（g）。

7. 实训作业

1）为什么胶液不能滴入扩散皿内室？
2）根据测定计算结果写实训报告。

实训 18　土壤有效磷的测定

1. 目的要求

了解土壤中有效磷测定原理，掌握其测定方法和操作技能。

测定土壤中速效磷的含量，是评价土壤对当季作物供应磷素能力的一种手段，对于施肥有着直接的参考价值。由于提取剂的不同，所得结果也不一致。在中性土壤和石灰性土壤，一般采用碳酸氢钠或碳酸铵来提取。

2. 方法原理

中性、石灰性土壤中的速效磷，多以磷酸一钙和磷酸二钙的状态存在，可用 0.5mol/L 碳酸氢钠提取到溶液中；酸性土壤中的速效磷，以磷酸铁和磷酸铝的状态存在，0.5mol/L 碳酸氢钠能同时提取磷酸铁和磷酸铝表面的磷，故也可使用酸性土壤中速效磷的提取。然后将待测液用钼锑混合显色剂在常温下进行还原，使黄色的锑磷钼杂多酸还原成为磷钼兰，进行比色。

3. 仪器用具

天平（0.01g）、振荡机、光电比色计、三角瓶、移液管（10mL，5mL）、容量瓶（50mL）、量筒（10 mL）、漏斗、无磷滤纸、洗耳球。

4. 试剂

（1）0.5mol/L 碳酸氢钠溶液

称取化学纯碳酸氢钠 42g 溶于 800 mL 水中，以 0.5mol/L 氢氧化钠调 pH 至 8.5，加入 1000 mL 容量瓶中，定容至刻度，贮存于试剂瓶中。

（2）无磷活性炭

为了除去活性炭中的磷，先用 0.5mol/L 碳酸氢钠溶液浸泡过夜，然后在平板瓷漏斗上抽气过滤，再用 0.5mol/L 碳酸氢钠溶液洗 2～3 次，最后用蒸馏水洗去碳酸氢钠，并检查到无磷为止，烘干备用。

（3）磷标准液

准确称取 45℃烘干过 4～8h 的分析纯磷酸二氢钾 0.219 7 g 于小烧杯中，以少量水溶解，将溶液全部加入 1000 mL 容量瓶中，用蒸馏水定容至刻度充分摇匀，即为含 50 ppm 的磷基准溶液（此溶液可长期保存）。吸 50mL 此溶液稀释至 5ppm 时，即为 5 ppm 的磷标准液（此溶液不能长期保存）。比色时按标准曲线系列配制。

（4）7.5 mol/L 硫酸钼锑贮存液

取蒸馏水约 400 mL，放入 1000mL 烧杯中，将烧杯浸入水中，然后缓缓注入分析纯浓硫酸 208.3mL，并不断搅拌，冷却至室温。另称取分析纯钼酸铵 20g 溶于约 60℃的 200mL 蒸馏水中冷却，然后将硫酸溶液徐徐倒入钼酸铵溶液中，不断搅拌，再加入 100mL 0.5%酒石酸锑钾溶液，用蒸馏水稀释至 1000mL，摇匀，贮于棕色试剂瓶中。

（5）钼锑抗混合显色剂

于 100mL 钼锑贮存液中，加入 1.5g 左旋抗坏血酸（旋光度+21°～+22°），此试剂有效期 24h，宜用前配制。

5. 操作步骤

1）称取通过 20 号筛的风干土样 5g（精确到 0.01g）置于 250mL 三角瓶中，加 100mL 0.5mol/L 碳酸氢钠溶液，再加一小角勺无磷活性炭，塞紧瓶塞，在振荡器上震荡 30 min，立即用干燥漏斗和无磷滤纸过滤，滤液承接于 250 mL 三角瓶中。

2）吸取滤液 10 mL（含磷量高时取 2.5～5 mL，同时应补加 0.5 mol/L 碳酸氢钠溶液至 10mL）于 50 mL 容量瓶中，加 7.5mol/L 硫酸-钼锑抗混合显色剂 5mL，利用其中多余的硫酸来中和碳酸氢钠，充分摇匀，等二氧化碳充分排出后，加入蒸馏水定容至刻度，再充分摇匀。

3）30min 后在光电比色计上用红色滤光板比色，或用 72 型分光光度计比色（波长 660μm），比色时须同时做空白测定。

4）磷标准曲线绘制：分别吸取 5ppm 磷标准溶液 0mL，1mL，2mL，3mL，4mL，5mL 于 50mL 容量瓶中，每一容量瓶即为 0ppm，0.1ppm，0.2ppm，0.3ppm，0.4ppm，0.5ppm 磷，再逐个分别加入 0.5 mol/L 碳酸氢钠 10mL 和 7.5 mol/L 硫酸-钼锑抗混合显色剂 5mL，然后同待测液一样进行比色，在半对数纸上绘制成曲线。

6. 结果计算

$$土壤有效磷（mg/100 g 土）=样品重×1000$$

式中：显色液 ppm——从标准曲线上查得磷的 ppm 数；

显色液体积——50 mL；

1000——换算系数，将微克换算成毫克；

100——换算成每百克样品中磷的毫克数；

分取倍数——浸提液总体积（mL）与吸取浸提液体积（mL）的比值（100/10）。

7. 实训作业

1）磷的测定方法与土壤中磷的存在形式有什么联系？

2）根据测定结果写实训报告。

实训 19　土壤速效钾的测定（四苯硼钠比浊法）

1. 目的要求

掌握测定土壤速效钾的操作技能，并能运用测定结果判断土壤供何能力，为合理施肥提供依据。

2. 方法原理

在碱性介质中，四苯硼钠与钾离子反应可形成白色微小颗粒的四苯硼钾，此微粒在甘油保护剂下，呈悬浮状态存在，具有一定的稳定时间。当比浊液中含钾（K）3～20μg/mL 范围内，符合比耳定理，可用比浊法测定钾的含量。

在四苯硼钠比浊法测定中，NH_4^+、Ca^{2+}、Mg^{2+} 会产生干扰，可用甲醛加以掩蔽。

3. 仪器用具

天平（0.01g）、振荡机、光电比色计、塑料瓶（150mL）、移液管（10mL）、容量瓶（25mL）、漏斗、三角瓶、滤纸、洗耳球。

4. 试剂

1）1.0mol/L 硝酸钠溶液。称取 85.0g 硝酸钠（Na_2NO_3，化学纯）溶于水中，稀释至 1L。

2）0.05 mol/L 硼酸溶液。称取 19.07g 硼砂（$NaB_4O_7 \cdot 10H_2O$，化学纯）溶于 1L 水中。

3）甲醛-EDTA 掩蔽剂。称取 2.5gEDTA 二钠盐（$C_{10}H_{14}O_8N_2Ha_2 \cdot 2H_2O$，化学纯）溶于 20mL 的 0.05mol/L 硼砂溶液中，加热溶解，冷却后加入 80ml 经过滤的 37%甲醛溶液（HCHO，分析纯），混匀后即成 pH 9.2 的掩蔽剂。配好后须用 3%四苯硼钠作空白检查，应无混浊生成。

4）3%四苯硼钠溶液。称取 3.00g 四苯硼钠[$NaB(C_6H_5)4$，化学纯]，溶解于 100mL 水中，加 10 滴 0.2mol/L 氢氧化钠溶液，摇匀，放置过夜，用紧密滤纸过滤，澄清滤液贮于棕色瓶中。此试剂要求严格，每批样品测定的同时，都须用同一四苯硼钠溶液作校准曲线。

5）0.2mol/L 氢氧化钠溶液。称取 20.0g 氢氧化钠（NaOH，分析纯）溶解于 100mL 蒸馏水中。

6）1∶1 甘油水溶液。

7）钾标准溶液。称取 0.1907g 氯化钾（分析纯，110℃干燥 2h）溶于 1.0mol/L 硝酸钠溶液中，并用它定容至 1L，此溶液的 C(K)＝100mg/L，即为 100mg/L 钾标准溶液。

钾系列标准溶液：准确吸取 100 mg/L 钾标准溶液 0mL，1.5mL，2.5mL，5mL，7.5mL，10mL，12.5mL，分别放入 50 mL 容量瓶中，用 1 mol/L 硝酸钠溶液定容，即为 0mg/L·K，3mg/L·K，5mg/L·K，10mg/L·K，15mg/L·K，20mg/L·K，25mg/L·K 的标准系列溶液。

5. 操作步骤

（1）浸提液制作

称取通过 1mm 筛孔的风干土样 5.00g 于 150mL 塑料瓶中，加入 25mL 1mol/L 硝酸钠浸提剂，在 20～25℃ 条件下，振荡 20 min 过滤。

（2）测液制备

吸取 8 mL 浸提液于 25 mL 容量瓶中，加入 1mL 甲醛-EDTA 掩蔽剂，摇匀，加入 2mL 1∶1 甘油，用带针头刻度的注射器快速加入 1mL 3%四苯硼钠溶液，摇匀，放置 10 min。

（3）测定

比浊时再次摇匀，用光电比色计测定（选用蓝紫色滤光片），以蒸馏水为参比调节仪器密度值之差为校正光密度值。

（4）工作曲线的绘制

分别吸取钾系列标准液 8mL 于 25mL 容量瓶中，与待测液一样进行显浊。用 0μg/mL 钾标准系列溶液调吸收值为零，然后由稀到浓进行比浊。以吸收值为纵坐标，钾浓度为横坐标，在方格纸上绘制标准曲线。根据待测液中的吸光度值，可从标准曲线上查得相应的钾含量。

6. 计算结果

$$土壤速效钾（mg/kg）= \frac{待测液钾(mg/kg) \times 浸提液(25mL)}{风干土样5.00g}$$

待测液钾浓度从钾标准工作曲线上查得。

测定值的评价参考标准

<20mg/kg	20～50mg/kg	>50 mg/kg
缺钾	中等	足够

7. 实训作业

1）土壤中的速效钾包括哪几种形态？土壤钾元素丰缺主要决定于哪些因素？

2）用四苯硼钠比浊法测定土壤中的速效钾基本原理是什么？如何消除 NH_4^+ 的干扰？

3）根据测定计算结果写实训报告。

实训 20　土壤有机质的测定

1. 目的要求

了解土壤有机质测定的原理，初步掌握测定土壤有机质含量的方法，能比较准确地测定土壤有机质的含量。

2. 测定方法

（1）重铬酸钾水化热法

1）方法原理。由于浓硫酸和水混合能产生大量的热，可用一定量的标准重铬酸钾→硫酸溶液氧化土壤有机质，剩余的重铬酸钾用硫酸亚铁溶液滴定。从所消耗的重铬酸钾量，计算有机碳的含量，再乘以常数 1.724 和系数 1.33，即为土壤有机质量。

2）仪器与试剂。分析天平（0.0001g）、三角瓶（500mL）、滴定管、滴定台、邻菲罗啉指示剂、1.0 mol/L 重铬酸钾溶液、浓硫酸、0.5 mol/L 硫酸亚铁溶液。

3）试剂配制。

① 邻菲罗啉指示剂：1.490 g 邻菲罗啉（分析纯）溶于含有 0.700 g 硫酸亚铁（化学纯）的 100 mL 水溶液中。此指示剂易变质，应密闭保存在棕色瓶中。

② 1.0 mol/L 重铬酸钾溶液：称取化学纯重铬酸钾 49.04 g 溶于 600～800 mL 蒸馏水中，待完全溶解后加水定容至 1 L。

③ 0.5mol/L 硫酸亚铁溶液：溶解 140.0 g（$FeSO_4 \cdot 7H_2O$）的硫酸亚铁于水中，加 15.0 g 浓硫酸，冷却稀释至 1 L。

4）操作步骤。准确称取通过 0.25mm（60 目筛）筛孔的风干土样 2.000g，于 500mL 三角瓶中。然后准确加入 1.0 mol/L 重铬酸钾 10mL 于土壤样品中。摇动三角瓶使之混合均匀，然后加浓硫酸 20.00 mL，将三角瓶缓缓转动 1min，促其混合，以保证试剂与土壤样品充分作用。三角瓶在石棉板中放置 30 min，加水稀释至 200mL，加 3～4 滴邻菲罗啉指示剂，用 0.5 mol/L 硫酸亚铁滴定，近终点时，溶液颜色由绿变暗绿，再生成砖红色为止。

用同样的方法做空白试验（即不加土样）。

5）计算结果。

$$土壤有机质 = \frac{(V_0 - V) \times C_2 \times 1.724 \times 0.003 \times 1.33}{烘干土重(g)} \times 100\%$$

式中：V_0——滴定空白时消耗硫酸亚铁标准溶液体积（mL）；

V——滴定样品时消耗硫酸亚铁标准溶液体积（mL）；

C_2——硫酸亚铁标准溶液的浓度（mol/L）；

0.003——14 碳原子的毫摩尔质量（g）；

1.724——由有机碳换算为有机质的系数（一般有机质含碳量为58%，由纯碳折合成有机质总量，系数应为1.724）；

1.33——使用水合热法的系数。

（2）重铬酸钾氧化外加热法

1）方法原理。在加热条件下，用一定量过量的标准重铬酸钾-硫酸溶液氧化土壤有机质的碳元素，剩余的重铬酸钾用硫酸亚铁溶液滴定。由氧化有机碳消耗的重铬酸钾量计算出有机碳方的量，再乘以常数 1.724，即为土壤有机质的含量。

2）仪器。分析天平、电沙浴、磨口三角瓶、磨口简易空气冷凝管、温度表（200～300℃）、滴定管（25mL）、滴定台、定时钟。

3）试剂配制。

① 邻菲罗啉指示剂：同水化热法。

② 0.4 mol/L1/6（$K_2Cr_2O_7$）～1.8 mol/L 1/2（H_2SO_4）溶液：称取化学纯重铬酸钾 39.23g，

溶于 600～800mL 蒸馏水中，待完全溶解加水稀释至 1L，将溶液移入 3L 大烧杯中，另取比重 1.84 的化学纯浓硫酸 1L，慢慢倒入重铬酸钾水溶液中，不断搅拌，直到加完为止。

③ 0.2 mol/L1/6（$K_2Cr_2O_7$）标准溶液：称取经 130℃烘 1.5h 的优级纯重铬酸钾 9.807 g，先用少量水溶解，然后移入 1 L 容量瓶中，加水定容。

④ 0.2 mol/L $FeSO_4$ 溶液：称取化学纯硫酸亚铁 56g 溶于 600～800mL 水中，加化学纯硫酸 20mL 搅匀，加水定容至 1 L，即配即用。

⑤ 硫酸银：三级 $AgSO_4$ 研成粉末。

⑥ 浓硫酸：化学纯，比重 1.84。

⑦ 二氧化硅：粉末状，三级。

4）操作步骤。

① 准确称取通过 0.25mm 筛的风干土样 0.1000～0.5000 g，置于 150 mL 三角瓶中，加粉末状三级硫酸银 0.1g，然后用滴定管准确加入 0.4 mol/L 重铬酸钾-硫酸溶液 10 mL 摇匀。

② 将盛有试样的三角瓶上装一简易空气冷凝管，置于已热到 200～230℃的电沙浴上加热，当冷凝管下端落下第一滴冷凝液时，开始计时，消煮 5 min。

③ 消煮完毕，将三角瓶从电沙浴上取下，冷却片刻，用水冲洗冷凝管及其底端外壁，使冲洗液流入原三角瓶中。瓶内溶液的总体积应控制在 60～80 mL，加 3～5 滴邻菲罗啉指示剂。用 0.2 mol/L 硫酸亚铁标准溶液滴定剩余的重铬酸钾溶液由橙色变为绿色，再变为砖红色终点。

④ 同时做空白试验测定。即取粉末状二氧化硅代替土壤，其他步骤同上述。

5）计算结果。

$$土壤有机质含量 = \frac{(V_0 - V) \times C_2 \times 0.003 \times 1.724}{烘干土重(g)} \times 100\%$$

3. 实训作业

1）分析土壤有机质的目的是什么？

2）根据测定结果写实训报告。

实训 21　营养液的配制

1. 目的要求

了解营养液的配制技术，掌握配制营养液的程序与步骤。

2. 仪器药品

分析天平、烧杯、容量瓶、玻璃棒。$Ca(NO_3)_2 \cdot 4H_2O$，KNO_3，KH_2PO_4，$MgSO_4 \cdot 7H_2O$，H_3BO_3，$MnSO_4 \cdot 4H_2O$，$ZnSO_4 \cdot 7H_2O$，$CuSO_4 \cdot 5H_2O$，$(NH_4)_6Mo_7O_{24} \cdot 4H_2O$。

3. 营养液配方

无土栽培的关键是营养液，选择适合于植物生长的营养液配方并能配制营养液是无土栽培管理的必要措施，根据实际，营养液的配制有浓缩贮备液法和直接配制法。以克诺普古典通用水培营养液配方为例进行配制。

克诺普古典通用水培营养液配方（大量元素）

药品	Ca(NO₃)2・4 H₂O	KH₂PO₄	KNO₃	MgSO₄・7 H₂O
含量（mg/L）	1150	200	200	200

下面是微量元素的用量：$FeSO_4 \cdot 7H_2O$：13.9～27.8mg/L；Na：EDTA：18.6～37.2 mg/L，H_3BO_3：2.86 mg/L；$MnSO_4 \cdot 4H_2O$：2.13 mg/L；$ZnSO_4 \cdot 7H_2O$：0.22mg/L；$CuSO_4 \cdot 5 H_2O$：0.08 mg/L；$(NH_4)_6Mo_7O_{24} \cdot 4 H_2O$：0.02mg/L。

4．操作步骤

（1）配制原则

进行浓缩营养液配制避免难溶物质沉淀的产生，适合的平衡营养液配方配制的营养液不会产生难溶物质沉淀。但任何一种营养液配方都有产生难溶物质沉淀的可能性。因为营养液含有钙、镁、铁、锰等阳离子和磷酸根、硫酸根等阴离子。

（2）浓缩贮备液配制

不能将所有营养液都溶解在一起，因为浓缩了以后有些离子的浓度积超过了其溶度积常数而形成沉淀。所以一般分成 A、B、C 三种，称 A 母液、B 母液、C 母液。

A 母液：以钙盐为中心，凡不会与钙作用而产生沉淀的盐都可合在一起，浓度为种植液的 200 倍。

B 母液：以磷酸盐为中心，浓度为种植液的 200 倍。

C 母液：微量元素液，因用量小，浓度为种植液的 1000 倍。

（3）配制步骤（配制 1 L 为例）

1）根据浓缩倍数计算化合物用量。

A 母液化合物及用量：$CaNO_{32} \cdot 4 H_2O$：230 g/L；KNO_3：20 g/L。

B 母液化合物及用量：KH_2PO：20 g/L；$MgSO_4 \cdot 7 H_2O$：20 g/L。

C 母液化合物及用量：$FeSO_4 \cdot 7H_2O$：13.9～27.8 mg/L；Na_2EDTA：18.6～37.2 mg/L；$MnSO_4 \cdot 4H_2O$：2.13mg/L；$ZnSO_4 \cdot 7 H_2O$：0.22mg/L；$CuSO_4 \cdot 5H_2O$：0.08 mg/L；$(NH_4)_6 Mo_7O_{24} \cdot 4 H_2O$：0.02 mg/L。

2）称取各化合物用量，放入烧杯，用少量水溶解并转入 1L 容量瓶，并清洗烧杯 2 次，清洗液转入容量瓶后定容，即成浓缩贮备液。

5．实训作业

根据实训结果，总结操作过程并写实训报告。

实训 22　营养土的配制

1．目的要求

了解营养土的配制技术，掌握配制营养土的程序与步骤。

2. 仪器药品

天平、粗沙、泥炭、腐叶土、蛭石等。

3. 操作步骤

（1）基质配制
粗沙 3 份，泥炭 3 份，腐叶土 3 份，饼肥 3 份。
（2）营养土中化合物及其用量
每千克基质所含营养成分：硝酸钾 7g、硝酸钙 7g、过磷酸钙 8g、硫酸镁 8g、硫酸铵 3g、微量元素 0.006 g。
（3）配制营养土
称量各成分的用量并混合均匀，即成营养土。配成的营养土使用一段时间后，应及时补充营养成分。

4. 实训作业

用自己配制的基质盆栽培植物，写实训报告。

实训 23 绿化地块的土壤调查

1. 目的要求

运用所学知识，分析待绿化地块的土壤的性状，分析提高绿化植物种植的成活率和使植物良好生长的改土培肥方案。为本地区园林绿化种植提供有益的建议。

2. 准备工作

在调查前，指导教师应深入典型单位了解具体情况并确定 1～2 个调查点，根据实际情况拟出具体的调查提纲。指导教师介绍有关情况，讲明调查目的和要求以及调查方法等。

全班分成 4～5 个小组，以组为单位熟悉调查提纲及有关情况，以提高调查的效率。每个小组要准备一套速测箱、铁锹或铁铲、米尺、土温表、土色卡、样本盒、采样袋和记录本等。

3. 调查内容

1）待绿化土壤的限制因子，如土层浅薄、漏水漏肥、黏度大、多砾石、干旱等。
2）待绿化土壤的面积及分布状况。
3）各种待绿化土壤的成土条件，如母质、地形、气候、地下水等。
4）各种类型待绿化土壤的原有植物种类、生长状况等。
5）各种类型待绿化土壤的主要理化性状，如土壤结构、质地、pH、有机质和速效养分的含量、盐碱状况、抗旱能力等。

6）本地绿化用地改良和利用经验。

4. 调查方法

1）现场调查。主要了解土壤的成土条件，观察植物种类、生长状况，并通过对绿化前后的土壤剖面观察和速测，了解土壤主要理化性状的变化情况，从而找出存在的问题。

2）座谈访问请当地园林绿化工作者讲解改良利用前后的变化，讨论土壤特特性、生产状况及改良利用措施。

5. 实训作业

根据调查与访问资料，分组讨论、分析绿化限制原因，拟出改良利用的措施。每人针对不同土壤类型，写出调查报告。其内容包括调查过程、基本情况、绿化土壤限制原因和改良利用措施。

实训 24　当地自然植物群落特征调查分析

1. 目的要求

学会群落结构的调查与分析方法。

2. 仪器用具和材料

罗盘仪、海拔仪、地质罗盘、围尺、测高仪、卷尺、测绳、标杆、记录夹、铅笔、各项表格、计算用表、油漆或粉笔、计算器。

3. 实训方法

选择当地一片较大的混交林或天然林（灌木林也可以），并在其中具代表性的地段中选设样地，面积为 $0.1hm^2$。

在样地内再机械布设 3 m×3 m 样方各 30 个。

在大样方内进行乔（灌）木树种记名调查和树高分层、下木层分类、数量调查。

4. 实训内容

（1）群落概况调查表

样地概况调查记录表

样地编号：	样地面积和形状：		群落名称：	
地形：	海拔高度：　　　　m	坡向：		坡度：
坡位：	小气候特征：			
土壤状况：				

（2）群落特征调查表

群落特征调查记录表

林层	组成	起源	年龄	郁闭度	密度/（株·hm^{-2}）	平均高/m	平均胸径/cm	蓄积量/（m^3·hm^{-2}）	备注（林木枯死情况等）

（3）乔木层每木调查表

乔木每木调查记录表

序号	树种	树高/m	胸径/cm	径阶	断面积/m^2	龄级	生长级	备注

注：① 起测胸径为 4cm，4cm 以下的作为幼树。

② 慢生针叶树种及硬材阔叶树种以 20 年为一个龄级，速生针叶树及软材阔叶树以 10 年为一个龄级。

③ 划分标准表。

径级划分表

径级	1	2	3	4	5
针叶树	2～4	4.1～8	8.1～14	14.1～20	20.1 以上
阔叶树	2～6	6.1～10	10.1～16	16.1～22	22.1 以上

（4）下木层调查表

下木层调查记录表

总覆盖度：_____   各层高度：Ⅰ层____m Ⅱ层____m Ⅲ层____m 分布状况_____

树种名称	层次	多度	盖度	平均高度/m	优势年龄	分布状况	生活力	物候相	备注

注：① 多度分为极多、很多、多、较多、尚多、稀少、单株。

② 盖度用某种植物林地面积的百分率来表示，可分为 75% 以上，50%～75%，25%～50%，5%～25%，5% 以下。

（5）草本层调查表

草本层调查记录表

总覆盖度：_____   平均高度_____   分布状况_____

植物名称	多度	盖度	平均高度/m	分布状况	生活力	物候相	备注

（6）苔藓层调查表

苔藓地衣调查记录表

植物名称	多度	盖度	平均高度/m	分布状况	备注

（7）层间植物调查表

层间植物调查记录表

植物名称	多度	生长方式	被着生树种及部位	备注

5. 材料整理、计算和分析

1）各乔木树种在林分中的重要值综合树种和植物种类的密度、频度、显著度（某树种胸高断面积之和与样地内全部树种总断面积的比，用十分数表示）的数值，以确定森林群落中每一树种的相对重要性，其所得到的数值称为重要值。重要值越大的树种，在群落中越重要。具体计算方法如下：

重要值＝（相对密度＋相对频度＋相对显著度）

相对密度＝某一种的株数/全部树种的株数之和×100

相对频度＝某一种的频度/全部种的频度之和×100%

相对显著度＝某一种的显著度/全部种的显著度之和×100%

重要值如果除以 3 可得到"重要性百分率"。

2）计算各乔木树种在各高度层中所占百分比。

3）计算各乔木树种在各龄级中所占百分比。

4）计算各乔木树种在各径阶中所占百分比。

据计算的各项数据，参考各项调查所得材料，结合树种的生物学特性、当地的自然条件，综合分析林分当前的结构状况及发展趋势，着重分析所调查的林分当前是什么性质的林分？其中各类树种各占多大比例？该群种是稳定还是已处于衰退还是即将被其他树种代替？林分中哪些树种是新生的旺盛的，将来可能发展为优势树种？林分将变成什么性质的森林？

具体分析时可考虑：目前只在主林层中占优势，演替层、更新层均无者，往往为衰退种；如果在上层主林层、演替层、更新层中均具优势，则说明该种为稳定种；如果目前只在演替层中占优势，则该种为过渡种，有可能在不久，该种将作为演替者，占据林分优势，说明林分中经过一定时间，可望为该种所取代。但所有这些都要结合树种生物学特性和当地生态条件综合作出分析结论。

6. 实训作业

每人完成一份调查原始记录及计算分析材料。

实训 25　当地城市植物景观特征的观测

1. 目的要求

掌握当地城市植物景观特征、当地城市的市花和市树，了解当地城市自然植物群落和人工植物群落的分布及生长发育情况，了解城市大气状况对自然群落和人工植物群落的生长发育的影响，以及园林植物对城市生态环境的改善作用。

2. 方法步骤

对城市中自然植物群落和人工植物群落进行总体调查。具体调查的内容和方法同自然植物群落的调查；由于城市植物景观所用植物种类较单一，因此可分区、分街道全面进行，重点是公园、绿地、住宅小区、企业、学校等单位的园林植物的长相长势、各地气温、空气湿度、大气的透明变大气污染程度、植物病虫害程度和自然植物群落的退化程度等。同时与无植物覆盖的空旷地的温湿度等进行比较测定。

3. 作业

城市园林植物群落有什么功能？

实训 26　人工植物群落及园林植物配植的调查

1. 目的要求

通过调查土壤层次的厚薄、土壤的肥沃程度与树木的成活率、植树造林前后的水土流失及生态环境的变化等项目，增强植树造林、爱绿护绿与适土适树种植及管理养护的意识和能力。观察园林植物群落的特点，明确生物关系在园林植物配植中的应用。

2. 用具和材料

皮卷尺、测高器、记录表等。

3. 操作方法

选择附近典型的公园绿地或绿化小区，组织学生前往参观调查，并请当地主管部门技术人员进行植树造林前后的景观报告。实地调查人工植物群落的分布、植物组成、配植状况及种间关系等。

园林植物配植调查

绿地类型：_____　　　　　栽植时间：_____

树种	种类	高度/m	冠幅/m	盖度/%	生长情况	生物关系说明	备注
乔木层							

树种	种类	高度/m	冠幅/m	盖度/%	生长情况	生物关系说明	备注
灌木层							
草本层							

4. 实训作业

1）整理调查记录。

2）绘制绿地植物配植图。

3）分析评价绿地配植的合理性。

4）为什么每年都倡导并组织人力、物力进行植树造林，而有些地方真正成林的不多？

5）封山育林后，能否使当地的自然生态环境得到改善？

实训 27　设施类型的调查

1. 目的要求

通过对几种设施的实地调查、测量、分析和观看录像、幻灯、多媒体等影像资料，了解我国的设施类型及其结构特点，掌握当地主要设施的结构特点、规格及在本地区的应用，并学会结构测量方法。

2. 用具及设备

皮尺、钢卷尺、测角仪（坡度仪），设施类型与结构幻灯片或录像片或多媒体课件。

3. 内容和方法

（1）实地调查、测量

全班划分成若干小组，每小组按下列实训内容要求到实训农场或附近生产单位，进行实地调查、访问，将测量结果和调查资料整理写出调查报告。调查要点如下：

1）调查、识别当地温室、大棚、阳畦（风障或温床）等几种类型设施的特点，观察各种类型设施结构的异同、性能的优劣和节能的措施。

2）测量记载几种类型设施的结构规格及配套型号和特点。

① 测量记载日光温室和现代化温室的方位，长、宽、高尺寸；透明屋面及后屋面的角度、长度；墙体厚度和高度；门的位置和规格；建筑材料和覆盖材料的种类和规格；配套设施设备类型和配植方式等。

② 测量记载塑料大棚的方位，长、宽、高规格。跨拱比和用材种类与规格等。

3）测量记载温床或阳畦的方位。规格和苗床布局及风障设置等。

4）调查记载各种类型设施在本地区的主要栽培季节、栽培植物种类、周年利用情况。

（2）看录像、幻灯、多感体等彩像资料

观看地面简易设施（简易覆盖、近地面覆盖）、地膜覆盖、小型设施（小棚、中棚）、大型设施（温室、大棚）等各种类型的设施，以了解其结构、性能特点和应用情况。

4. 实训作业

1）从设施类型、结构、性能及其应用的角度，写出调查报告。

2）对当地设施发展做出评价。

实训 28   设施内小气候观测

1. 目的要求

掌握设施小气候观测的一般方法，熟悉小气候观测仪器的使用方法，为今后进一步研究各类设施小气候环境特征，进行小气候环境监测和管理打下基础。

2. 场地

温室或塑料大棚。

3. 观测内容

设施小气候观测的内容，因研究的目的和要求不同而异。一般内容有测定温室或塑料大棚内空气和土壤温度、空气湿度、光照、二氧化碳浓度的分布和气流速度及日变化特征。

4. 仪器、设备

1）通风干湿球温度表或遥测通风干湿球温度表、最高温度表、最低温度表。

2）套管地温表或热敏电阻地温表。

3）总辐射表、光量子仪、照度计。

4）红外二氧化碳分析仪（便携式）。

5）热球或电动风速表。

6）小气候观测支架。

5. 测点布置

水平测点，视温室或塑料大棚的大小而定，如一个面积为 $300\sim600m^2$ 的日光温室可布置 9 个测点，其中点 5 位于温室中央，称之为中央测点。与中央测点相对应，在室外可设置一个对照点，其余各测点以中央测点为中心均匀分布。

测点高度以设施高度、植物状况、设施内气象要素垂直分布状况而定，在无植物时，可设 0.2m、0.5m、1.5m 这 3 个高度；有植物时可设定植物冠层上方 0.2 m，植物层内 1～3 个高度，室外为 1.5 m 高度。土壤中应包括地面和地中根系活动层若干深度，如 0.1 m、0.2 m、0.4 m 等几个深度。

一般来说在人力、物力允许时，光照度测定，二氧化碳浓度，空气温湿度测定，土壤温度测定可按上述测点布置，如人力、物力不允许，可减少测点，但中央测点必须保留；而总辐射，光合有效辐射和风速测定，则一般只在中央测点进行。

6. 观测时间

选择典型的晴天或阴天进行观测。

为了使设施内获得的小气候资料可进行比较，设施小气候观测的日界定为每日的 20 时。

1d（24h）内，空气温、湿度、土壤温度、二氧化碳浓度、风速观测，每隔 2 h 一次，分别为 20、22、24、02、04、06、08、12、14、16、18 时共 11 次，如温室揭帘、盖帘时间与上述时间超过 0.5h，则应在揭盖帘后，及时加测一次。

总辐射、光合有效辐射和光照度，则在每日揭帘、盖帘时段内每隔 1 h 一次。

除总辐射和光合有效辐射观测时间取决于太阳时外，其余要取北京时间。

7. 观测顺序

视人力、物力可采取定点流动观测或线路观测方法。在同一点上取自上而下，再自下而上进行往返两次观测，取两次观测的平均值。

在某一点按光照→空气温、湿度→二氧化碳浓度→风→土壤温度顺序进行观测。

8. 观测资料整理

将 1d 连续观测的结果，按测点分别填入汇总表和单要素统计表，并绘制成各要素的日变化图，水平分布图（等值线图）和垂直分布图。

9. 实训作业

根据获得的数据和绘制成的图表分析：温室（或大棚）小气候要素的时、空分布特点（与室外观测点比较）及形成的可能原因。

参 考 文 献

薛建辉. 1999. 林业生态环境评价. 北京：经济科学出版社.

曹凑贵. 2001. 生态学概论. 北京：高等教育出版社.

陈易飞. 2001. 园林植物环境. 北京：中国农业出版社.

程金水. 2000. 园林植物遗传与育种. 北京：中国林业出版社.

关继东. 2009. 园林植物生长发育与环境. 北京：科学出版社.

吉中礼. 1993. 农业气象学. 西安：陕西科技出版社.

金为民. 2001. 土壤肥料. 北京：中国农业出版社.

金银根. 2006. 植物学. 北京：科学出版社.

冷平生. 2003. 园林生态学. 北京：中国农业出版社.

李景文. 1994. 森林生态学. 2 版. 北京：中国林业出版社.

李小川. 2002. 园林植物环境. 北京：中国林业出版社.

罗汝英. 1990. 土壤学. 北京：中国林业出版社.

孙筱祥. 1998. 园林艺术与园林设计. 北京：中国林业出版社.

唐文跃，李晔. 2006. 园林生态学. 北京：中国科学技术出版社.

唐祥宁，陈建德，高素玲. 2009. 园林植物环境. 2 版. 重庆：重庆大学出版社.

王芳华. 1997. 花卉无土栽培. 北京：金盾出版社.

韦三立. 2001. 花卉化学控制. 北京：中国林业出版社.

熊顺贵. 2001. 基础土壤学. 北京：中国农业大学出版社.

徐化成. 1996. 景观生态学. 北京：中国林业出版社.

姚丽华. 1992. 气象学. 北京：中国林业出版社.

张福墁. 2001. 设施园艺学. 北京：中国农业大学出版社.